제어공학
전기(공사)기사
필기

예문사

머리말

PREFACE

"지금 잠을 자면 꿈을 꾸지만 공부를 하면 꿈을 이룬다."

하버드대학 도서관에 쓰여 있는 너무나 유명한 이 문구는 학창시절부터 누구나 한번은 들어봤을 것입니다. 목표를 세우고 정진하는 사람들에게 있어 절제와 노력은 반드시 필요한 것이며, 이를 기본으로 하여 효율적인 방법이 더해질 때 확실한 결실을 거두게 될 것입니다.

이 책의 전기시리즈는 국가 기초산업의 근간이 되는 전기 분야에서 뜻을 세우고 그 목적을 이루기 위해 노력하는 모든 수험생들에게 보다 효율적이고 수월한 목표 달성을 위해 가장 최적화된 교재를 제공하기 위한 목적으로 기획되었습니다.

본 시리즈의 각 과목들은 모두 15년 이상의 강의경험을 가진 최고의 강사들의 노하우를 토대로 어려운 수식들은 가능한 배제하고 기초가 부족한 수험생들도 쉽게 접근할 수 있도록 다음과 같이 구성되었습니다.

◆ 본서의 특징

- 어렵고 복잡한 수식을 최대한 간결하게 표현하여 쉽게 이해할 수 있도록 하였습니다.
- 각 단원별 핵심공식을 식별하기 쉽게 정리하였습니다.
- 수년간 시행된 기사 문제를 수록하여 다양한 문제를 풀어보도록 하였습니다.

부디 이 교재가 목표를 위해 정진하는 모든 수험생들이 아름다운 결실을 거두는 데 좋은 길잡이가 되기를 기원하며, 출간을 위해 애써주신 예문사에 진심으로 감사드립니다.

인천대산전기직업학교 대표이사 송우근

수험정보

직무분야	전기·전자	중직무분야	전기	자격종목	전기기사	적용기간	2024.1.1.~2026.12.31.
직무내용 : 전기설비에 관한 이론을 기반으로 전기기계·기구의 선정, 전기설비의 계획, 에너지 절약기술 적용, 용량산정, 재료선정 등 설계도서 작성, 감리, 유지관리 및 운용 등 시설관리 등의 업무를 수행								
필기검정방법	객관식	문제수	100	시험시간	2시간 30분

필기 과목명	문제수	주요항목	세부항목	세세항목
회로이론 및 제어공학	20	1. 회로이론	1. 전기회로의 기초	1. 전기회로의 기본 개념 2. 전압과 전류의 기준방향 3. 전원 등
			2. 직류회로	1. 전류 및 옴의 법칙 2. 도체의 고유저항 및 온도에 의한 저항 3. 저항의 접속 4. 키르히호프의 법칙 5. 전지의 접속 및 줄열과 전력 6. 배율기와 분류기 7. 회로망 해석
			3. 교류회로	1. 정현파 교류 2. 교류회로의 페이저 해석 3. 교류전력 4. 유도결합회로
			4. 비정현파교류	1. 비정현파의 푸리에급수에 의한 전개 2. 푸리에급수의 계수 3. 비정현파의 대칭 4. 비정현파의 실효값 5. 비정현파의 임피던스 등

필기 과목명	문제수	주요항목	세부항목	세세항목
회로이론 및 제어공학	20	1. 회로이론	5. 다상교류	1. 대칭n상교류 및 평형3상 회로 2. 선간전압과 상전압 3. 평형부하의 경우 성형전류와 환상전류와의 관계 4. $2\pi/n$씩 위상차를 가진 대칭n상 기전력의 기호표시법 5. 3상Y결선 부하인 경우 6. 3상△결선의 각 부 전압, 전류 7. 다상교류의 전력 8. 3상교류의 복소수에 의한 표시 9. △-Y의 결선 변환 10. 평형3상회로의 전력 등
			6. 대칭좌표법	1. 대칭좌표법 2. 불평형률 3. 3상 교류기기의 기본식 4. 대칭분에 의한 전력표시 등
			7. 4단자 및 2단자	1. 4단자 파라미터 2. 4단자 회로망의 각종 접속 3. 대표적인 4단자망의 정수 4. 반복파라미터 및 영상파라미터 5. 역회로 및 정저항회로 6. 리액턴스 2단자망 등
			8. 분포정수회로	1. 기본식과 특성임피던스 2. 무한장선로 3. 무손실선로와 무왜형선로 4. 일반의 유한장선로 5. 반사계수 6. 무손실 유한장회로와 공진 등
			9. 라플라스 변환	1. 라플라스 변환의 정의 2. 간단한 함수의 변환 3. 기본정리 4. 라플라스 변환 등
			10. 회로의 전달함수	1. 전달함수의 정의 2. 기본적 요소의 전달함수 등

수험정보

필기 과목명	문제수	주요항목	세부항목	세세항목
회로이론 및 제어공학	20	1. 회로이론	11. 과도현상	1. R-L 직렬의 직류회로 2. R-C 직렬의 직류회로 3. R-L 병렬의 직류회로 4. R-L-C 직렬의 직류회로 5. R-L-C 직렬의 교류회로 6. 시정수와 상승시간 7. 미분·적분회로 등
		2. 제어공학	1. 자동제어계의 요소 및 구성	1. 제어계의 종류 2. 제어계의 구성과 자동제어의 용어 3. 자동제어계의 분류 등
			2. 블록선도와 신호흐름선도	1. 블록선도의 개요 2. 궤환제어계의 표준형 3. 블록선도의 변환 4. 아날로그계산기 등
			3. 상태공간해석	1. 상태변수의 의의 2. 상태변수와 상태방정식 3. 선형시스템의 과도응답 등
			4. 정상오차와 주파수응답	1. 자동제어계의 정상오차 2. 과도응답과 주파수응답 3. 주파수응답의 궤적표현 4. 2차계에서 MP와 WP 등
			5. 안정도판별법	1. Routh-Hurwitz안정도판별법 2. Nyquist안정도판별법 3. Nyquist선도로부터의 이득과 위상여유 4. 특성방정식의 근 등
			6. 근궤적과 자동제어의 보상	1. 근궤적 2. 근궤적의 성질 3. 종속보상법 4. 지상보상의 영향 5. 조절기의 제어동작 등

필기 과목명	문제수	주요항목	세부항목	세세항목
회로이론 및 제어공학	20	2. 제어공학	7. 샘플값제어	1. sampling방법 2. Z변환법 3. 펄스전달함수 4. sample값 제어계의 Z변환법에 의한 해석 5. sample값 제어계의 안정도 등
			8. 시퀀스제어	1. 시퀀스제어의 특징 2. 제어요소의 동작과 표현 3. 불대수의 기본정리 4. 논리회로 5. 무접점회로 6. 유접점회로 등

이책의 차례

제1장 자동제어계의 요소 및 구성

1. 제어계의 개념   1
2. 제어계의 형태   1
3. 자동제어계의 분류   3
- 실전문제   5

제2장 라플라스 변환

1. 정의   15
2. 함수별 라플라스의 변환   15
3. 라플라스 변환의 기본정의   19
- 실전문제   22

제3장 전달함수

1. 전달함수   30
2. 제어계의 출력응답   31
3. 제어계의 전달함수   31
4. 전기계·기계계의 전달함수   36
5. 보상기   37
- 실전문제   41

제4장 블록선도와 신호흐름선도

1. 블록선도 표시법   49
2. 블록선도의 변환   49
3. 신호흐름선도   51
4. 이득   54
5. 연산 증폭기(OP amp)   54
- 실전문제   57

제5장 과도응답

1. 과도응답에 사용하는 기준입력   74
2. 시간응답 특성   76
3. 과도응답   77
- 실전문제   82

제6장 편차와 감도

1. 정상편차   90
2. 형에 의한 궤환 시스템의 분류   91
3. 기준입력에 대한 정상오차   92
4. 감도   96
- 실전문제   98

이책의 차례

제7장 주파수 응답

1. 주파수의 전달함수 — 101
2. 벡터 궤적 — 102
3. 보드(Bode) 선도 — 105
4. 주파수 특성에 관한 상수 — 111
- 실전문제 — 113

제8장 선형제어계통의 안정도

1. 개요 — 124
- 실전문제 — 130

제9장 근궤적법

1. 근궤적 — 146
2. 작도법 — 146
3. 근궤적의 개수 — 146
4. 근궤적의 대칭성 — 147
5. 근궤적의 점근선의 각도 — 147
6. 점근선의 교차점 — 147
7. 실수축 상의 근궤적 — 147
8. 출발점의 각도 및 종착점의 각도 — 148
9. 근궤적의 허수축 간의 교차점 — 148
10. 실수축 상의 분지점 — 148
11. 근궤적 상의 임의점에서의 K의 계산 — 149
- 실전문제 — 150

제10장 상태방정식

1. 상태방정식   157
2. 특성방정식   159
3. 가제어성 및 가관측성의 표준형   159
4. z변환   160
- 실전문제   163

제11장 시퀀스 제어

1. 논리 시퀀스 회로   180
2. 논리대수 및 드모르간 정리   184
3. 시퀀스 제어회로의 종류   185
4. 시퀀스 제어계의 특징   185
- 실전문제   186

제12장 제어기기

1. 증폭기기   195
2. 조절기기   195
3. 조작기기(대표적인 조작기기 : 서보전동기)   196
4. 검출기기   197
- 실전문제   199

이책의 차례

부록 과년도 기출문제

■ 전기기사
- 2020년도 1·2회 203
- 2020년도 3회 207
- 2020년도 4회 212

- 2021년도 1회 216
- 2021년도 2회 220
- 2021년도 3회 225

- 2022년도 1회 230
- 2022년도 2회 235
- 2022년도 3회 240

- 2023년도 1회 246
- 2023년도 2회 250
- 2023년도 3회 254

- 2024년도 1회 259
- 2024년도 2회 265
- 2024년도 3회 270

- 2025년도 1회 274
- 2025년도 2회 278
- 2025년도 3회 282

Chapter 01 자동제어계의 요소 및 구성

1 제어계의 개념

① 제어(Control) : 어떤 주어진 동작을 원하는 대로 처리하도록 만들어진 물리계에 조작을 가하는 것
② 수동제어(Manual Control) : 사람이 자신의 손에 의해 조작
③ 자동제어(Automatic Control) : 모든 기계장치에 의해 작동시키는 것

2 제어계의 형태

1) 개회로 제어계(open loop control system)

궤환요소(feedback element)를 가지지 않는 제어계

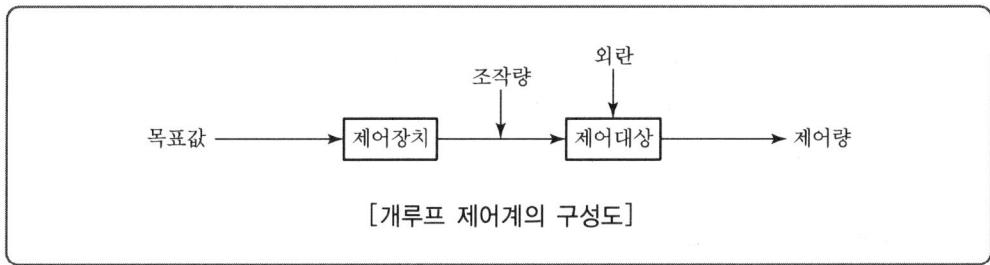

[개루프 제어계의 구성도]

(1) 특징
① 제어시스템이 간단하면 설치비가 저렴하다.
② 제어오차가 크며 오차교정이 어렵다.

2) 폐회로 제어계(closed loop control system)

출력의 일부를 입력방향으로 피드백시켜 목표값과 비교되도록 폐루프를 형성하는 제어계

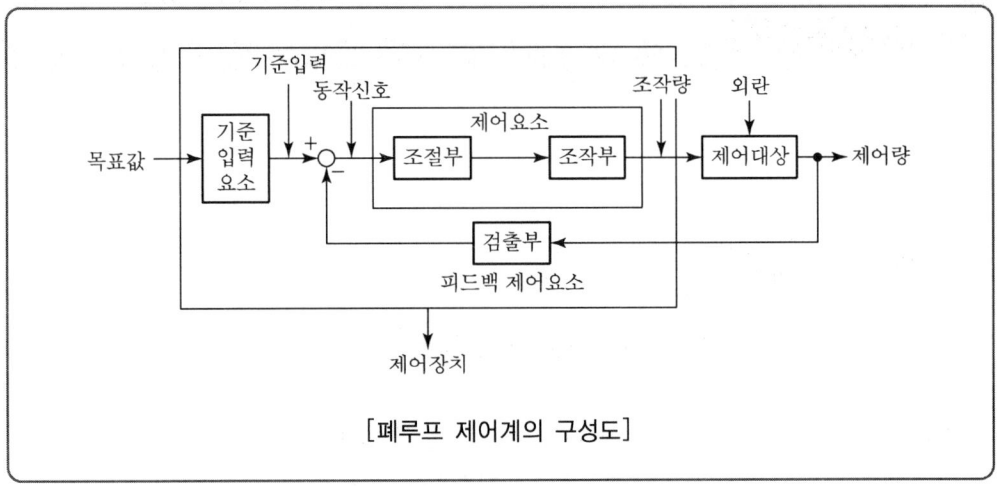

[폐루프 제어계의 구성도]

(1) 특징

　① 장점

　　　㉠ 정확성 증가, 생산품질 향상

　　　㉡ 원료, 연료, 동력을 절약하며 인건비 감소

　　　㉢ 생산량 증대 및 생산수명 연장

　② 단점

　　　㉠ 설치비가 비싸며 고도화된 기술이 필요

　　　㉡ 제어장치는 고도의 지식과 능숙한 기술이 필요

　　　㉢ 설비 일부의 고장으로 인해 전 생산라인에 파급효과 발생

3) 제어계 구성요소의 정의

　① 목표값 : 제어계의 설정되는 값으로서 제어계에 가해지는 입력을 의미한다.

　② 기준입력요소 : 목표값에 비례하는 신호인 기준입력 신호를 발생시키는 장치로서 제어계의 설정부를 의미한다.

　③ 동작신호 : 목표값과 제어량 사이에서 나타나는 편차값으로서 제어요소의 입력신호이다.

　④ 제어요소 : 조절부와 조작부로 구성되어 있으며 동작신호를 조작량으로 변환하는 장치이다.

　⑤ 조작량 : 제어장치 또는 제어요소의 출력이면서 제어대상의 입력인 신호이다.

　⑥ 제어대상 : 제어기구로 제어장치를 제외한 나머지 부분을 의미한다.

　⑦ 제어량 : 제어계의 출력으로서 제어대상에서 만들어지는 값이다.

　⑧ 검출부 : 제어량을 검출하는 부분으로서 입력과 출력을 비교할 수 있는 비교부에 출력신호를 공급하는 장치이다.

⑨ 외란 : 제어대상에 가해지는 정상적인 입력 이외의 좋지 않은 외부입력으로서 편차를 유도하여 제어량의 값을 목표값에서부터 멀어지게 하는 입력
⑩ 제어장치 : 기준입력요소, 제어요소, 검출부, 비교부 등과 같은 제어동작이 이루어지는 제어계 구성부분을 의미하며 제어대상은 제외된다.
⑪ 다변수 시스템 : 둘 이상의 입력과 둘 이상의 출력을 가진 시스템을 말한다.

3 자동제어계의 분류

1) 목표값에 의한 분류(입력기준)

① 정치제어 : 목표값이 시간에 관계없이 항상 일정한 제어(프로세스제어, 자동조정제어)
② 추치제어 : 목표값의 크기나 위치가 시간에 따라 변하는 것을 제어

* **추치제어의 3종류(추종제어, 프로그램제어, 비율제어)**
  ① **추종제어** : 제어량에 의한 분류 중 서보 기구에 해당하는 값을 제어한다.
     예 비행기 추적레이더, 유도미사일
  ② **프로그램제어** : 미리 정해진 시간적 변화에 따라 정해진 순서대로 제어한다.
     예 무인 엘리베이터, 무인 자판기, 무인 열차
  ③ **비율제어** : 목표값이 다른 것과 일정비율 관계를 가지고 변화하는 경우의 추종제어법

2) 제어량에 의한 분류(출력기준)

① 서보기구 제어 : 제어량의 기계적인 추치제어이다.
   예 물체의 위치, 방향, 자세, 각도, 거리

② 프로세스 제어 : 공정제어라고도 하며 제어량이 피드백 제어계로서 주로 정치제어인 경우이다.
   예 온도, 압력, 유량, 액위, 밀도, 농도

③ 자동조정 제어 : 제어량의 정치제어이다.
   예 전압, 주파수, 장력, 속도

3) 조절부 동작에 의한 분류

① 연속동작에 의한 분류
- ㉠ 비례동작(P제어) : off-set(오프셋) – 잔류편차, 정상오차가 발생, 속응성(응답속도)이 나쁘다.
- ㉡ 미분제어(D제어) : 진동을 억제하여 속응성(응답속도)을 개선한다. [진상보상]
- ㉢ 적분제어(I제어) : 응답특성을 개선하여 off-set(오프셋) 잔류편차, 정상편차, 정상오차를 제어한다. [지상보상]
- ㉣ 비례미분적분제어(PID제어) : 최상의 최적제어로서 off-set을 제거하며 속응성 또한 정상특성 개선하여 안정한 제어가 되도록 한다.
  - 응답의 오버슈트를 감소시키고, 정정시간을 적게 하는 효과가 있다.

② 불연속 동작에 의한 분류(사이클링 발생)
- ㉠ ON-OFF 제어 : 2위치 제어(가정용 냉장고의 온도조절)
- ㉡ 샘플링제어 : 간헐제어(다위치 제어)

종류		특징
P	비례동작	• 정상오차를 수반 • 잔류편차 발생
I	적분동작	• 잔류편차 제거
D	미분동작	• 오차가 커지는 것을 미리 방지
PI	비례적분동작	• 잔류편차 제거 • 제어결과가 진동적으로 될 수 있음
PD	비례미분동작	• 응답 속응성의 개선
PID	비례적분미분동작	• 잔류편차 제거 • 응답의 오버슈트 감소 • 응답 속응성의 개선

Chapter 01 실·전·문·제

01 궤환 제어계에서 반드시 필요한 것은?

① 구동장치
② 정확성을 높이는 장치
③ 안정성을 증가시키는 장치
④ 입력과 출력을 비교하는 장치

해설 궤환제어계 의미
- 오차를 자동적으로 정정하게 하는 자동제어방식
- 입력과 출력을 비교하는 장치가 필요

02 궤환 제어계에서 제어 요소에 관한 설명 중 가장 알맞은 것은?

① 검출부와 조작부로 구성되어 있다.
② 오차 신호를 제어장치에서 제어 대상에 가해지는 신호로 변환시키는 요소이다.
③ 목표 값에 비례하는 신호를 발생시키는 요소이다.
④ 입력과 출력을 비교하는 요소이다.

해설 제어요소의 의미
- 조절부와 조작부로 구성
- 오차(동작)신호를 제어대상에 가해지는 신호로 변환시키는 요소

03 다음 중 피드백 제어계의 일반적인 특징이 아닌 것은?

① 비선형 왜곡이 감소한다.
② 구조가 간단하고 설치비가 저렴하다.
③ 대역폭이 증가한다.
④ 계의 특성 변화에 대한 입력 대 출력비의 감도가 감소한다.

해설 피드백 제어계의 특징
- 정확성의 증가
- 계의 특성 변화에 대한 입력 대 출력비의 감도 감소
- 비선형 왜곡 감소
- 대역폭 증가
- 구조가 복잡하고 설치비가 고가

Answer 01 ④ 02 ② 03 ②

04 피드백 제어계에서 제어 요소에 대한 설명 중 옳은 것은?

① 목표치에 비례하는 신호를 발생하는 요소이다.
② 조작부와 검출부로 구성되어 있다.
③ 조절부와 검출부로 구성되어 있다.
④ 동작신호를 조작량으로 변환하는 요소이다.

해설 제어 요소의 역할
- 동작신호를 조작량으로 변환하는 요소
- 조절부와 조작부로 구성

05 다음 요소 중 피드백(feed back) 제어계의 제어장치에 속하지 않는 것은?

① 설정부
② 제어요소
③ 검출부
④ 제어대상

해설 제어대상
제어하고자 하는 목적의 장치 또는 기계

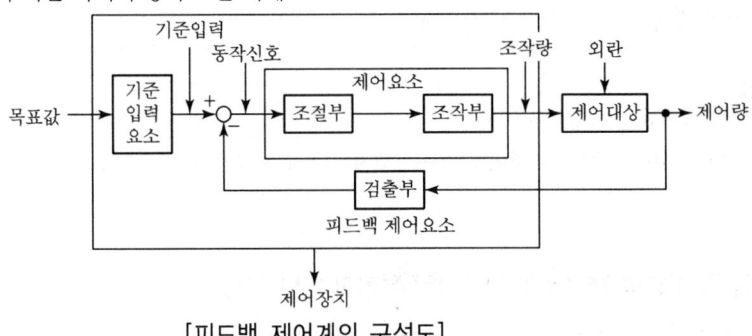

[피드백 제어계의 구성도]

04 ④ 05 ④ Answer

06 기준 입력과 주궤환량과의 차로서 제어계의 동작을 일으키는 원인이 되는 신호는?

① 조작신호
② 동작신호
③ 주궤환 신호
④ 기준 입력 신호

해설 동작신호＝기준입력－주궤환량

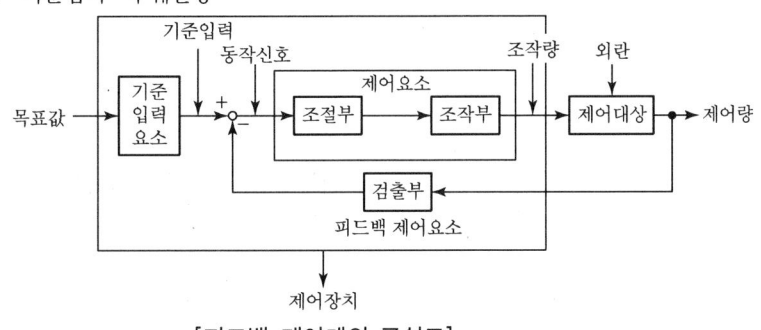

[피드백 제어계의 구성도]

07 다음 그림 중 ①에 알맞은 신호는?

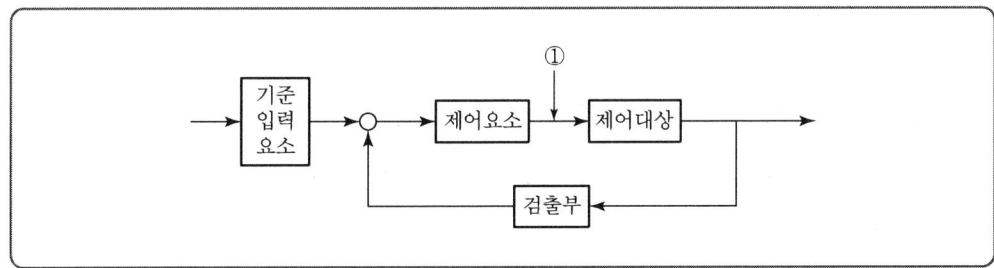

① 기준입력
② 동작신호
③ 조작량
④ 제어량

해설 문제 5번 해설 참고

08 다음 용어 설명 중 옳지 않은 것은?

① 목표값을 제어할 수 있는 신호로 변환하는 장치를 기준입력장치라고 한다.
② 기준입력신호를 받는 장치를 조절부라고 한다.
③ 제어량을 설정값과 비교하여 오차를 계산하는 장치를 오차검출기라고 한다.
④ 제어량을 측정하는 장치를 검출단이라고 한다.

Answer ◯ 06 ② 07 ③ 08 ②

해설 조절부
기준입력신호와 검출부의 출력신호를 제어시스템에 보내고, 동작신호를 신호로 만들어 조작부에 보내는 부분을 말한다.

09 다음 그림 중 ①에 알맞은 신호 이름은?

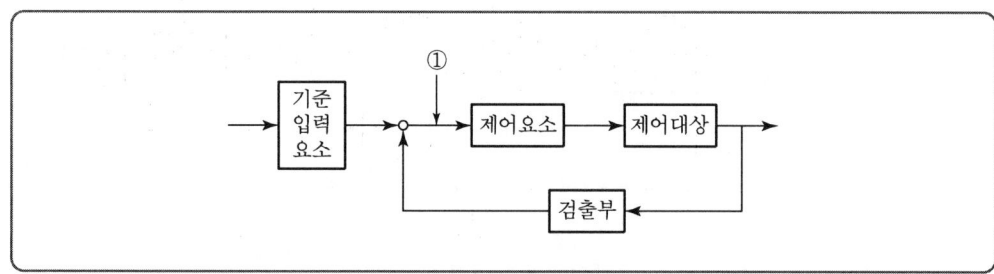

① 기준입력
② 동작신호
③ 조작량
④ 제어량

해설 문제 5번 해설 참고

10 제어량의 종류에 의한 자동제어의 분류가 아닌 것은?

① 프로세스 제어
② 서보 기구
③ 자동 조정
④ 추종 제어

해설 추종 제어
임의의 변화하는 목표값을 측정하는 제어이며 일명 '추치 제어'라고 한다.

11 제어 목적에 의한 분류에 해당되는 것은?

① 프로세스 제어
② 서보 기구
③ 자동조정
④ 비율제어

해설 제어 목적에 의한 분류
- 정치 제어 : 제어량을 어떤 일정한 목표값으로 유지하는 것을 목적으로 하는 제어법
- 프로그램 제어 : 미리 정해진 프로그램에 따라 제어량을 변화시키는 것을 목적으로 하는 제어법(열차 무인운전, 엘리베이터, 무인 자판기)
- 추종 제어 : 임의 시간적 변화를 하는 목표값에 제어량을 추종시키는 것을 목적으로 하는 제어법(추적 레이더, 유도미사일)
- 비율 제어 : 목표값이 다른 것과 일정 비율 관계를 가지고 변화하는 경우의 추종 제어법

09 ② 10 ④ 11 ④ Answer

12 다음 중 프로세스 제어(process control)에 속하지 않는 것은?

① 온도
② 압력
③ 유량
④ 자세

해설 프로세스 제어
① 제어량이 공업 프로세스의 상태량일 경우의 제어
② 압력, 온도, 유량, 액면, 밀도, 농도 등

13 프로세스 제어, 자동조정과 같이 목표값이 시간에 따라 변화하지 않는 제어방식은?

① 비율 제어
② 정치 제어
③ 추종 제어
④ 프로그램 제어

해설 정치 제어
• 목표값이 시간에 대하여 변화하지 않는 제어이다.
• 프로세스 및 자동조정 제어이다.

14 다음의 제어량에서 추종 제어에 속하지 않는 것은?

① 유량
② 위치
③ 방위
④ 자세

해설 • 추종 제어 : 임의의 변화하는 목표값을 측정하는 제어로서 일명 '추치 제어'라 한다.
• 프로세스 제어 : 유량, 압력, 온도 등

15 다음 중 제어량을 어떤 일정한 목표값으로 유지하는 것을 목적으로 하는 제어법은?

① 추종 제어
② 비율 제어
③ 프로그램 제어
④ 정치 제어

해설 제어 목적에 의한 분류
• 정치 제어 : 제어량을 어떤 일정한 목표값으로 유지하는 것을 목적으로 하는 제어법
• 프로그램 제어 : 미리 정해진 프로그램에 따라 제어량을 변화시키는 것을 목적으로 하는 제어법(열차 무인운전, 엘리베이터, 무인 자판기)
• 추종 제어 : 임의 시간적 변화를 하는 목표값에 제어량을 추종시키는 것을 목적으로 하는 제어법(추적 레이더, 유도미사일)
• 비율 제어 : 목표값이 다른 것과 일정 비율 관계를 가지고 변화하는 경우의 추종 제어법

Answer ◯ 12 ④　13 ②　14 ①　15 ④

16 온도, 유량, 압력 등의 공업 프로세스 상태량을 제어량으로 하는 제어계로서 프로세스에 가해지는 외란의 억제를 주목적으로 하는 것은?

① 프로세스 제어　　② 자동 제어
③ 서보 기구　　　　④ 정치 제어

해설 프로세스 제어 : 외란의 억제
 • 제어량이 공업 프로세스의 상태량일 경우의 제어
 • 압력, 온도, 유량, 액면, 밀도, 농도 등

17 연료의 유량과 공기의 유량 사이의 비율을 연소에 적합한 것으로 유지하는 제어는?

① 비율 제어　　　　② 추종 제어
③ 프로그램 제어　　④ 시퀀스 제어

해설 비율 제어
 • 목표값이 다른 양과 비율관계를 가지고 변화하는 경우의 제어
 • 보일러의 자동연소 제어

18 다음의 제어량 중 추종 제어에 속하지 않는 것은?

① 위치　　　　　　② 방위
③ 유량　　　　　　④ 자세

해설 추종 제어(추치 제어)
 • 임의의 목표값을 추적하는 제어
 • 항공기의 레이더 추적 제어

19 서보기구에서 직접 제어되는 제어량은 주로 어느 것인가?

① 압력, 유량, 액위, 온도
② 수분, 화학, 성분
③ 위치, 각도, 방향, 자세
④ 전압, 전류, 회전, 속도, 회전력

해설 서보기구
 • 목표값이 임의의 변화에 추종하도록 구성
 • 물체의 위치, 방위, 자세 등

16 ①　17 ①　18 ③　19 ③　Answer

20 엘리베이터의 자동제어는 다음 중 어느 것에 속하는가?

① 추종 제어
② 프로그램 제어
③ 정치 제어
④ 비율 제어

해설 프로그램 제어
- 미리 정해진 프로그램에 따라 제어량을 변화시키는 목적
- 엘리베이터의 자동제어, 무인 자판기, 무인열차

21 자동 제어의 추치 제어에 속하지 않는 것은?

① 프로세스 제어
② 추종 제어
③ 비율 제어
④ 프로그램 제어

해설 추치 제어
- 출력의 변동을 조정하는 동시에 목표값에 정확히 추종하도록 설계한 제어계
- 추종 제어, 프로그램 제어, 비율 제어

22 주파수를 제어하고자 하는 경우 이는 어느 제어에 속하는가?

① 비율 제어
② 추종 제어
③ 비례 제어
④ 정치 제어

해설 정치 제어
- 목표값이 시간에 대하여 변화하지 않는 제어
- 프로세스 및 자동조정 제어

Answer ◐ 20 ② 21 ① 22 ④

06 제어공학

23 잔류편차(off set)가 발생하는 제어는?

① 비례 제어
② 적분 제어
③ 비례미분적분 제어
④ 비례적분 제어

해설 잔류편차가 발생하는 제어
- 비례(P) 제어
- 비례, 미분(PD) 제어
※ 잔류편차 제거에 사용 : 적분(I) 제어

24 제어기 전달함수가 $\dfrac{2s+5}{7s}$ 인 제어기가 있다. 이런 제어계는 어떤 제어계인가?

① 비례미분 제어계
② 적분 제어계
③ 비례적분 제어계
④ 비례적분미분 제어계

해설 $G(s) = \dfrac{2s+5}{7s} = \dfrac{2}{7} + \dfrac{5}{7s} = \dfrac{2}{7} + \dfrac{1}{\frac{7}{5}s} = \dfrac{2}{7}\left(1 + \dfrac{1}{\frac{2}{5}s}\right)$

비례적분 제어계 : $G(s) = K\left[1 + \dfrac{1}{Ts}\right]$

25 PD제어 동작은 프로세스 제어계의 과도 특성 개선에 흔히 쓰인다. 이것에 대응하는 보상 요소는?

① 지상 보상 요소
② 진상 보상 요소
③ 진지상 보상 요소
④ 동상 보상 요소

해설 PD(비례 미분) 요소 : 진상 요소에 대응(응답 속응성의 개선)

26 동작 중 속응도와 정상 편차에서 최적 제어가 되는 것은?

① PI 동작
② P 동작
③ PD 동작
④ PID 동작

해설 PID(비례, 적분, 미분) 제어
- 정상 특성 및 응답 속응성을 동시에 개선한다.
- 사이클링과 오프셋이 제거된다.
- 정정시간을 적게 하고 오버슈트를 감소시킨다.
- 연속선형 제어로서 최적제어이다.

23 ① 24 ③ 25 ② 26 ④ **Answer**

27 PID 동작은 어느 것인가?

① 사이클링과 오프셋이 제거되고 응답속도가 빠르며 안정성도 있다.
② 응답속도를 빨리 할 수 있으나 오프셋은 제거되지 않는다.
③ 오프셋은 제거되나 제어동작에 큰 부동작 시간이 있으며 응답이 늦어진다.
④ 사이클링을 제거할 수 있으나 오프셋이 생긴다.

해설 문제 26번 해설 참고

28 그림은 인쇄기 제어 시스템의 블록선도이다. 이러한 시스템을 무슨 제어 시스템이라고 하는가?

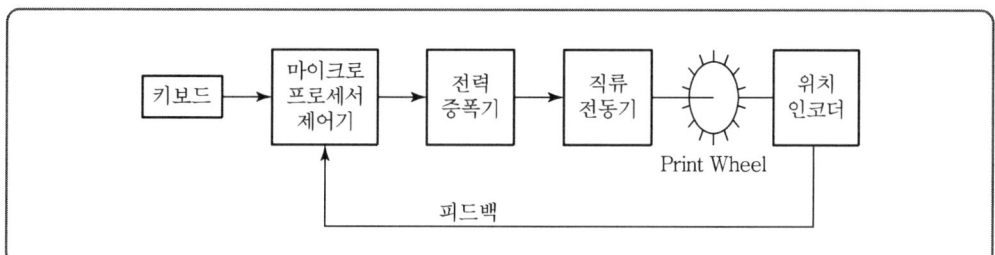

① 디지털 제어 시스템　　　　　② 아날로그 제어 시스템
③ 최적 제어 시스템　　　　　　④ 적응 제어 시스템

해설 적응 제어계의 특징
- 피드백 제어만으로 불충분한 경우 적응 제어계가 필요
- 외부환경의 변화가 큰 경우에는 제어 대상이나 제어 특성이 변화하는 경우에 적응
- 공정제어 시스템에 실용화

29 샘플링된 신호를 다음 샘플링 신호와 직선으로 연결하는 홀드를 무엇이라 하는가?

① Zero Order Hold
② First Order Hold
③ Second Order Hold
④ Third Order Hold

해설 First Order Hold : 샘플링된 신호를 다음 샘플링 신호와 직선으로 연결

Answer　27 ①　28 ④　29 ②

06 제어공학

30 제어방식에 의한 분류 중 학습제어와 지능제어에 속하지 않는 제어방식은?

① 전문가 시스템
② 신경회로망
③ 최적 제어 시스템
④ 퍼지논리 시스템

해설 최적 제어(PID 제어)
- PID 제어는 진상, 지상 회로 특성
- 정상편차, 응답 속응성 모두가 최적이다.

30 ③ Answer

Chapter 02 라플라스 변환

1 정의

- 정의식 : $\mathcal{L}[f(t)] = F(s) = \int_0^\infty f(t)e^{-st}dt$

2 함수별 라플라스의 변환

1) 단위임펄스(단위충격함수)

단위임펄스함수는 $\delta(t)$로 표시하며 폭 ε, 높이 $\dfrac{1}{\varepsilon}$이고 면적이 1인 파형에 대해서 $\varepsilon \to 0$으로 한 극한 파형을 단위임펄스함수라 한다.

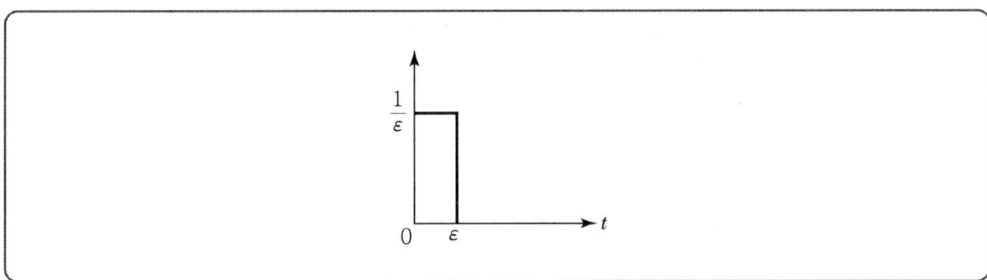

$f(t) = \delta(t) = \lim_{\varepsilon \to 0}\left\{\dfrac{1}{\varepsilon}u(t) - \dfrac{1}{\varepsilon}u(t-\varepsilon)\right\}$

$F(s) = \mathcal{L}[f(t)] = \mathcal{L}[\delta(t)]$

$= \int_0^\infty \lim_{\varepsilon \to 0}\left\{\dfrac{1}{\varepsilon}u(t) - \dfrac{1}{\varepsilon}u(t-\varepsilon)\right\}e^{-st}dt$

$= \lim_{\varepsilon \to 0}\dfrac{1 - e^{-\varepsilon s}}{\varepsilon s} = \lim_{\varepsilon \to 0}\left[\dfrac{1}{\varepsilon} \cdot \dfrac{1 - e^{-st}}{s}\right] = 1$

* 테일러 정리

$$F(s) = \lim_{\varepsilon \to 0} \frac{1}{\varepsilon}\left(\frac{1}{s} - \frac{1}{s}(1-\varepsilon s) + \frac{(\varepsilon s)^2}{2!} - \frac{(\varepsilon s)^3}{3!} + \cdots\right)$$

$$= \lim_{\varepsilon \to 0}\left(1 - \frac{\varepsilon s}{2!} + \frac{(\varepsilon s)^2}{3!} + \cdots\right) = 1$$

2) 단위계단함수(인디셜함수)

단위계단함수는 $u(t)$로 표시하며 크기가 1인 일정함수로 정의한다.

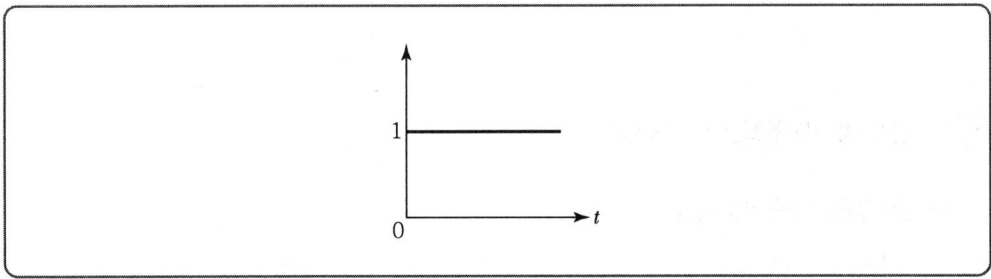

$f(t) = u(t) = 1$

$$\mathcal{L}[f(t)] = \mathcal{L}[u(t)] = \int_0^\infty u(t)e^{-st}dt = \int_0^\infty e^{-st}dt$$

$$= \left[-\frac{1}{s}e^{-st}\right]_0^\infty = \frac{1}{s}$$

3) 단위경사함수(단위램프함수)

단위경사함수는 t 또는 $tu(t)$로 표시하며 기울기가 1인 1차 함수로 정의한다.

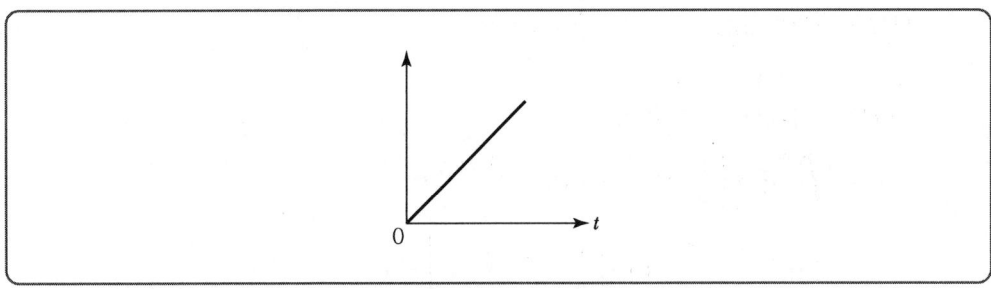

$f(t) = t$

$$\mathcal{L}\,[f(t)] = \mathcal{L}\,[t] = \int_0^\infty t e^{-st} dt$$

$$= \left[-\frac{1}{s}te^{-st}\right]_0^\infty + \int_0^\infty \frac{1}{s}e^{-st}dt$$

$$= \frac{1}{s}\int_0^\infty e^{-st}dt = \frac{1}{s^2}$$

$f(t)$	$F(s)$
t	$\dfrac{1}{s^2}$
t^2	$\dfrac{2}{s^3}$
t^3	$\dfrac{6}{s^4}$

4) 삼각함수

① $\cos \omega t = \dfrac{1}{2}(e^{j\omega t} + e^{-j\omega t})$

$$\mathcal{L}\,[\cos \omega t] = \frac{1}{2}\mathcal{L}\,[e^{j\omega t} + e^{-j\omega t}]$$

$$= \frac{1}{2}\left[\frac{1}{s-j\omega} + \frac{1}{s+j\omega}\right]$$

$$= \frac{1}{2}\left[\frac{s+j\omega+s-j\omega}{s^2+\omega^2}\right]$$

$$= \frac{s}{s^2+\omega^2}$$

② $\sin \omega t = \dfrac{1}{2j}(e^{j\omega t} - e^{-j\omega t})$

$$\mathcal{L}\,[\sin \omega t] = \frac{1}{2j}\mathcal{L}\,[e^{j\omega t} - e^{-j\omega t}]$$

$$= \frac{1}{2j}\left[\frac{1}{s-j\omega} - \frac{1}{s+j\omega}\right]$$

$$= \frac{1}{2j}\left[\frac{s+j\omega-(s-j\omega)}{s^2+\omega^2}\right] = \frac{1}{2j}\left[\frac{2j\omega}{s^2+\omega^2}\right]$$

$$= \frac{\omega}{s^2+\omega^2}$$

$f(t)$	$F(s)$
$\sin t$	$\dfrac{1}{s^2+1}$
$\sin t \cos t$	$\dfrac{1}{s^2+4}$
$\sin t + 2\cos t$	$\dfrac{2s+1}{s^2+1}$
$t \sin \omega t$	$\dfrac{2\omega s}{(s^2+\omega^2)^2}$
$t \cos \omega t$	$\dfrac{s^2-\omega^2}{(s^2+\omega^2)^2}$
$\sin(\omega t+\theta)$	$\dfrac{\omega\cos\theta + s\sin\theta}{s^2+\omega^2}$
$\sin h\omega t$	$\dfrac{\omega}{s^2-\omega^2}$
$\cos h\omega t$	$\dfrac{s}{s^2-\omega^2}$

5) 지수함수

① $f(t) = e^{-at}$

$$F(s) = \mathcal{L}\left[f(t)\right] = \frac{1}{s+a}$$

② $f(t) = e^{at}$

$$F(s) = \mathcal{L}\left[f(t)\right] = \frac{1}{s-a}$$

3 라플라스 변환의 기본정의

1) 시간추이 정리

$$\mathcal{L}\left[f(t \pm T)\right] = F(s)e^{\pm Ts}$$

$f(t)$	$F(s)$
$u(t-a)$	$\dfrac{1}{s}e^{-as}$
$u(t-b)$	$\dfrac{1}{s}e^{-bs}$
$(t-T)u(t-T)$	$\dfrac{1}{s^2}e^{-Ts}$
$\sin\omega\left(t-\dfrac{T}{2}\right)$	$\dfrac{\omega}{s^2+\omega^2}e^{-\frac{T}{2}s}$

2) 복소추이 정리

$$\mathcal{L}\left[f(t)e^{-at}\right] = F(s+a)$$

$f(t)$	$F(s)$
te^{at}	$\dfrac{1}{(s-a)^2}$
te^{-at}	$\dfrac{1}{(s+a)^2}$
t^2e^{+at}	$\dfrac{2}{(s-a)^3}$
t^2e^{-at}	$\dfrac{2}{(s+a)^3}$
$e^{at}\cos\omega t$	$\dfrac{s-a}{(s-a)^2+\omega^2}$
$e^{-at}\cos\omega t$	$\dfrac{s+a}{(s+a)^2+\omega^2}$
$e^{at}\sin\omega t$	$\dfrac{\omega}{(s-a)^2+\omega^2}$
$e^{-at}\sin\omega t$	$\dfrac{\omega}{(s+a)^2+\omega^2}$

3) 초기값 정리와 최종값 정리

① 초기값 정리

$$\mathcal{L}\left[\frac{df(t)}{dt}\right] = \int_0^\infty \frac{df(t)}{dt}e^{-st}dt = [f(t)e^{-st}]_0^\infty + \int_0^\infty sf(t)e^{-st}dt$$

$$= sF(s) - f(0_+)$$

$$\lim_{s\to\infty}\left[\int_0^\infty \frac{dt(t)}{dt}e^{-st}dt\right] = \lim_{s\to\infty}[sF(s) - f(0_+)] = 0$$

$$f(0_+) = \boxed{\lim_{t\to 0_+} f(t) = \lim_{s\to\infty} sF(s)}$$

② 최종값 정리

$$\mathcal{L}\left[\frac{df(t)}{dt}\right] = sF(s) - f(0_+)$$

$$= \lim_{s\to\infty}\left[\int_0^\infty \frac{dt(t)}{dt}e^{-st}dt\right]$$

$$= \int_0^\infty \frac{df(t)}{dt}dt = \lim_{t\to\infty}[f(t) - f(0_+)]$$

$$= \lim_{s\to\infty}[sF(s) - f(0_+)]$$

$$\boxed{\lim_{t\to\infty} f(t) = \lim_{s\to 0} sF(s)}$$

4) 실미분 정리와 실적분 정리

① 실미분 정리

$$\mathcal{L}\left[\frac{d^n f(t)}{dt^n}\right] = s^n F(s) - s^{n-1}f(0_+) - s^{n-s}f'(0_+) \cdots\cdots f^{n-1}(0_+)$$

② 실적분 정리

$$\mathcal{L}\left[\int\int\cdots\int f(t)dt^n\right]$$

$$= \frac{1}{s^n}F(s) + \frac{1}{s^n}f^{(-1)}(0_+) + \cdots + \frac{1}{s}f^{(-n)}(0_+)$$

5) 복소 미분정리

$$\mathcal{L}[t^n f(t)] = (-1)^n \frac{d^n}{ds^n} F(s)$$

6) 상사정리

$$\mathcal{L}\left[f\left(\frac{t}{a}\right)\right] = aF(as)$$

Chapter 02 실·전·문·제

01 함수 $f(t)$의 라플라스 변환은 어떤 식으로 정의되는가?

① $\int_{-\infty}^{\infty} f(t)e^{-st}dt$ ② $\int_{-\infty}^{\infty} f(t)e^{st}dt$

③ $\int_{0}^{\infty} f(t)e^{-st}dt$ ④ $\int_{0}^{\infty} f(t)e^{st}dt$

해설 Laplace의 정의
- 조건 ㉠ $t \geq 0$
  ㉡ $s = \sigma + j\omega$ (복소수)
- $F(s) = \int_{0}^{\infty} f(t)e^{-st}dt$

02 단위계단함수 $u(t)$의 라플라스 변환은?

① e^{-st} ② $\dfrac{1}{s}e^{-st}$

③ $\dfrac{1}{e^{-st}}$ ④ $\dfrac{1}{s}$

해설 $\begin{cases} f(t) = u(t) \\ F(s) = \dfrac{1}{s} \end{cases}$

03 단위계단함수 $u(t)$에 상수 5를 곱해서 라플라스 변환식을 구하면?

① $\dfrac{s}{5}$ ② $\dfrac{5}{s^2}$

③ $\dfrac{5}{s-1}$ ④ $\dfrac{5}{s}$

해설 $\begin{cases} f(t) = 5u(t) \\ F(s) = \dfrac{5}{s} \end{cases}$

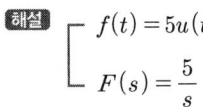

04 $\sin \omega t$의 라플라스 변환은?

① $\dfrac{s}{s^2+\omega^2}$ ② $\dfrac{\omega}{s^2+\omega^2}$

③ $\dfrac{s}{s^2-\omega^2}$ ④ $\dfrac{\omega}{s^2-\omega^2}$

해설

$f(t)$	$F(s)$
$\sin \omega t$	$\dfrac{\omega}{s^2+\omega^2}$
$\cos \omega t$	$\dfrac{s}{s^2+\omega^2}$

05 $\cos \omega t$의 라플라스 변환은?

① $\dfrac{s^2}{s^2+\omega^2}$ ② $\dfrac{s}{s^2+\omega^2}$

③ $\dfrac{\omega^2}{s^2+\omega^2}$ ④ $\dfrac{\omega}{s^2+\omega^2}$

해설 $f(t)=\cos \omega t$

$F(s)=\dfrac{s}{s^2+\omega^2}$

06 $f(t)=\sin(\omega t+\theta)$의 라플라스 변환은?

① $\dfrac{\omega \sin \theta}{s^2+\omega^2}$ ② $\dfrac{\omega \cos \theta}{s^2+\omega^2}$

③ $\dfrac{\cos \theta + \sin \theta}{s^2+\omega^2}$ ④ $\dfrac{\omega \cos \theta + s \sin \theta}{s^2+\omega^2}$

해설 $f(t)=\sin(\omega t+\theta)=\sin \omega t \cdot \cos \theta + \cos \omega t \cdot \sin \theta$

$\mathcal{L}[\sin(\omega t+\theta)] = \cos \theta \, \mathcal{L}[\sin \omega t] + \sin \theta \, \mathcal{L}[\cos \omega t]$

$\qquad = \cos \theta \cdot \dfrac{\omega}{s^2+\omega^2} + \sin \theta \cdot \dfrac{s}{s^2+\omega^2}$

$\qquad = \dfrac{\omega \cos \theta + s \sin \theta}{s^2+\omega^2}$

Answer ○ 04 ②   05 ②   06 ④

07 시간 구간 a, 진폭이 $\dfrac{1}{a}$인 단위 펄스에서 $a \to 0$에 접근할 때의 단위충격함수에 대한 Laplace변환은?

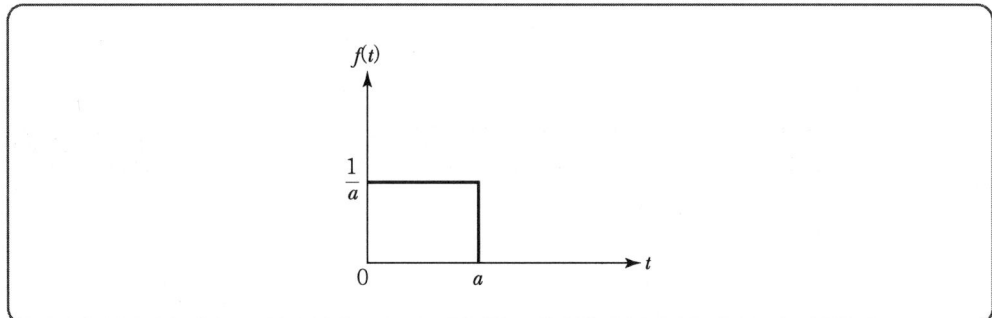

① a　　　　　　　　　　　② 1
③ 0　　　　　　　　　　　④ $\dfrac{1}{a}$

해설　단위 임펄스(충격) 함수 $f(t) = \delta(t)$
　　　라플라스 $F(s) = 1$

08 그림과 같은 파형의 라플라스 변환은?

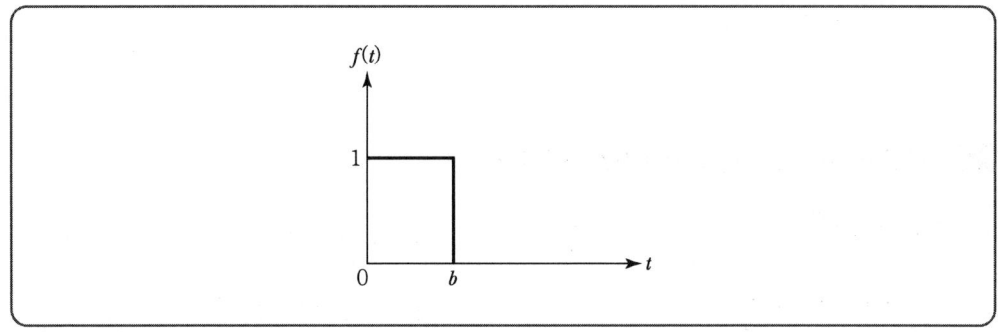

① $\dfrac{1}{b}\left(\dfrac{1-e^{-bs}}{s}\right)$　　　　② $\dfrac{1}{b}\left(\dfrac{1+e^{-bs}}{s}\right)$
③ $\dfrac{1}{s}(1-e^{-bs})$　　　　　④ $\dfrac{1}{s}(1+e^{-bs})$

해설　$f(t) = u(t) - u(t-b)$ 이므로
　　　$F(s) = \dfrac{1}{s} - \dfrac{1}{s}e^{-bs} = \dfrac{1}{s}(1-e^{-bs})$

07 ② 　08 ③　Answer

09 그림과 같은 구형파의 라플라스 변환은?

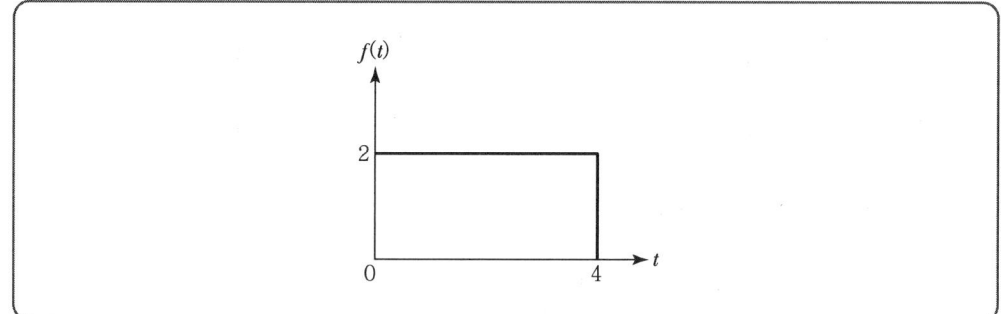

① $\dfrac{2}{s}(1-e^{4s})$ ② $\dfrac{4}{s}(1-e^{2s})$

③ $\dfrac{2}{s}(1-e^{-4s})$ ④ $\dfrac{4}{s}(1-e^{-2s})$

해설 $f(t) = 2u(t) - 2u(t-4)$
$F(s) = 2\left(\dfrac{1}{s} - \dfrac{1}{s}e^{-4s}\right) = \dfrac{2}{s}(1-e^{-4s})$

10 $f(t) = u(t-a) - u(t-b)$ 식으로 표시되는 구형파의 라플라스는?

① $\dfrac{1}{s}(e^{-as} - e^{-bs})$ ② $\dfrac{1}{s}(e^{as} + e^{bs})$

③ $\dfrac{1}{s^2}(e^{-as} - e^{-bs})$ ④ $\dfrac{1}{s^2}(e^{as} + e^{bs})$

해설 $f(t) = u(t-a) - u(t-b)$
$\mathcal{L}[f(t)] = \dfrac{e^{-as}}{s} - \dfrac{e^{-bs}}{s} = \dfrac{1}{s}(e^{-as} - e^{-bs})$

11 함수 $f(t) = 1 - e^{-at}$ 를 라플라스 변환하면?

① $\dfrac{a}{s}$ ② $\dfrac{1}{s+a}$ ③ $\dfrac{1}{s(s+a)}$ ④ $\dfrac{a}{s(s+a)}$

해설 $\mathcal{L}[f(t)] = \mathcal{L}[1 - e^{-at}]$
$= \dfrac{1}{s} - \dfrac{1}{s+a} = \dfrac{s+a-s}{s(s+a)} = \dfrac{a}{s(s+a)}$

Answer ▶ 09 ③ 10 ① 11 ④

06 제어공학

12 함수 $f(t) = te^{-3t}$의 라플라스 변환 $F(s)$은?

① $F(s) = \dfrac{1}{(s+3)^2}$ ② $F(s) = \dfrac{1}{(s-3)^2}$

③ $F(s) = \dfrac{1}{(s-3)}$ ④ $F(s) = \dfrac{1}{(s+3)}$

해설 복소추이 정리에 의해서
$$\mathcal{L}[te^{-3t}] = \mathcal{L}[t]_{s=s+3}$$
$$= \left[\dfrac{1}{s^2}\right]_{s=s+3} = \dfrac{1}{(s+3)^2}$$

13 함수 $f(t) = t^2 e^{-3t}$의 라플라스 변환 $F(s)$은?

① $F(s) = \dfrac{2}{(s-3)^2}$ ② $F(s) = \dfrac{2}{(s+3)^3}$

③ $F(s) = \dfrac{1}{(s+3)^3}$ ④ $F(s) = \dfrac{1}{(s-3)^3}$

해설 복소추이 정리
$f(t) = t^2 e^{-3t}$
$F(s) = \dfrac{2}{s^3}\bigg|_{s \to s+3} = \dfrac{2}{(s+3)^3}$

14 다음으로 표시되는 식의 Laplace는 어느 것으로 나타내는가?

$$f(t) = e^{at}\sin\omega t$$

① $\dfrac{s+a}{(s+a)^2 + \omega^2}$ ② $\dfrac{\omega}{(s+a)^2 + \omega^2}$

③ $\dfrac{s-a}{(s-a)^2 + \omega^2}$ ④ $\dfrac{\omega}{(s-a)^2 + \omega^2}$

해설 복소추이 정리
$F(s) = \dfrac{\omega}{s^2 + \omega^2}\bigg|_{s \to s-a}$
$= \dfrac{\omega}{(s-a)^2 + \omega^2}$

12 ① 13 ② 14 ④ ● Answer

15 $e^{-at}\cos \omega t$의 라플라스 변환은?

① $\dfrac{(s-a)^2-\omega^2}{[(s+a)^2+\omega^2]^2}$ ② $\dfrac{(s+a)^2-\omega^2}{[(s+a)^2+\omega^2]^2}$

③ $\dfrac{s+a}{(s+a)^2+\omega^2}$ ④ $\dfrac{s-a}{(s+a)^2+\omega^2}$

해설 복소추이 정리

$f(t)=e^{-at}\cos \omega t$

$F(s)=\left.\dfrac{s}{s^2+\omega^2}\right|_{s\to s+a}$

$=\dfrac{s+a}{(s+a)^2+\omega^2}$

16 함수 $f(t)=e^{-2t}\cos 3t$의 라플라스 변환은?

① $F(s)=\dfrac{s+2}{s^2+4s+13}$ ② $F(s)=\dfrac{s-2}{s^2+4s+13}$

③ $F(s)=\dfrac{s+2}{s^2+4s-5}$ ④ $F(s)=\dfrac{s-2}{s^2+4s-5}$

해설 복소추이 정리

$f(t)=e^{-2t}\cos 3t$

$F(s)=\left.\dfrac{s}{s^2+3^2}\right|_{s\to s+2}$

$=\dfrac{s+2}{(s+2)^2+3^2}=\dfrac{s+2}{s^2+4s+13}$

17 $\mathcal{L}^{-1}\left[\dfrac{1}{s^2+a^2}\right]$은 어느 것인가?

① $\sin at$ ② $\dfrac{1}{a}\sin at$ ③ $\cos at$ ④ $\dfrac{1}{a}\cos at$

해설 $\mathcal{L}^{-1}\left[\dfrac{a}{s^2+a^2}\right]=\sin at$이므로

$\mathcal{L}^{-1}\left[\dfrac{1}{s^2+a^2}\right]=\mathcal{L}^{-1}\left[\dfrac{1}{a}\cdot\dfrac{a}{s^2+a^2}\right]=\dfrac{1}{a}\sin at$

Answer ○ 15 ③ 16 ① 17 ②

18 라플라스 변환함수 $F(s) = \dfrac{s+2}{s^2+4s+13}$ 에 대한 역변환 함수 $f(t)$는?

① $e^{-2t}\cos 3t$
② $e^{-3t}\sin 2t$
③ $e^{3t}\cos 2t$
④ $e^{2t}\sin 3t$

해설 $F(s) = \dfrac{s+2}{s^2+4s+13} = \dfrac{s+2}{s^2+4s+4+9}$

$= \dfrac{s+2}{(s+2)^2 + 3^2}$ 이므로

$\therefore f(t) = e^{-2t}\cos 3t$ 가 된다.

19 함수 $f(s) = \dfrac{3}{(s+2)^2}$ 를 라플라스 역변환하면 $f(t)$는 어떻게 되는가?

① $3e^{-2t}$
② $3e^{2t}$
③ $3te^{2t}$
④ $3te^{-2t}$

해설 $\mathcal{L}(t) = \mathcal{L}^{-1}[f(s)] = \mathcal{L}^{-1}\left[\dfrac{3}{(s+2)^2}\right]$

$= 3\mathcal{L}^{-1}\left[\dfrac{1}{(s+2)^2}\right] = 3te^{-2t}$

20 $\mathcal{L}^{-1}\left[\dfrac{s}{(s+1)^2}\right]$ 는?

① $e^{-t} - te^{-t}$
② $e^{-t} + 2te^{-t}$
③ $e^{t} - te^{-t}$
④ $e^{-t} + te^{-t}$

해설 $f(t) = \mathcal{L}^{-1}\left[\dfrac{s}{(s+1)^2}\right] = \mathcal{L}^{-1}\left[\dfrac{s+1}{(s+1)^2} + \dfrac{-1}{(s+1)^2}\right]$

$= \mathcal{L}^{-1}\left[\dfrac{1}{s+1} - \dfrac{1}{(s+1)^2}\right] = e^{-t} - te^{-t}$

18 ① 19 ④ 20 ① **Answer**

제2장 · 라플라스 변환

21 다음과 같은 $I(s)$의 초기값 $I(0_+)$가 바르게 구해진 것은?

$$I(s) = \frac{2(s+1)}{s^2 + 2s + 5}$$

① $\frac{2}{5}$ ② $\frac{1}{5}$ ③ 2 ④ -2

해설 초기값 정리

$$\lim_{t \to 0} i(t) = \lim_{s \to \infty} s \cdot I(s) = \lim_{s \to \infty} s \cdot \frac{2(s+1)}{s^2 + 2s + 5}$$

$$= \lim_{s \to \infty} \frac{2 + \frac{2}{s}}{1 + \frac{2}{s} + \frac{5}{s^2}} = 2$$

22 어떤 제어계의 출력 $C(s)$가 다음과 같이 주어질 때 출력의 시간 함수 $C(t)$의 정상값은?

$$C(s) = \frac{2}{s(s^2 + s + 3)}$$

① 2 ② 3 ③ $\frac{3}{2}$ ④ $\frac{2}{3}$

해설 최종값 정리에 의해서

$$\lim_{t \to \infty} C(t) = \lim_{s \to 0} sC(s) = \lim_{s \to 0} s \frac{2}{s(s^2 + s + 3)} = \lim_{s \to 0} \frac{2}{s^2 + s + 3} = \frac{2}{3}$$

23 $F(s) = \frac{5s + 3}{s(s+1)}$ 의 정상치 $f(\infty)$는?

① 5 ② 3
③ 1 ④ 0

해설 최종값 정리에 의해서

$$\lim_{t \to \infty} f(t) = \lim_{s \to 0} sF(s) = \lim_{s \to 0} s \frac{5s + 3}{s(s+1)} = \lim_{s \to 0} \frac{5s + 3}{(s+1)} = 3$$

Answer ◯ 21 ③ 22 ④ 23 ②

Chapter 03 전달함수

1 전달함수

1) 정의

① 입력신호와 출력신호의 관계를 수식적으로 표기

② 출력신호와 입력신호에 대한 라플라스 변환값의 비를 말한다.

(단, 초기값은 0상태〈제어계에 입력이 가해지기 전 제어계가 휴지상태〉)

$$\xrightarrow{\text{입력 } r(t) \atop R(s)} \boxed{G(s)} \xrightarrow{\text{출력 } c(t) \atop C(s)}$$

$$G(s) = \frac{C(s)}{R(s)} = \frac{b_m S^m + b_{m-1} S^{m-1} \cdots\cdots b_1 s + b_0}{a_n S^n + a_{n-1} S^{n-1} \cdots\cdots a_1 s + a_0}$$

2) 성질

① 선형 시불변 시스템에서 적용된다.

② 시스템의 입력변수와 출력변수 사이의 전달함수 : 임펄스 응답의 라플라스 변환으로 정의

③ 시스템의 초기값은 0이다.

④ 전달함수는 S만의 함수로 표시된다.

2 제어계의 출력응답

1) 임펄스 응답

$$G(s) = \frac{C(s)}{R(s)}, \ C(s) = G(s) \cdot R(s)$$

$C(t) = \mathcal{L}^{-1}[G(s) \cdot R(s)]$이다.

단위 임펄스 $r(t) = \delta(t)$이고 $R(s) = 1$이므로

$C(t) = \mathcal{L}^{-1}[G(s) \cdot R(s)] = \mathcal{L}^{-1}[G(s)]$이다.

2) 인디셜 응답(단위계단응답)

$C(t) = \mathcal{L}^{-1}[G(s) \cdot R(s)]$이다.

입력신호가 단위계단함수 $r(t) = u(t)$이므로

$R(s) = \dfrac{1}{S}$이다.

$C(t) = \mathcal{L}^{-1}[G(s) \cdot \dfrac{1}{S}]$가 된다.

3 제어계의 전달함수

1) 비례요소(0차 지연요소)

$y(t) = Kx(t)$

여기서, $y(t)$: 출력신호
$x(t)$: 입력신호

$Y(s) = KX(s)$

$G(s) = \dfrac{Y(s)}{X(s)} = K$

여기서, K : 이득정수

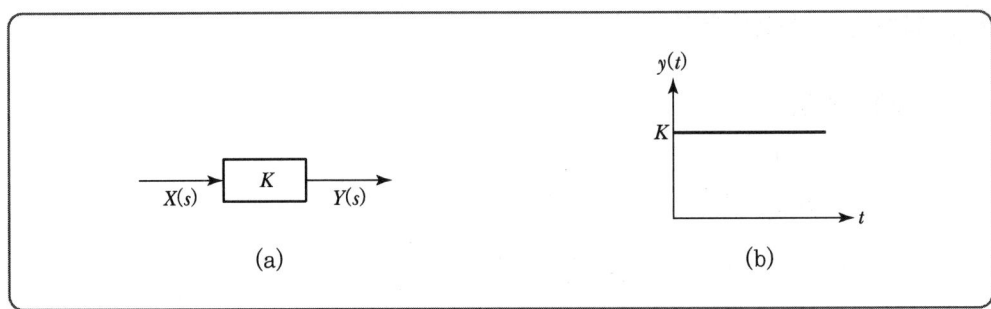

(활용 : 전자증폭관, 전위차계, 지렛대 등)

2) 미분요소

$$y(t) = K\frac{d}{dt}x(t)$$

$$Y(s) = KsX(s)$$

$$G(s) = \frac{Y(s)}{X(s)} = Ks$$

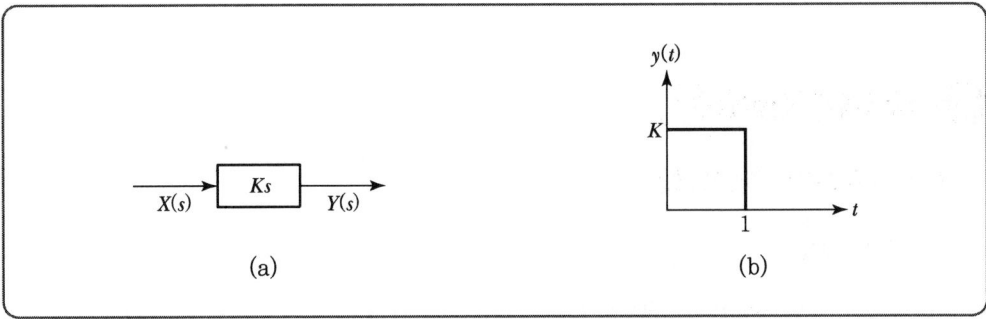

(활용 : 속도발전기, 미분회로, 인덕턴스회로)

3) 적분요소

$$y(t) = K\int x(t)dt$$

$$Y(s) = \frac{K}{s}x(s)$$

$$G(s) = \frac{Y(s)}{X(s)} = \frac{K}{s} \text{ 가 된다.}$$

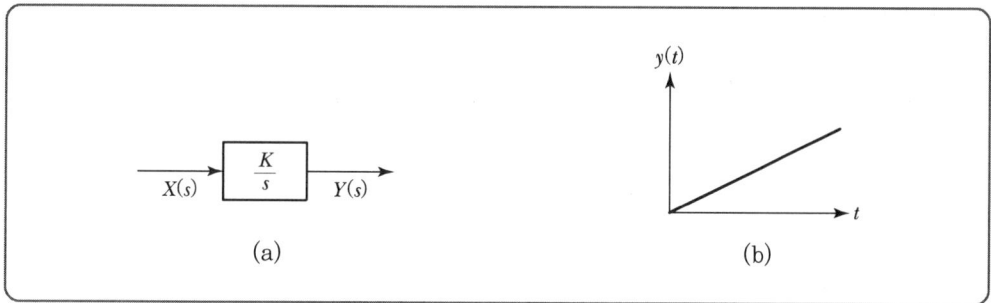

(활용 : 수위계, 가열기, 적분회로)

4) 1차 지연요소

$$b_1 \frac{d}{dt} y(t) + b_0 y(t) = a_0 x(t) \quad (b_1, \ b_0 > 0)$$

$$b_1 S Y(s) + b_0 Y(s) = a_0 X(s)$$

$$G(s) = \frac{Y(s)}{X(s)} = \frac{a_0}{b_1 s + b_0} = \frac{\dfrac{a_0}{b_0}}{\dfrac{b_1}{b_0} s + 1} = \frac{K}{TS+1}$$

$$\left(\frac{a_0}{b_0} = K, \quad \frac{b_1}{b_0} = T(시정수) \right)$$

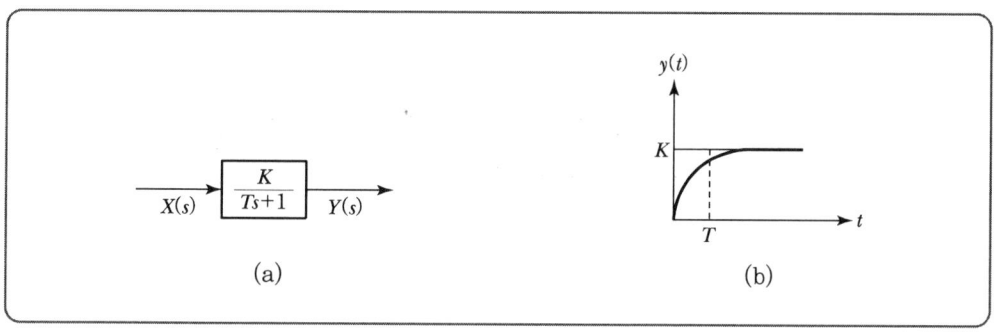

5) 2차 지연요소

$$b_2 \frac{d^2}{dt^2} y(t) + b_1 \frac{d}{dt} y(t) + b_0 y(t) = a_0 x(t) \quad (b_2,\ b_1,\ b_0 > 0)$$

$$b_2 s^2 Y(s) + b_1 s Y(s) + b_0 Y(s) = a_0 X(s)$$

$$G(s) = \frac{Y(s)}{X(s)} = \frac{a_0}{b_2 s^2 + b_1 s + b_0} = \frac{\dfrac{a_0}{b_0}}{\dfrac{b_2}{b_0} s^2 + \dfrac{b_1}{b_0} s + 1}$$

$$\left(\frac{a_0}{b_0} = K,\ \frac{b_2}{b_0} = T^2,\ \frac{b_1}{b_0} = 2\delta T \left(\frac{1}{T} = \omega_n \right) \right)$$

여기서, δ : 감쇠계수(제동비)
ω_n : 고유주파수

$$G(s) = \frac{K}{T^2 s^2 + 2\delta T s + 1} = \frac{\dfrac{K}{T^2}}{s^2 + \dfrac{2\delta}{T} s + \dfrac{1}{T^2}}$$

$$= \frac{K \omega_n^2}{s^2 + 2\delta \omega_n s + \omega_n^2}$$

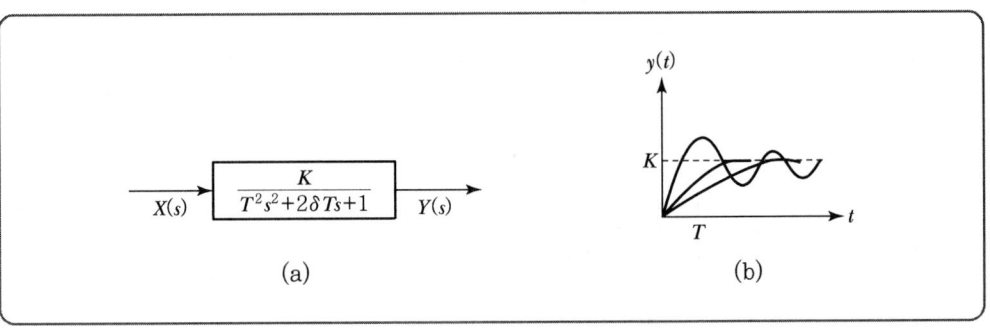

(a)   (b)

6) 부동작 시간요소

$y(t) = Kx(t-L)$

$Y(s) = KX(s)e^{-Ls}$

$G(s) = \dfrac{Y(s)}{X(s)} = Ke^{-Ls}$ 이다.

① $t = 0$에서 입력변화가 발생하여도 $t = L$까지 출력 측 영향을 주지 않는다.
② L : 부동작 시간이다.

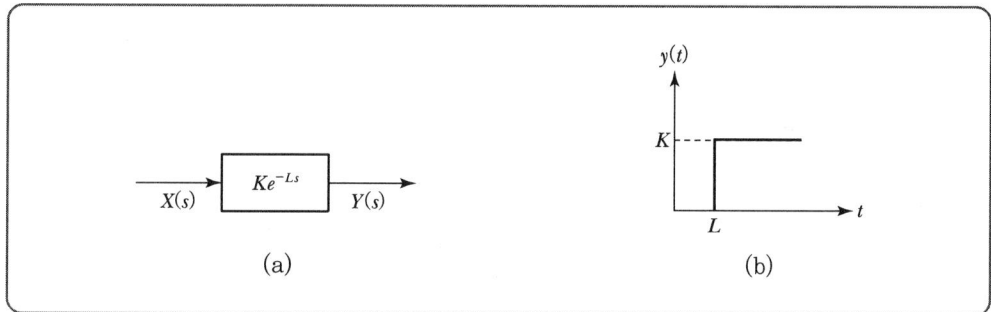

(a)　　　(b)

▼ 전달함수의 요소

요소	전달함수
비례요소	$G(s) = K$
미분요소	$G(s) = Ts$
적분요소	$G(s) = \dfrac{1}{Ts}$
1차 지연요소	$G(s) = \dfrac{K}{1+Ts}$
2차 지연요소	$G(s) = \dfrac{\omega_n^{\,2}}{s^2 + 2\zeta\omega_n s + \omega_n^{\,2}}$
부동작시간요소	$G(s) = Ke^{-Ls} = \dfrac{K}{e^{Ls}}$

4 전기계·기계계의 전달함수

전기계	기계계	
	직선운동계	회전운동계
전압 E	힘 f	토크 τ
전류 I	속도 v	각속도 ω
전하 Q	변위 x	각변위 θ
인덕턴스 L	질량 m	관성모멘트 J
저항 R	제동계수 μ	제동계수 μ
용량 C	스프링정수 K	스프링정수 K

1) 직선계(병진운동)

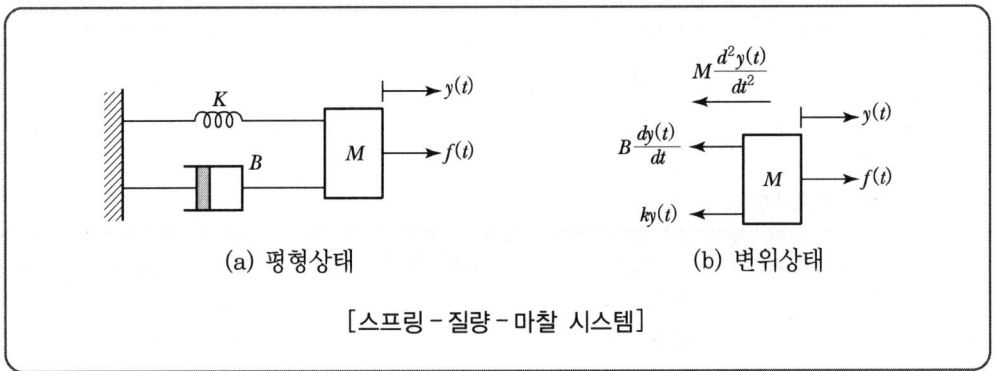

(a) 평형상태   (b) 변위상태

[스프링 – 질량 – 마찰 시스템]

$$f(t) = M\frac{d^2}{dt^2}y(t) + B\frac{d}{dt}y(t) + Ky(t)$$

$$F(s) = Ms^2 Y(s) + Bs Y(s) + KY(s)$$

$$G(s) = \frac{Y(s)}{F(s)} = \frac{1}{Ms^2 + Bs + K} \text{이다.}$$

2) 회전계

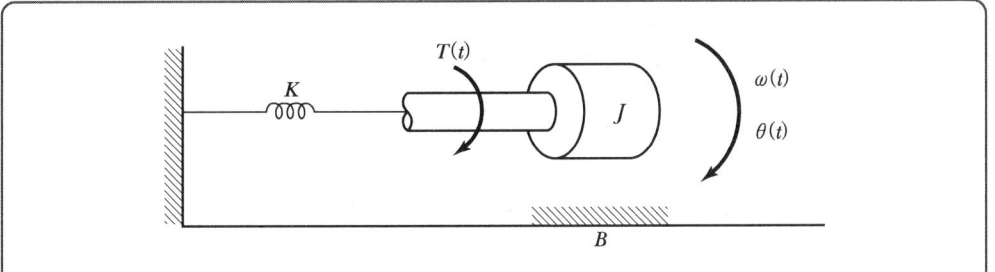

$$T(t) = J\frac{d^2}{dt^2}\theta(t) + B\frac{d}{dt}\theta(t) + K\theta(t)$$

$$T(s) = Js^2\theta(s) + Bs\theta(s) + K\theta(s)$$

$$G(s) = \frac{\theta(s)}{T(s)} = \frac{1}{Js^2 + Bs + K} \text{ 이다.}$$

5 보상기

1) 진상 보상기

① 위상특성이 빠른 요소(진상요소)를 보상요소로 사용하여 안정도와 속응성을 개선한다.
② 출력위상이 입력위상보다 앞선다.

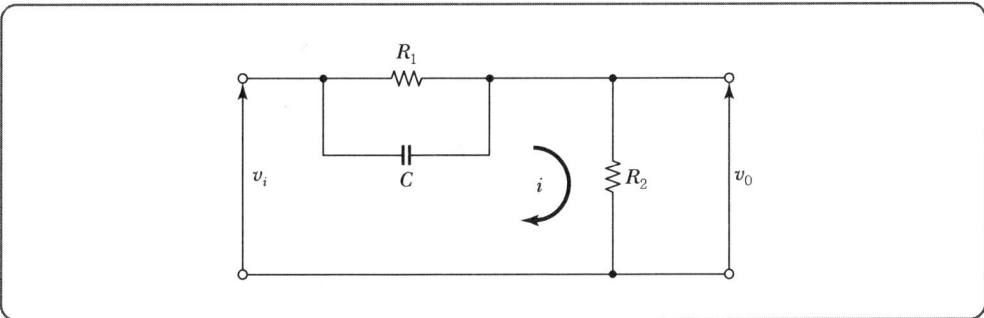

방정식

$$C\frac{d}{dt}[v_i(t) - v_0(t)] + \frac{1}{R_1}[v_i(t) - v_0(t)] = \frac{1}{R_2}v_0(t)$$

라플라스 변환(초기값은 0인 상태)하면

$$Cs[v_i(s) - v_0(s)] + \frac{1}{R_1}[v_i(s) - v_0(s)] = \frac{1}{R_2}v_0(s)$$

$$G(s) = \frac{v_0(s)}{v_i(s)} = \frac{Cs + \frac{1}{R_1}}{Cs + \frac{1}{R_1} + \frac{1}{R_2}}$$

$$\left(a = \frac{1}{R_1 c},\ b = \frac{1}{R_1 c} + \frac{1}{R_2 c}\right)$$

$$G(s) = \frac{s+a}{s+b} \quad (b > a \text{이므로 진상 보상기})$$

2) 지상 보상기

① 위상 특성이 늦은 요소(지상요소)를 보상요소로 사용하여 이득을 재조정하고 정상편차를 개선한다.
② 출력위상이 입력위상보다 뒤진다.

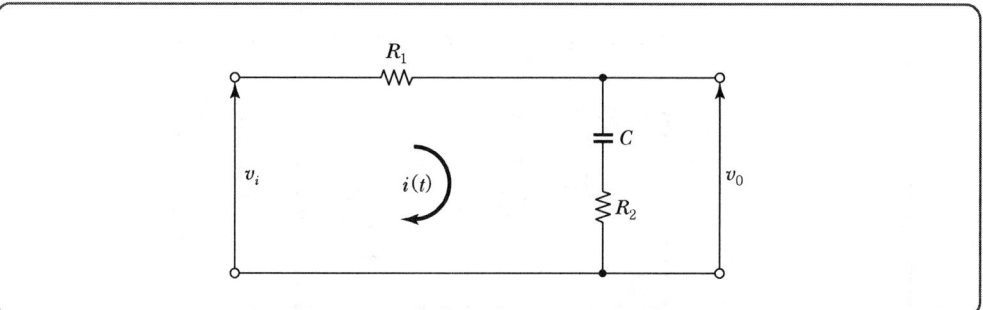

방정식 : $R_1 i(t) + \frac{1}{C}\int i(t)dt + R_2 i(t) = v_i(t)$

$$\frac{1}{C}\int i(t)dt + R_2 i(t) = v_0(t)$$

초기값 0인 상태에서 라플라스 변환

$$\left(R_1 + R_2 + \frac{1}{Cs}\right)I(s) = v_i(s)$$

$$\left(R_2 + \frac{1}{Cs}\right)I(s) = v_0(s)$$

전달함수 $G(s) = \dfrac{v_0(s)}{v_i(s)} = \dfrac{R_2 + \dfrac{1}{Cs}}{R_1 + R_2 + \dfrac{1}{Cs}}$

$$\left(a = \frac{1}{(R_1+R_2)C},\ b = \frac{1}{R_2 c}\right)$$

$$G(s) = \frac{a(s+b)}{b(s+a)} \quad (b > a \text{이므로 지상 보상기})$$

3) 진상 · 지상 보상기

① 위상 특성이 정 · 부로 변환하여 1개의 요소로 보상을 행한다.
② 속응성, 안정도, 정상편차를 동시에 개선한다.

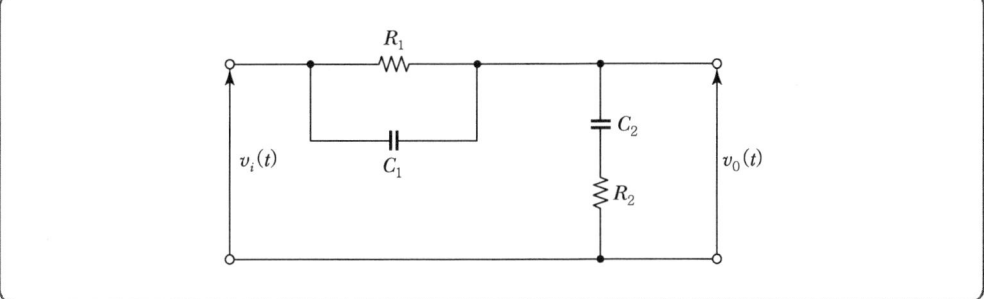

- 회전방정식 입력을 전류식으로 표시하면

$$\frac{1}{R_1}[v_i(t) - v_0(t)] + C_1 \frac{d}{dt}[v_i(t) - v_0(t)] = i(t) \quad \cdots\cdots \text{①}$$

- 회로방정식 출력을 단자전압으로 표시하면

$$\frac{1}{C_2}\int i(t)dt + R_2 i(t) = v_0(t) \quad \cdots\cdots \text{②}$$

라플라스 변환하여 $I(s)$를 소거하면,

$$\left[\frac{1}{R_1}+C_1s\right](V_i(s)-V_0(s))=\frac{V_0(s)}{\frac{1}{C_2s}+R_2}$$

$$G(s)=\frac{V_0(s)}{V_i(s)}$$

$$=\frac{\left[s+\frac{1}{R_1C_1}\right]\left[s+\frac{1}{R_2C_2}\right]}{s^2+\left[\frac{1}{R_2C_2}+\frac{1}{R_2C_1}+\frac{1}{R_1C_1}\right]s+\frac{1}{R_1C_1R_2C_2}}$$

$$=\frac{(s+a_1)(s+b_2)}{(s+b_1)(s+a_2)}$$

$$\left(a_1=\frac{1}{R_1C_1},\ b_1a_2=a_1b_2,\ b_1+a_2=a_1+b_2+\frac{1}{R_2C_1},\ b_2=\frac{1}{R_2C_2}\right)$$

✱ 보상기는 2개의 영점과 2개의 극점을 가진다.
✱ 진·지상 보상기로 동작을 위한 조건은 $b_1>a_1$, $b_2>a_2$이다.

Chapter 03 실·전·문·제

01 회로망의 전달함수 $H(s) = \dfrac{V_2(s)}{V_1(s)}$ 를 구하면?

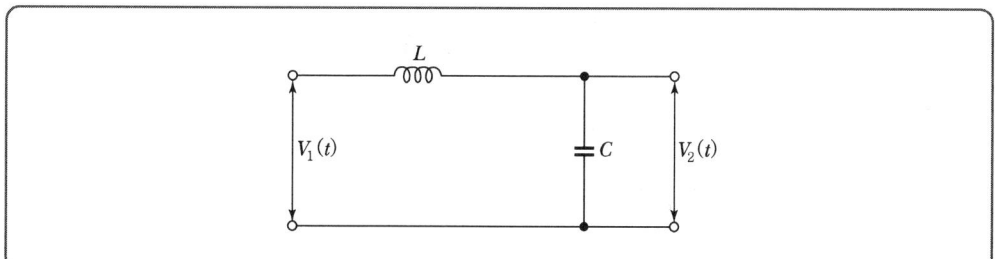

① $\dfrac{LC}{1+LCs}$ ② $\dfrac{LC}{1+LCs^2}$ ③ $\dfrac{1}{1+LCs}$ ④ $\dfrac{1}{1+LCs^2}$

해설 $\dfrac{V_2(s)}{V_1(s)} = \dfrac{\dfrac{1}{Cs}}{Ls + \dfrac{1}{Cs}} = \dfrac{1}{1+LCs^2}$

02 그림과 같은 회로의 전달함수 $\dfrac{E_0(s)}{E_i(s)}$ 는?

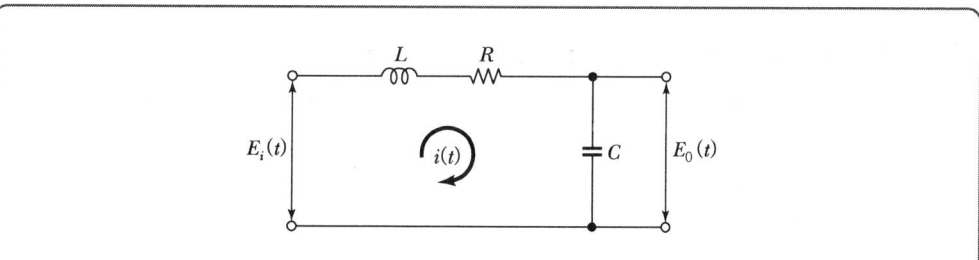

① $\dfrac{s}{LCs^2+RCs+1}$ ② $\dfrac{1}{LCs^2+RCs+1}$

③ $\dfrac{Ls}{LCs^2+RCs+1}$ ④ $\dfrac{Cs}{LCs^2+RCs+1}$

해설 $G(s) = \dfrac{E_0(s)}{E_i(s)} = \dfrac{\dfrac{1}{Cs}}{R+Ls+\dfrac{1}{Cs}} = \dfrac{1}{LCs^2+RCs+1}$

Answer ● 01 ④ 02 ②

03 그림과 같은 RLC 회로에서 입력전압 $e_i(t)$, 출력전류가 $i(t)$인 경우 이 회로의 전달함수 $I(s)/E_i(s)$는?(단, 모든 초기조건은 0이다.)

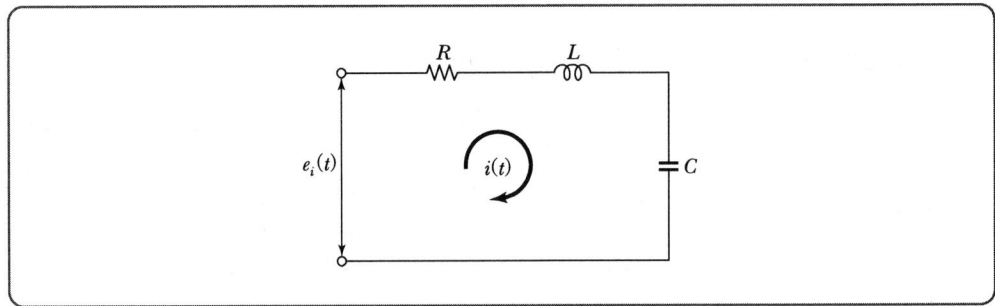

① $\dfrac{Cs}{RCs^2+LCs+1}$ ② $\dfrac{1}{RCs^2+LCs+1}$

③ $\dfrac{Cs}{LCs^2+RCs+1}$ ④ $\dfrac{1}{LCs^2+RCs+1}$

해설 $e_i(t) = L\dfrac{d}{dt}i(t) + Ri(t) + \dfrac{1}{C}\int i(t)d$ 초기값을 0으로 하고 라플라스 변환하면,

$E_i(s) = LsI(s) + RI(s) + \dfrac{1}{Cs}I(s) = \left(Ls + R + \dfrac{1}{Cs}\right)I(s)$

∴ $G(s) = \dfrac{I(s)}{E_i(s)} = \dfrac{1}{R + Ls + \dfrac{1}{Cs}} = \dfrac{Cs}{LCs^2 + RCs + 1}$

---

04 개루프 전달함수가 다음과 같을 때 폐루프 전달함수는?

$$G(s) = \dfrac{s+2}{s(s+1)}$$

① $\dfrac{s+2}{s^2+s}$ ② $\dfrac{s+2}{s^2+2s+2}$

③ $\dfrac{s+2}{s^2+s+2}$ ④ $\dfrac{s+2}{s^2+2s+4}$

해설 폐루프 전달함수를 $G'(s)$라 하면,

$G'(s) = \dfrac{G(s)}{1+G(s)} = \dfrac{\dfrac{s+2}{s(s+1)}}{1+\dfrac{s+2}{s(s+1)}} = \dfrac{s+2}{s^2+2s+2}$

03 ③ 04 ② Answer

05 그림과 같은 회로의 전압비 전달함수 $H(j\omega) = \dfrac{V_c(j\omega)}{V(j\omega)}$ 는?

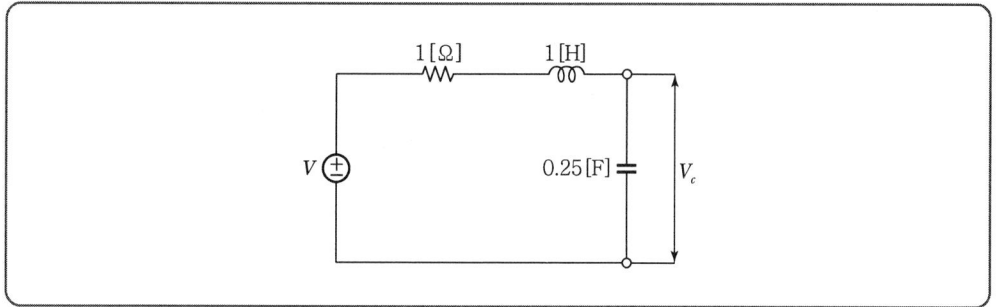

① $\dfrac{2}{(j\omega)^2 + j\omega + 2}$

② $\dfrac{2}{(j\omega)^2 + j\omega + 4}$

③ $\dfrac{4}{(j\omega)^2 + j\omega + 4}$

④ $\dfrac{1}{(j\omega)^2 + j\omega + 1}$

해설 $G(j\omega) = \dfrac{V_c(j\omega)}{V(j\omega)} = \dfrac{1}{LC(j\omega)^2 + RC(j\omega) + 1}$

$R = 1[\Omega]$, $L = 1[H]$, $C = 0.25[F]$를 대입하면

$\therefore G(j\omega) = \dfrac{1}{0.25(j\omega)^2 + 0.25(j\omega) + 1} = \dfrac{4}{(j\omega)^2 + j\omega + 4}$

06 다음 그림은 제어계의 어떤 요소인가?

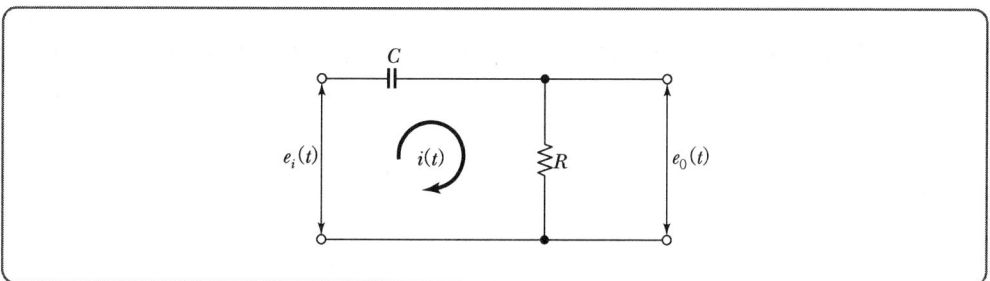

① 적분요소 ② 미분요소 ③ 1차 지연요소 ④ 1차 지연 미분요소

해설 비례요소 : K, 미분요소 : Ks, 적분요소 : $\dfrac{K}{s}$

1차 지연요소 : $\dfrac{K}{Ts+1}$

전달함수 $G(s) = \dfrac{RCs}{1 + RCs} = \dfrac{Ts}{1 + Ts}$

이므로 1차 지연요소를 포함한 미분요소이다.

Answer ○ 05 ③ 06 ④

07 다음 회로에서 입력을 $v(t)$, 출력을 $i(t)$로 했을 때의 입·출력 전달함수는?(단, 스위치 S는 $t=0$ 순간에 회로에 전압이 공급된다고 한다.)

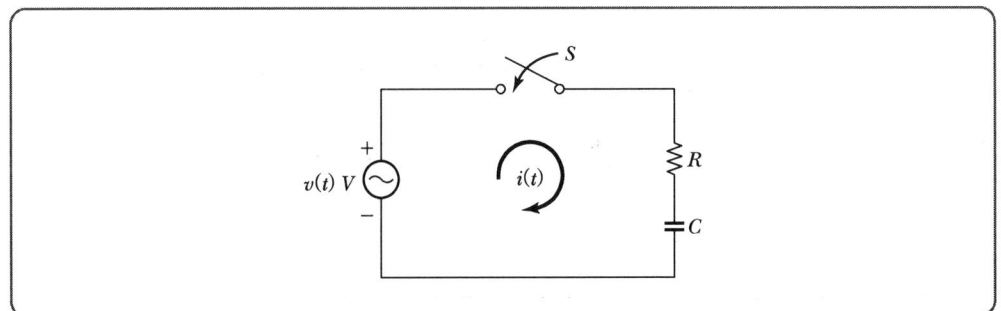

① $\dfrac{I(s)}{V(s)} = \dfrac{s}{R\left(s + \dfrac{1}{RC}\right)}$ ② $\dfrac{I(s)}{V(s)} = \dfrac{1}{RC\left(s + \dfrac{1}{RC}\right)}$

③ $\dfrac{I(s)}{V(s)} = \dfrac{s}{RCs + 1}$ ④ $\dfrac{I(s)}{V(s)} = \dfrac{RCs}{RCs + 1}$

해설 $v(t) = Ri(t) + \dfrac{1}{C}\int i(t)dt$

$V(s) = RI(s) + \dfrac{1}{Cs}I(s) = \left(R + \dfrac{1}{Cs}\right)I(s)$

$\therefore G(s) = \dfrac{I(s)}{V(s)} = \dfrac{1}{R + \dfrac{1}{Cs}} = \dfrac{Cs}{RCs + 1} = \dfrac{s}{R\left(s + \dfrac{1}{RC}\right)}$

08 그림과 같은 미분요소에 입력으로 단위계단함수를 사용할 경우 출력 파형으로 알맞은 것은?

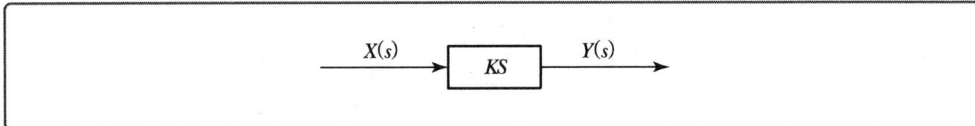

① 임펄스 파형   ② 사인파형
③ 삼각파형   ④ 톱니파형

해설 $G(s) = \dfrac{Y(s)}{X(s)} = Ks$ 이므로

단위계단함수를 입력으로 한 출력은

$Y(s) = Ks \cdot X(s) = Ks \cdot \dfrac{1}{s} = K$

$\therefore y(t) = \mathcal{L}^{-1}[Y(s)] = \mathcal{L}^{-1}[K] = K\delta(t)$

07 ①　08 ①　Answer

09 다음 지상 네트워크의 전달함수는?

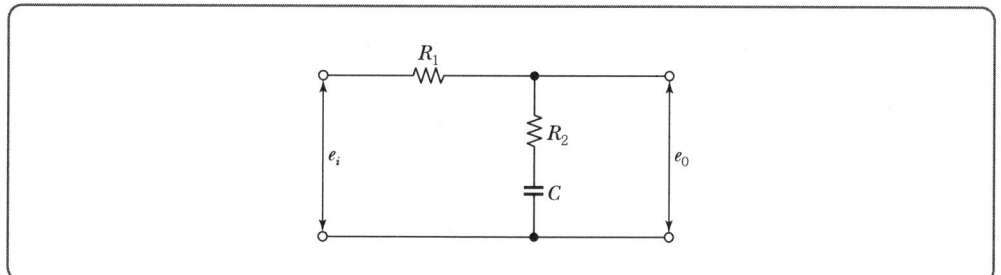

① $\dfrac{s(R_1+R_2)C+1}{sCR_1+1}$

② $\dfrac{sCR_2+1}{s(R_1+R_2)C+1}$

③ $\dfrac{R_1+sC}{R_1+R_2+sC}$

④ $\dfrac{1}{1/R_1+1/R_2+sC}$

해설 $G(s)=\dfrac{V_0(s)}{V_i(s)}=\dfrac{R_2+\dfrac{1}{Cs}}{R_1+R_2+\dfrac{1}{Cs}}=\dfrac{sCR_2+1}{s(R_1+R_2)C+1}$

10 다음 회로의 전달함수 $G(s)=E_0(s)/E_i(s)$는 얼마인가?

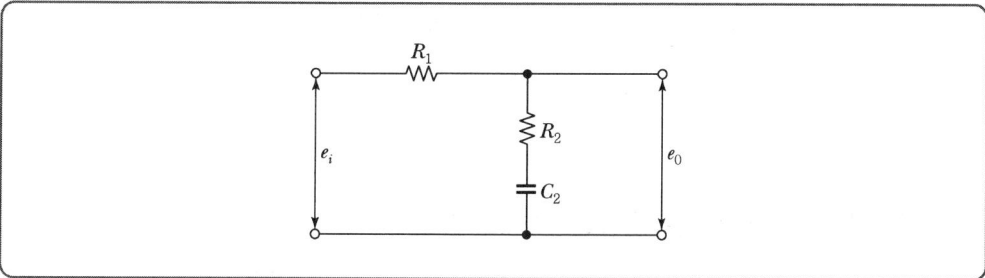

① $\dfrac{(R_1+R_2)C_2s}{R_2C_2s}$

② $\dfrac{R_2C_2s+1}{(R_1+R_2)C_2s+1}$

③ $\dfrac{R_2C_2+1}{(R_1+R_2)C_2s+1}$

④ $\dfrac{(R_1+R_2)C_2+1}{R_2C_2+1}$

해설 $G(s)=\dfrac{E_0(s)}{E_i(s)}=\dfrac{R_2+\dfrac{1}{C_2s}}{R_1+R_2+\dfrac{1}{C_2s}}=\dfrac{R_2C_2s+1}{(R_1+R_2)C_2s+1}$

Answer ◐ 09 ② 10 ②

11 그림과 같은 회로에서 전압비 전달함수 $\left(\dfrac{E_0(s)}{E_i(s)}\right)$는?

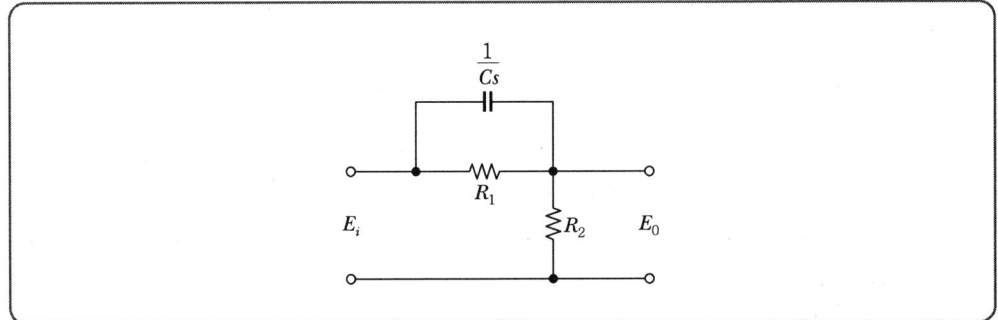

① $\dfrac{R_1 + Cs}{R_1 + R_2 + Cs}$
② $\dfrac{R_2 + Cs}{R_1 + R_2 + Cs}$
③ $\dfrac{R_1 + R_1 R_2 Cs}{R_1 + R_2 + R_1 R_2 Cs}$
④ $\dfrac{R_2 + R_1 R_2 Cs}{R_1 + R_2 + R_1 R_2 Cs}$

해설

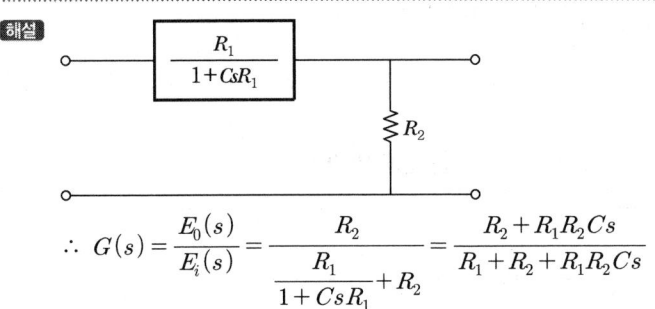

$$\therefore G(s) = \frac{E_0(s)}{E_i(s)} = \frac{R_2}{\dfrac{R_1}{1+CsR_1}+R_2} = \frac{R_2 + R_1 R_2 Cs}{R_1 + R_2 + R_1 R_2 Cs}$$

12 다음 중 과도 특성을 해치지 않고 보상하는 것은?

① 진상 보상기   ② 지상 보상기   ③ 관측자 보상기   ④ 직렬 보상기

해설
- 진상 보상기 : 과도 특성인 안정도와 속응성의 개선이 목적
- 지상 보상기 : 과도 특성을 해치지 않고 정상 특성인 편차 개선이 목적

13 계단 응답이 입력신호와 같은 파형이고 시간만이 뒤졌을 때 이 계의 요소는?

① 미분 요소   ② 부동작 시간 요소
③ 1차 뒤진 요소   ④ 2차 뒤진 요소

해설 부동작 시간 요소 : 계단 응답이 입력신호와 같은 파형이고 시간만 지연

11 ④ 12 ② 13 ② Answer

14 그림과 같은 회로망은 어떤 보상기로 사용될 수 있는가?(단, $1 \ll R_1 C$ 인 경우로 한다.)

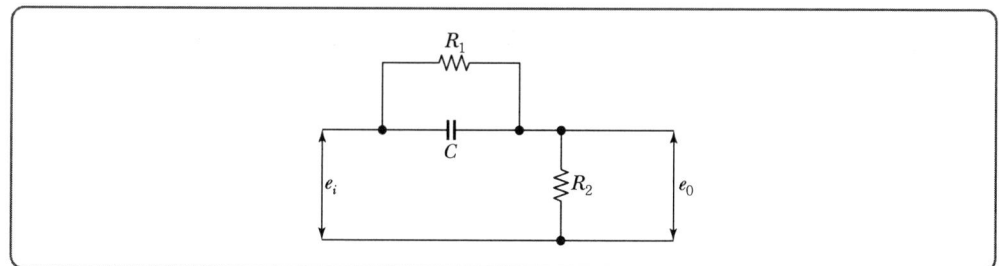

① 진상 보상기   ② 지상 보상기
③ 지 · 진상 보상기   ④ 진 · 지상 보상기

해설
$$G(s) = \frac{\frac{1}{R_1} + Cs}{\frac{1}{R_1} + \frac{1}{R_2} + Cs} = \frac{R_2 + R_1 R_2 Cs}{R_1 + R_2 + R_1 R_2 Cs}$$

$$= \frac{R_2}{R_1 + R_2} \cdot \frac{1 + R_1 Cs}{1 + \frac{R_1 R_2}{R_1 + R_2} Cs}$$

$\alpha = \dfrac{R_2}{R_1 + R_2}$, $\alpha < 1$ $T = R_1 C$ 라 놓으면

$$\therefore G(s) = \frac{\alpha(1 + Ts)}{1 + \alpha Ts}$$

여기서, $\alpha Ts \ll 1$ 이라고 하면 전달함수는 근사적으로 $G(s) ≒ \alpha(1 + Ts)$ 로 되어 미분요소(진상 회로)가 된다.

15 다음의 전달함수를 갖는 회로가 진상 보상 회로의 특성을 가지려면 그 조건은 어떠해야 하는가?

$$G(s) = \frac{s+b}{s+a}$$

① $a > b$ ② $a < b$ ③ $a > 1$ ④ $b > 1$

해설
- 진상 보상 조건 : $a > b$
- 지상 보상 조건 : $b > a$

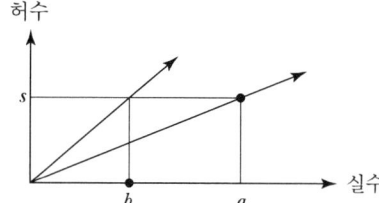

Answer ▶ 14 ①   15 ①

16 어떤 계를 표시하는 미분방정식 $\dfrac{d^2y(t)}{dt^2}+\dfrac{3dy(t)}{dt}+2y(t)=x(t)+\dfrac{dx(t)}{dt}$ 라고 한다. $x(t)$는 입력, $y(t)$는 출력이라고 한다면 이 계의 전달함수는 어떻게 표시되는가?

① $\dfrac{s+2}{s^2+s+2}$
② $\dfrac{s+1}{s^2+2s+1}$
③ $\dfrac{s+1}{2s+2}$
④ $\dfrac{s+1}{s^2+3s+2}$

해설 $\{s^2Y(s)-sy(0)-y'(0)\}+3\{sY(s)-y(0)\}+2Y(s)$
$=X(s)+\{sX(s)-x(0)\}$
모든 초기값을 0으로 보고 정리하면
$(s^2+3s+2)Y(s)=(s+1)X(s)$
∴ $\dfrac{Y(s)}{X(s)}=\dfrac{s+1}{s^2+3s+2}$

17 어떤 제어계의 전달함수가 $G(s)=\dfrac{2s+1}{s^2+s+1}$ 로 표시될 때, 이 계에 입력 $x(t)$를 가했을 때 출력 $y(t)$를 구하는 미분방정식으로 알맞은 것은?

① $\dfrac{d^2y}{dt^2}+\dfrac{dy}{dt}+y=2\dfrac{dy}{dx}+x$
② $\dfrac{d^2y}{dt^2}+\dfrac{dy}{dt}+y=2\dfrac{dx}{dt}+x$
③ $\dfrac{d^2x}{dt}+\dfrac{dy}{dt}+y=2\dfrac{dx}{dt}+x$
④ $\dfrac{d^2y}{dt}+\dfrac{dy}{dx}+y=2\dfrac{dx}{dt}+x$

해설 $\dfrac{Y(s)}{X(s)}=\dfrac{2s+1}{s^2+s+1}$, $Y(s)(s^2+s+1)=X(s)(2s+1)$
역라플라스 변환하면 $\dfrac{d^2y}{dt^2}+\dfrac{dy}{dt}+y=2\dfrac{dx}{dt}+x$

18 회전 운동계의 관성모멘트와 직선 운동계의 질량을 전기적 요소로 변환한 것은?

① 인덕턴스　② 전류　③ 전압　④ 캐패시턴스

해설

전기계	직선운동계	회전운동계
전압	힘	토크
전류	속도	각속도
전하	변위	각변위
인덕턴스	질량	관성모멘트

16 ④　17 ②　18 ①　**Answer**

Chapter 04 블록선도와 신호흐름선도

1 블록선도 표시법

① 제어에 관계되는 신호가 어떠한 모양으로 변하여 어떻게 전달되는가를 표시
② 선형·비선형 시스템에 적용
③ 전달요소, 화살표 표시, 가합점, 인출점으로 구성

2 블록선도의 변환

1) 직렬접속

$$R(s) \rightarrow \boxed{G_1(s)} \xrightarrow{E(s)} \boxed{G_2(s)} \xrightarrow{C(s)}$$

- $E(s) = G_1(s)R(s)$

- $C(s) = G_2(s)E(s) = G_1(s) \cdot G_2(s) \cdot R(s)$

- $\dfrac{C(s)}{R(s)} = G_1(s) \cdot G_2(s)$

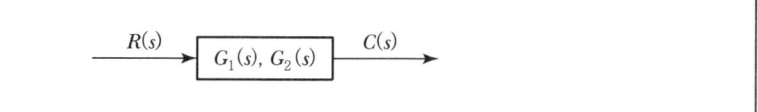

2) 병렬접속

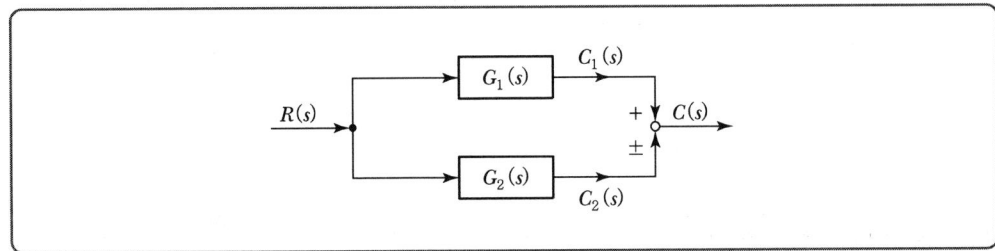

- $C_1(s) = G_1(s)R(s)$

- $C_2(s) = G_2(s)R(s)$

- $C(s) = C_1(s) \pm C_2(s) = R(s)[G_1(s) \pm G_2(s)]$

- $\dfrac{C(s)}{R(s)} = G_1(s) \pm G_2(s)$

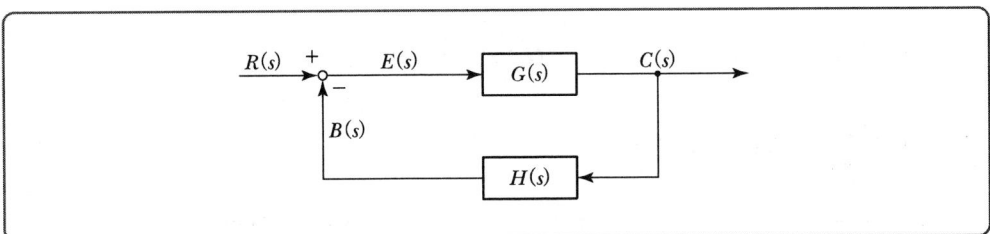

3) 피드백 접속(부궤환 제어가 기본 블록)

- $E(s) = R(s) - B(s) \qquad B(s) = H(s)C(s)$

  $= R(s) - H(s)C(s)$

- $C(s) = G(s)E(s)$

  $= G(s)[R(s) - H(s)C(s)]$

- $C(s) = G(s)R(s) - G(s)H(s)C(s)$

- $C(s)[1 + G(s)H(s)] = G(s)R(s)$

- $G(s) = \dfrac{C(s)}{R(s)} = \dfrac{G(s)}{1 + G(s)H(s)}$

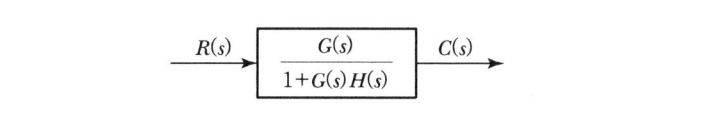

★ 전달함수의 기본식 : $G(s) = \dfrac{전향경로}{1 - 피드백}$

3 신호흐름선도

1) 성질

① 선형시스템에 적용

② 결과와 원인의 함수로 표현되는 형태

③ 마디 : 변수를 나타내고, 원인과 결과의 순서를 왼쪽으로부터 차례로 배열

④ 신호 : 가지의 화살표 방향으로만 전송된다.

⑤ 입력마디에서 출력마디까지 연결된 가지 : 입력의 변수가 출력에 종속됨을 나타낸다.

2) 용어의 해석

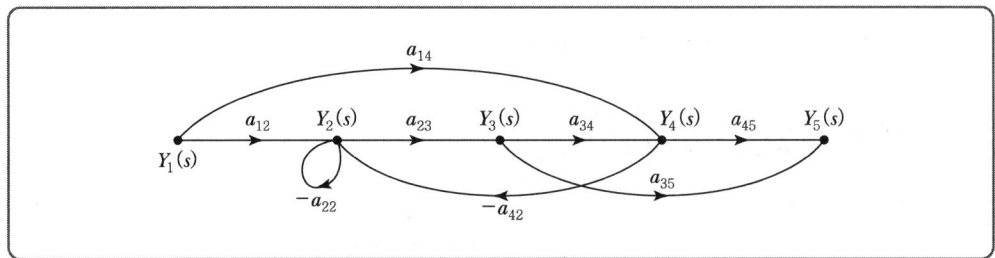

(1) 입력마디 : $Y_1(s)$

(2) 출력마디 : $Y_5(s)$

(3) 경로(path)

동일한 진행방향을 갖는 연결된 가지의 집합을 말한다.

  ∗ 경로의 종류
  ① $Y_1(s) \to Y_2(s) \to Y_3(s) \to Y_4(s) \to Y_5(s)$
  ② $Y_1(s) \to Y_4(s) \to Y_5(s)$
  ③ $Y_1(s) \to Y_2(s) \to Y_3(s) \to Y_5(s)$

(4) 전향경로

입력마디에서 시작하여 두 번 이상 거치지 않고 출력마디까지 도달하는 경로

① $Y_1(s) \to Y_2(s) \to Y_3(s) \to Y_4(s) \to Y_5(s)$

② $Y_1(s) \to Y_4(s) \to Y_5(s)$

③ $Y_1(s) \to Y_2(s) \to Y_3(s) \to Y_5(s)$

(5) 경로이득

경로를 형성하고 있는 가지들의 이득의 곱을 말한다.

$Y_1(s) \to Y_2(s) \to Y_3(s) \to Y_4(s) \to Y_5(s)$

경로이득은 $a_{12}\,a_{23}\,a_{34}\,a_{45}$ 이다.

(6) 전향경로이득(forward path gain)

전향경로의 경로이득을 말한다.

(7) 루프(loop)

한 마디에서 시작하여 다시 그 마디로 돌아오는 경로를 말하며, 모든 마디는 두 번 이상 지날 수 없다.

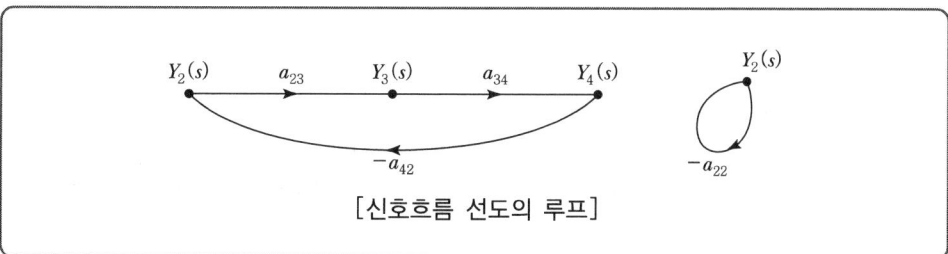

[신호흐름 선도의 루프]

(8) 루프 이득(loop gain)

루프의 경로 이득을 말한다.

①

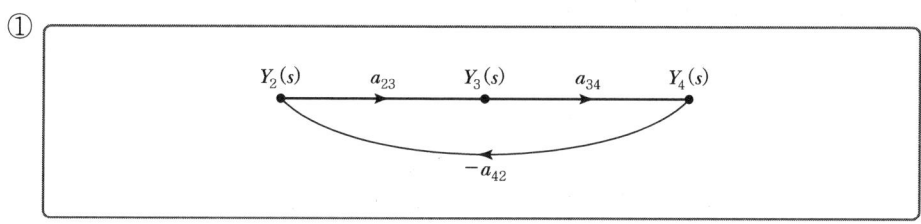

루프 이득 : $-a_{23}\,a_{34}\,a_{42}$

②

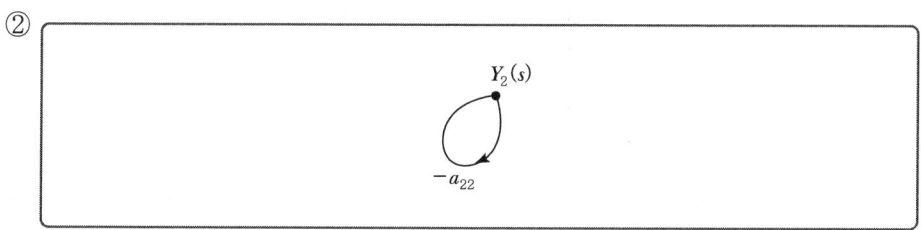

루프 이득 : $-a_{22}$

4 이득

메이슨(Mason)의 정리

$$G = \frac{\sum G_k \Delta_k}{\Delta}$$

여기서, Δ : 1−(서로 다른 루프 이득의 합)+(서로 접촉하지 않은 두 개의 루프 이득의 곱)
G_k : (입력마디~출력마디) K번째의 전방경로이득
Δ_k : K번째의 전방경로이득과 서로 접촉하지 않는 신호흐름 선도에 대한 Δ의 값

5 연산 증폭기(OP amp)

1) 이상적인 연산 증폭기의 특성

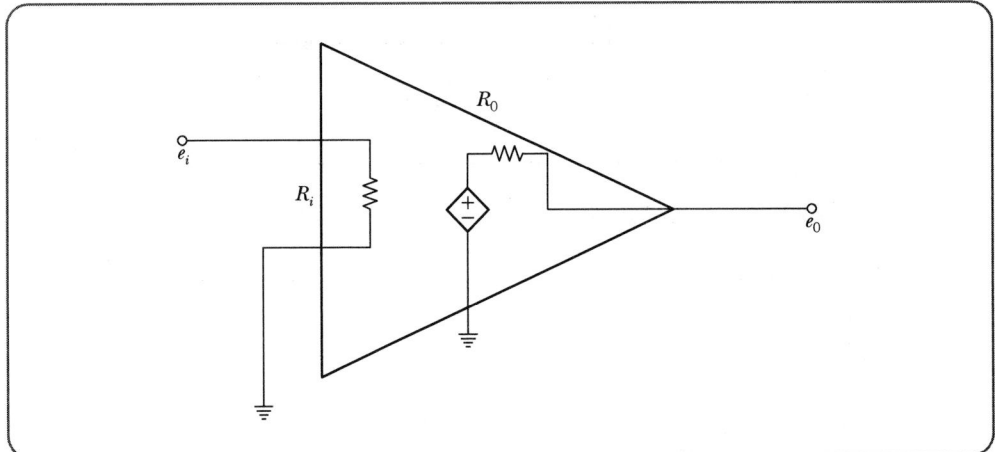

- 입력저항 : $R_i = \infty$

- 출력저항 : $R_0 = 0$

- 전압이득 : $V = \infty$

- 대역폭 $= \infty$

* 연산 증폭기의 특징
  ① 입력 임피던스가 크다.
  ② 출력 임피던스가 작다.
  ③ 전압 및 전력이득이 크다.
  ④ 대역폭(증폭도)가 크다.
  ⑤ 정·부(+, −) 2개의 전원을 필요로 한다.

2) 연산 증폭기의 종류

① 증폭회로(부호 변압기)

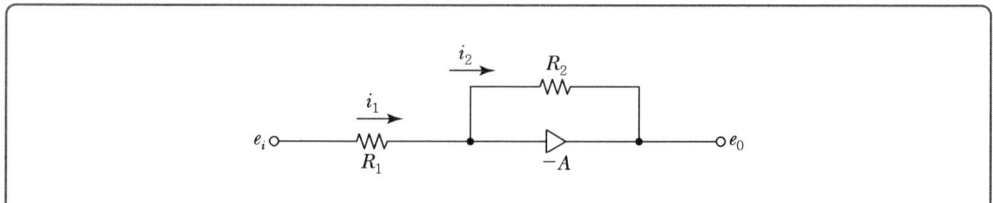

$$e_0 = -\frac{R_2}{R_1} e_i$$

② 적분기

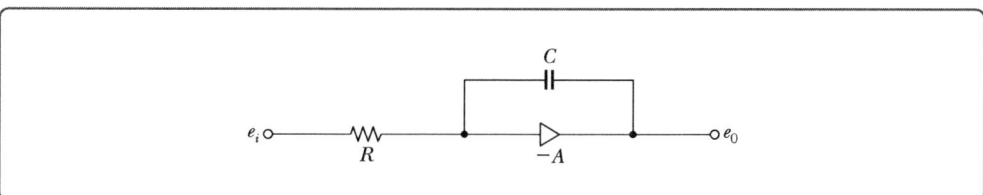

$$e_0 = -\frac{1}{RC} \int e_i dt$$

③ 미분기

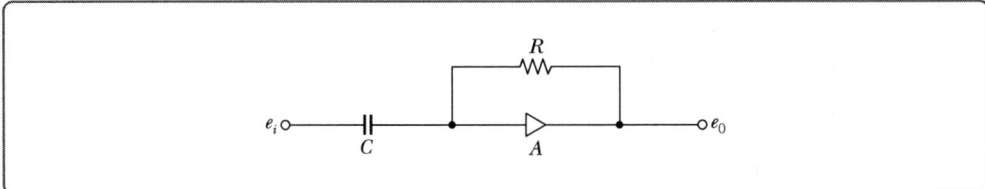

$$e_0 = -RC\frac{de_i}{dt}$$

Chapter 04 실·전·문·제

01 블록 다이어그램에서 $\dfrac{\theta(s)}{R(s)}$의 전달함수는?

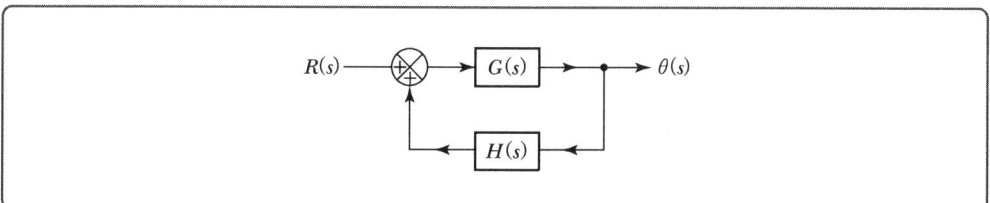

① $\dfrac{1}{1+G(s)H(s)}$
② $\dfrac{1}{1-G(s)H(s)}$
③ $\dfrac{G(s)}{1+G(s)H(s)}$
④ $\dfrac{G(s)}{1-G(s)H(s)}$

해설 전향경로이득 : $G(s)$, 루프이득 : $G(s)H(s)$

$$\dfrac{\theta(s)}{R(s)} = \dfrac{\sum \text{전향경로이득}}{1-\sum \text{루프이득}} = \dfrac{G(s)}{1-G(s)H(s)}$$

02 다음 블록선도 중 합성전달함수의 값이 다른 것은?

① 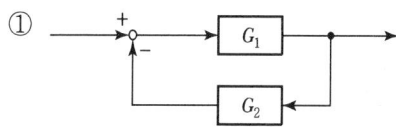 ②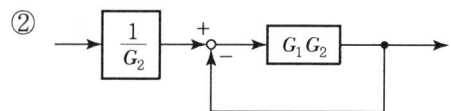

③ 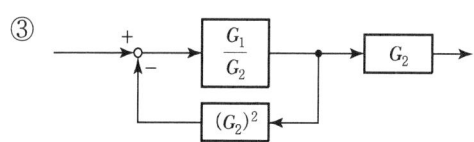 ④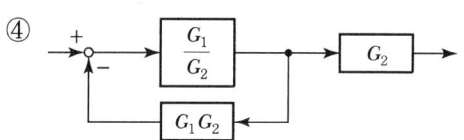

해설 ① $\dfrac{G_1}{1+G_1G_2}$
② $\dfrac{1}{G_2} \cdot \dfrac{G_1G_2}{1+G_1G_2} = \dfrac{G_1}{1+G_1G_2}$

③ $\dfrac{\dfrac{G_1}{G_2}}{1+\dfrac{G_1}{G_2}G_2G_2} \cdot G_2 = \dfrac{G_1}{1+G_1G_2}$
④ $\dfrac{\dfrac{G_1}{G_2}}{1+\dfrac{G_1}{G_2}G_1G_2} \cdot G_2 = \dfrac{G_1G_2}{G_2+G_2(G_1)^2} = \dfrac{G_1}{1+(G_1)^2}$

Answer ○ 01 ④ 02 ④

03 다음 블록 선도를 옳게 등가변환한 것은?

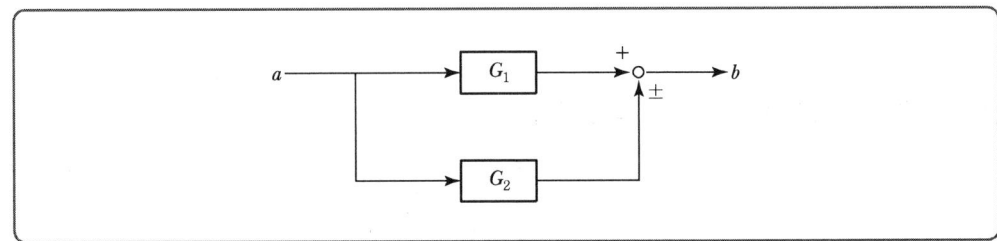

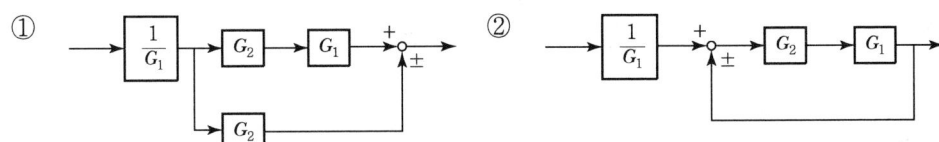

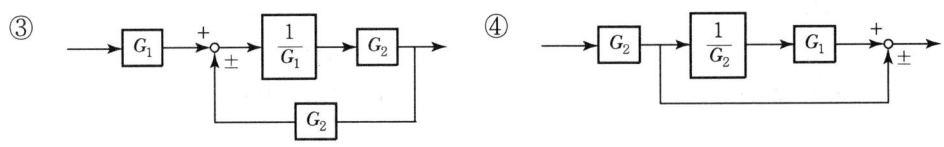

해설

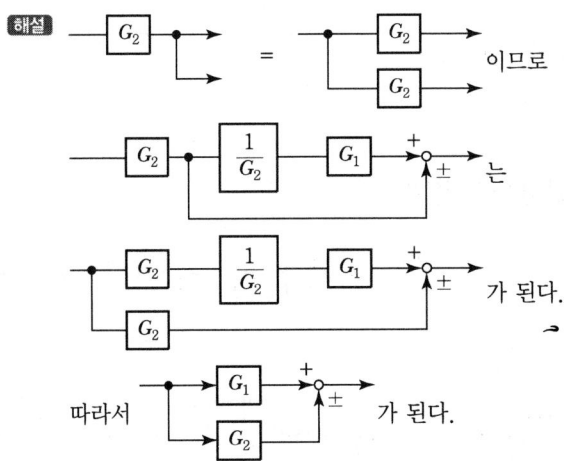

03 ④ Answer

04 다음의 회로를 블록선도로 그린 것 중 옳은 것은?

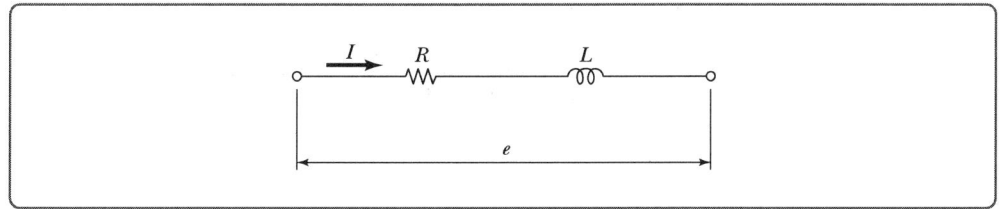

해설 $e = i \cdot R + i \cdot Ls$
$E(s) = I(s) \cdot R + I(s) \cdot Ls = I(s)(R + Ls)$

05 블록선도에서 $r(t) = 25$, $G_1 = 1$, $H_1 = 5$, $c(t) = 50$일 때 H_2를 구하면?

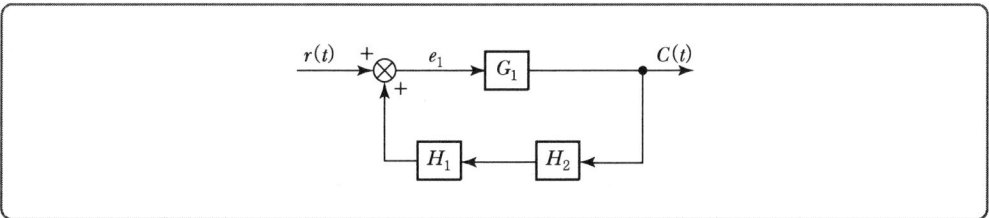

① $\dfrac{1}{4}$ 　　　　② $\dfrac{1}{10}$

③ $\dfrac{2}{5}$ 　　　　④ $\dfrac{2}{3}$

해설 $\dfrac{c(t)}{r(t)} = \dfrac{50}{25} = \dfrac{G_1}{1 - G_1 \cdot H_1 \cdot H_2}$

$2 = \dfrac{1}{1 - 5H_2}$

$2 - 10H_2 = 1$

$\therefore H_2 = \dfrac{1}{10}$

Answer ◯ 04 ①　05 ②

06 그림과 같은 블록선도에서 전달함수는?

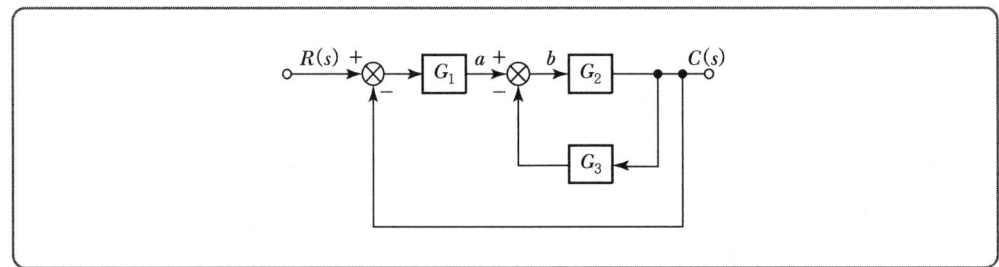

① $G(s) = \dfrac{G_1 G_2}{1 - G_1 G_2 - G_2 G_3}$ ② $G(s) = \dfrac{G_1 G_3}{1 - G_1 G_2 - G_2 G_3}$

③ $G(s) = \dfrac{G_1 G_3}{1 + G_1 G_2 + G_2 G_3}$ ④ $G(s) = \dfrac{G_1 G_2}{1 + G_1 G_2 + G_2 G_3}$

해설 전향경로이득 : $G_1 G_2$, 루프이득 : $-G_1 G_2$, $-G_2 G_3$

$$G(s) = \frac{\sum \text{전향경로이득}}{1 - \sum \text{루프이득}} = \frac{G_1 G_2}{1 + G_1 G_2 + G_2 G_3}$$

07 그림과 같은 블록선도에서 등가 합성 전달함수 $\dfrac{C}{R}$는?

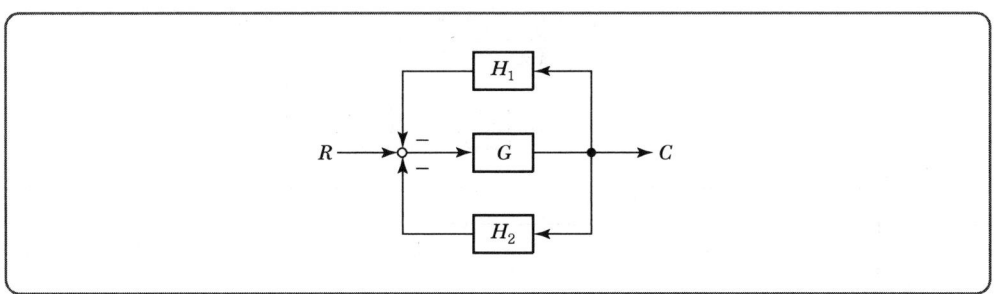

① $\dfrac{H_1 + H_2}{1 + G}$ ② $\dfrac{H_1}{1 + H_1 H_2 G}$

③ $\dfrac{G}{1 - H_1 G - H_2 G}$ ④ $\dfrac{G}{1 + H_1 G + H_2 G}$

해설 전향경로이득 : G, 루프이득 : $-H_1 G$, $-H_2 G$

$$\frac{C}{R} = \frac{\sum \text{전향경로이득}}{1 - \sum \text{루프이득}} = \frac{G}{1 + H_1 G + H_2 G}$$

06 ④ 07 ④ Answer

08 $\gamma(t) = 2$, $G_1 = 100$, $H_1 = 0.01$일 때 $c(t)$를 구하면?

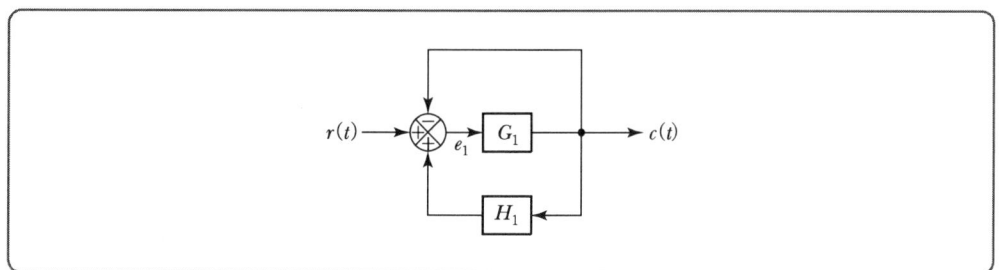

① 2
② 5
③ 9
④ 10

[해설] 전향경로이득 : G_1, 루프이득 : $-G_1$, $G_1 H_1$

$$G(s) = \frac{C(s)}{R(s)} = \frac{\sum 전향경로이득}{1 - \sum 루프이득} = \frac{G_1}{1 + G_1 - G_1 H_1}$$

$$\therefore C(s) = \frac{R(s) G_1}{1 + G_1 - G_1 H_1} = \frac{2 \times 100}{1 + 100 - (100 \times 0.01)} = 2$$

09 그림과 같은 블록선도에서 등가전달함수는?

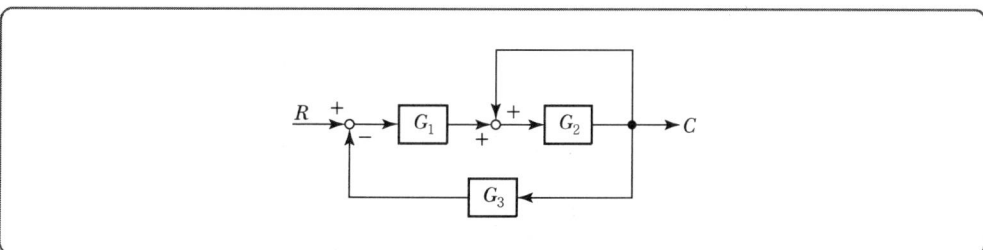

① $\dfrac{G_1 G_2}{1 + G_2 + G_1 G_2 G_3}$
② $\dfrac{G_1 G_2}{1 - G_2 + G_1 G_2 G_3}$
③ $\dfrac{G_1 G_3}{1 - G_2 + G_1 G_2 G_3}$
④ $\dfrac{G_1 G_3}{1 + G_2 + G_1 G_2 G_3}$

[해설] 전향경로이득 : G_1, G_2, 루프이득 : G_2, $-G_1 G_2 G_3$

$$G(s) = \frac{\sum 전향경로이득}{1 - \sum 루프이득} = \frac{G_1 G_2}{1 - G_2 + G_1 G_2 G_3}$$

Answer ◯ 08 ① 09 ②

10 그림의 블록선도에서 전달함수로 표시한 것은?

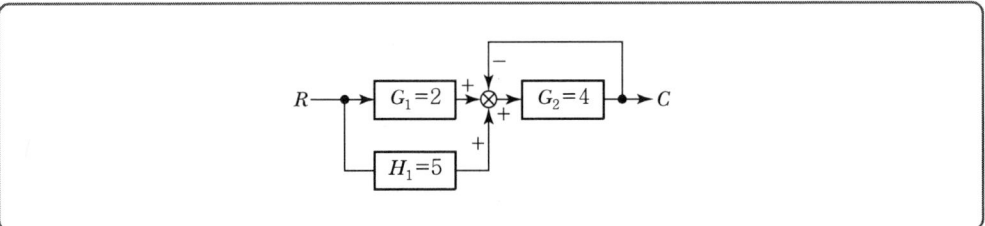

① $\dfrac{12}{5}$ 　　　　② $\dfrac{16}{5}$

③ $\dfrac{20}{5}$ 　　　　④ $\dfrac{28}{5}$

해설 전향경로이득 : $(G_1 + H_1) G_2$, 루프이득 : $-G_2$

$$G(s) = \frac{\sum 전향경로이득}{1 - \sum 루프이득} = \frac{(G_1 + H_1) G_2}{1 + G_2}$$

$$= \frac{(2+5) \cdot 4}{1+4} = \frac{28}{5}$$

11 다음 그림의 블록선도에서 $\dfrac{C}{R}$는?

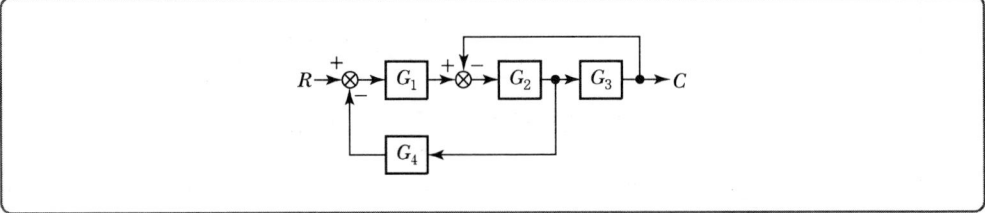

① $\dfrac{G_3 G_4}{1 + G_1 G_2 G_3}$ 　　　　② $\dfrac{G_1 G_3}{1 + G_1 G_2 + G_3 G_4}$

③ $\dfrac{G_1 G_2 G_3}{1 + G_2 G_3 + G_1 G_2 G_4}$ 　　　　④ $\dfrac{G_1 G_2}{1 + G_2 G_3 + G_1 G_4}$

해설 전향경로이득 : $G_1 G_2 G_3$, 루프이득 : $-G_2 G_3$, $-G_1 G_2 G_4$

$$G(s) = \frac{\sum 전향경로이득}{1 - \sum 루프이득} = \frac{G_1 G_2 G_3}{1 + G_2 G_3 + G_1 G_2 G_4}$$

10 ④　11 ③　Answer

12 그림과 같이 2중 입력으로 된 블록선도의 출력 C는?

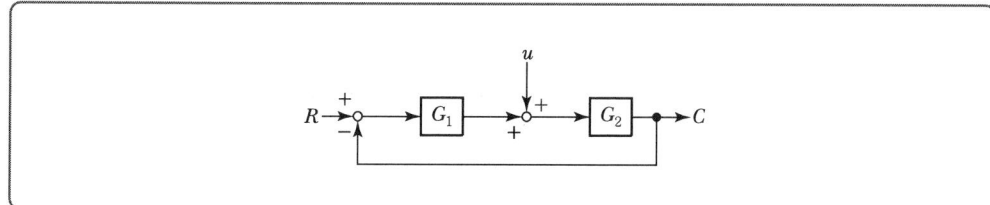

① $\left(\dfrac{G_2}{1-G_1G_2}\right)(G_1R+u)$ ② $\left(\dfrac{G_2}{1+G_1G_2}\right)(G_1R+u)$

③ $\left(\dfrac{G_1}{1-G_1G_2}\right)(G_1R-u)$ ④ $\left(\dfrac{G_1}{1+G_1G_2}\right)(G_1R-u)$

해설 $\dfrac{C_1}{R}=\dfrac{G_1G_2}{1+G_1G_2} \Rightarrow C_1=\dfrac{G_1G_2R}{1+G_1G_2}$

$\dfrac{C_2}{u}=\dfrac{G_2}{1+G_1G_2} \Rightarrow C_2=\dfrac{G_2u}{1+G_1G_2}$

$C=C_1+C_2=\dfrac{G_1G_2R+G_2u}{1+G_1G_2}=\left(\dfrac{G_2}{1+G_1G_2}\right)(G_1R+u)$

13 그림과 같은 블록선도에서 전달함수 $G(s)$는 얼마인가?

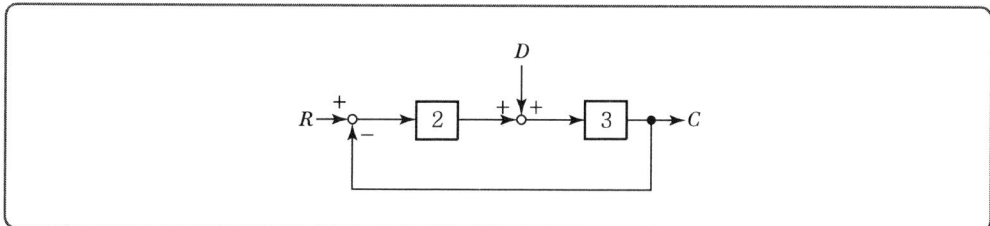

① $\dfrac{6}{7}$ ② $\dfrac{8}{7}$

③ $\dfrac{9}{7}$ ④ $\dfrac{11}{7}$

해설 $\dfrac{C}{R}=\dfrac{2\times 3}{1+(2\times 3)}=\dfrac{6}{7}$

$\dfrac{C}{D}=\dfrac{3}{1+(2\times 3)}=\dfrac{3}{7}$

$G(s)=\dfrac{C}{R}+\dfrac{C}{D}=\dfrac{6}{7}+\dfrac{3}{7}=\dfrac{9}{7}$

Answer ● 12 ② 13 ③

14 그림과 같은 블록선도에서 C의 값은?

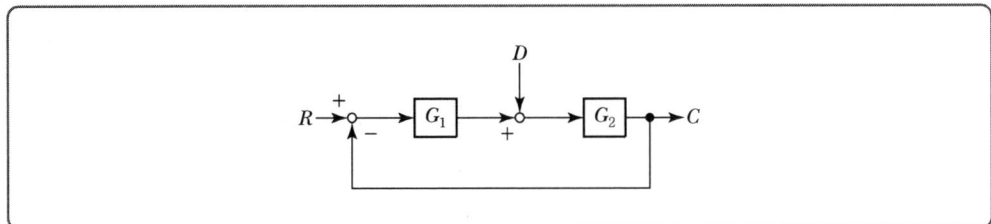

① $C = \dfrac{G_1 G_2}{1 + G_1 G_2} R + \dfrac{G_1}{1 + G_1 G_2} D$ ② $C = \dfrac{G_1 G_2}{1 + G_1 G_2} R + \dfrac{G_2}{1 + G_1 G_2} D$

③ $C = \dfrac{G_1 G_2}{1 + G_1 G_2} R + \dfrac{G_1 G_2}{1 + G_1 G_2} D$ ④ $C = \dfrac{G_1 G_2}{1 + G_1 G_2} R + \dfrac{G_1 G_2}{1 - G_1 G_2} D$

해설 $\dfrac{C_1}{R} = \dfrac{G_1 G_2}{1 + G_1 G_2} \Rightarrow C_1 = \dfrac{G_1 G_2 R}{1 + G_1 G_2}$

$\dfrac{C_2}{D} = \dfrac{G_2}{1 + G_1 G_2} \Rightarrow C_2 = \dfrac{G_2 D}{1 + G_1 G_2}$

$C = C_1 + C_2 = \dfrac{G_1 G_2 R + G_2 D}{1 + G_1 G_2} = \dfrac{G_1 G_2}{1 + G_1 G_2} R + \dfrac{G_2}{1 + G_1 G_2} D$

15 그림과 같은 블록선도에서 입력 R과 외란 D가 가해질 때 출력 C는?

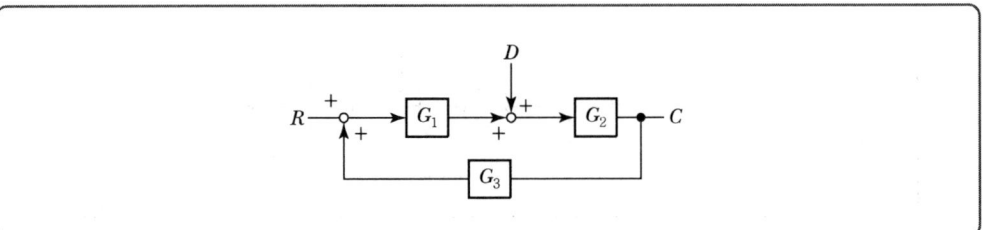

① $\dfrac{G_1 G_2 R + G_2 D}{1 + G_1 G_2 G_3}$ ② $\dfrac{G_1 G_2 R - G_2 D}{1 + G_1 G_2 G_3}$

③ $\dfrac{G_1 G_2 R + G_2 D}{1 - G_1 G_2 G_3}$ ④ $\dfrac{G_1 G_2 R - G_2 D}{1 - G_1 G_2 G_3}$

해설 $\dfrac{C}{R} = \dfrac{G_1 G_2}{1 - G_1 G_2 G_3} \Rightarrow C_1 = \dfrac{G_1 G_2 R}{1 - G_1 G_2 G_3}$

$\dfrac{C}{D} = \dfrac{G_2}{1 - G_1 G_2 G_3} \Rightarrow C_2 = \dfrac{G_2 D}{1 - G_1 G_2 G_3}$

14 ② 15 ③ **Answer**

$$e = C_1 + C_2 = \frac{G_1 G_2 R + G_2 D}{1 - G_1 G_2 G_3}$$
$$\therefore C = \frac{G_1 G_2 R + G_2 D}{1 - G_1 G_2 G_3}$$

16 그림과 같은 신호흐름 선도에서 $\dfrac{C}{R}$를 구하면?

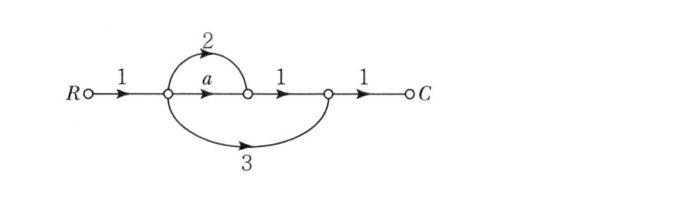

① a+2
② a+3
③ a+5
④ a+6

해설 $\dfrac{C}{R} = 2 + a + 3 = a + 5$

17 그림의 신호흐름 선도에서 $\dfrac{C}{R}$를 구하면?

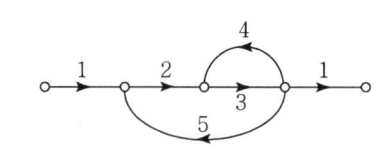

① $-\dfrac{7}{41}$
② $-\dfrac{6}{41}$
③ $-\dfrac{4}{41}$
④ $-\dfrac{3}{41}$

해설 $\dfrac{C}{R} = \dfrac{6}{1 - 12 - 30} = -\dfrac{6}{41}$

Answer ○ 16 ③ 17 ②

18 그림의 신호흐름 선도에서 $\dfrac{C}{R}$는?

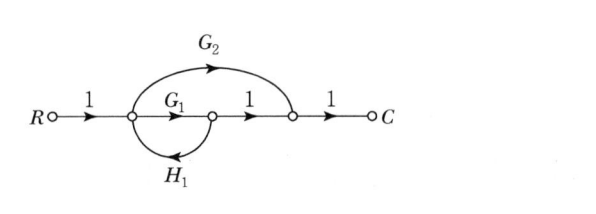

① $\dfrac{G_1 + G_2}{1 - G_1 H_1}$ ② $\dfrac{G_1 G_2}{1 - G_1 H_1}$

③ $\dfrac{G_1 + G_2}{1 + G_1 H_1}$ ④ $\dfrac{G_1 G_2}{1 + G_1 H_1}$

해설 $G = \dfrac{C}{R} = \dfrac{G_1 + G_2}{1 - G_1 H_1}$

19 그림의 신호흐름 선도에서 $\dfrac{C}{R}$는?

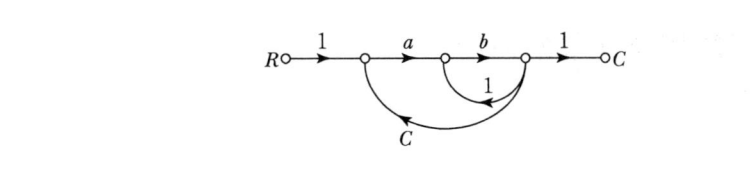

① $\dfrac{ab}{1 + b - abc}$ ② $\dfrac{ab}{1 - b - abc}$

③ $\dfrac{ab}{1 - b + abc}$ ④ $\dfrac{ab}{1 - ab + abc}$

해설 $G = \dfrac{C}{R} = \dfrac{ab}{1 - b - abc}$

18 ① 19 ② **Answer**

20 그림과 같은 신호흐름 선도에서 $\dfrac{C}{R}$ 의 값은?

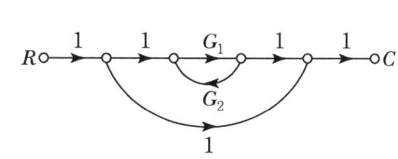

① $\dfrac{1+G_1+G_1G_2}{1+G_1G_2}$ ② $\dfrac{1+G_1-G_1G_2}{1-G_1G_2}$

③ $\dfrac{1+G_1G_2}{1+G_1+G_1G_2}$ ④ $\dfrac{1-G_1G_2}{1+G_1-G_1G_2}$

해설 $\dfrac{C}{R} = \dfrac{G_1+(1-G_1G_2)}{1-G_1G_2}$
$= \dfrac{1+G_1-G_1G_2}{1-G_1G_2}$

21 그림과 같은 신호흐름 선도에서 $\dfrac{C(s)}{R(s)}$ 의 값은?

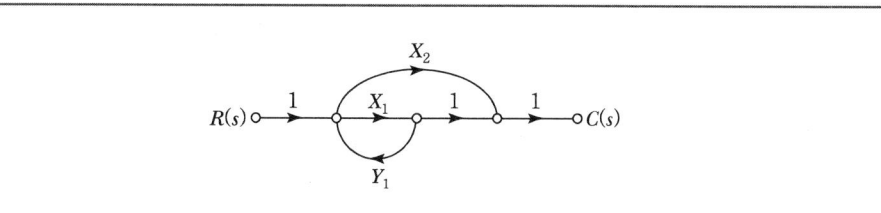

① $\dfrac{C(s)}{R(s)} = \dfrac{X_1}{1-X_1Y_1}$ ② $\dfrac{C(s)}{R(s)} = \dfrac{X_2}{1-X_1Y_1}$

③ $\dfrac{C(s)}{R(s)} = \dfrac{X_1X_2}{1-X_1Y_1}$ ④ $\dfrac{C(s)}{R(s)} = \dfrac{X_1+X_2}{1-X_1Y_1}$

해설 $\dfrac{C(s)}{R(s)} = \dfrac{경로}{1-폐로} = \dfrac{X_1+X_2}{1-X_1Y_1}$

Answer ▶ 20 ② 21 ④

22 그림과 같은 신호흐름 선도에서 $\dfrac{C}{R}$ 는?

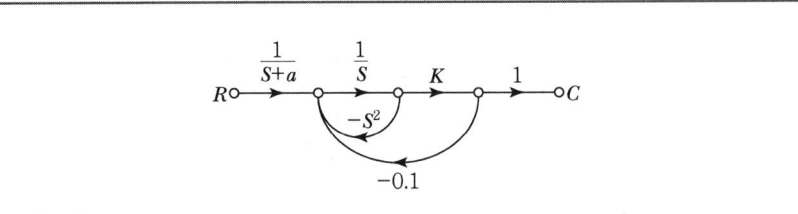

① $\dfrac{K}{(S+a)(S^2+S+0.1K)}$ ② $\dfrac{K-0.1S}{(S+a)(S^2+S+0.1K)}$

③ $\dfrac{0.1K}{(S+a)(S^2+S+0.1K)}$ ④ $\dfrac{K}{(S+a)(S^2-S-0.1K)}$

해설 $G = \dfrac{C}{R} = \dfrac{\dfrac{K}{S(S+a)}}{1+S+\dfrac{0.1K}{S}}$

$= \dfrac{K}{(S+a)(S^2+S+0.1K)}$

23 그림과 같은 신호흐름 선도의 전달함수는?

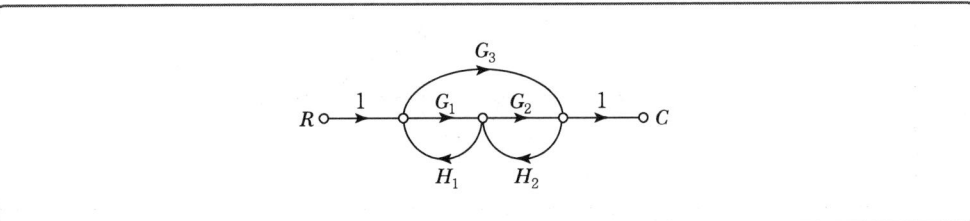

① $\dfrac{G_1G_2+G_3}{1-(G_1H_1+G_2H_2)-G_3H_1H_2}$ ② $\dfrac{G_1G_2+G_3}{1-(G_1H_1-G_2H_2)}$

③ $\dfrac{G_1G_2-G_3}{1-(G_1H_1-G_2H_2)}$ ④ $\dfrac{G_1G_2-G_3}{1-(G_1H_1+G_2H_2)}$

해설 $\dfrac{C}{R} = \dfrac{G_1G_2+G_3}{1-(G_1H_1+G_2H_2)-G_3H_1H_2}$

22 ①   23 ①   Answer

24 다음의 신호선도에서 $\dfrac{Y(s)}{D(s)}$를 구하면?

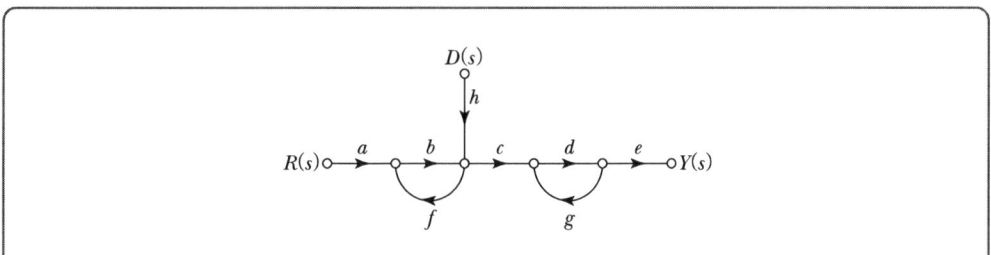

① $\dfrac{cdeh}{1-bf-dg+bfdg}$

② $\dfrac{abcde+hcde}{1-bf-dg+bfdg}$

③ $\dfrac{cdch}{1-dg}$

④ $\dfrac{abcde+hcde}{1-dg}$

[해설] $G = \dfrac{Y(s)}{D(s)} = \dfrac{cdeh}{1-bf-dg+bfdg}$

25 다음의 신호선도에서 메이슨 공식을 이용하여 전달함수를 구하고자 한다. 이 신호선도에서 루프(Loop)는 몇 개인가?

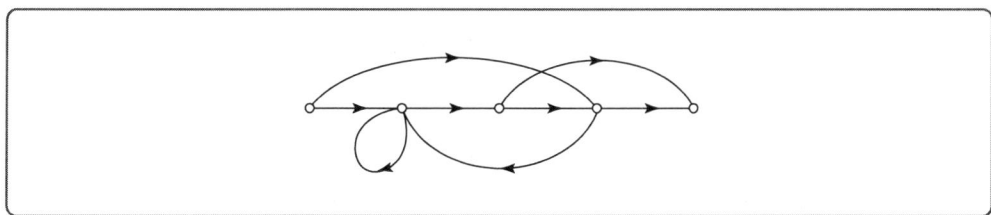

① 1
② 2
③ 3
④ 4

[해설] 피드백되는 루프를 찾는다.

Answer ▶ 24 ①　25 ②

26 그림의 신호흐름 선도를 단순화하면?

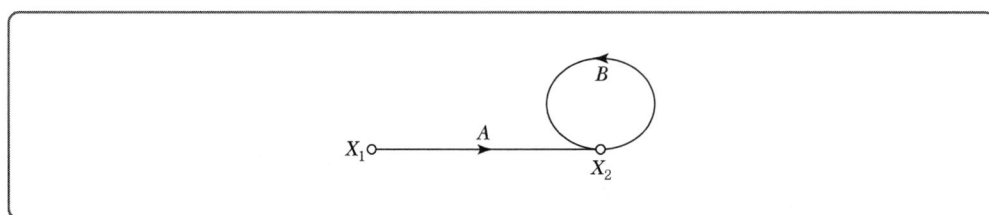

① $X_1 \xrightarrow{AB} X_2$
② $X_1 \xrightarrow{1/A-B} X_2$
③ $X_1 \xrightarrow{A/1-B} X_2$
④ $X_1 \xrightarrow{1-B} X_2$

해설 $G = \dfrac{X_2}{X_1} = \dfrac{A}{1-B}$

27 다음 신호흐름 선도에서 $\dfrac{C(s)}{R(s)}$ 의 값은?

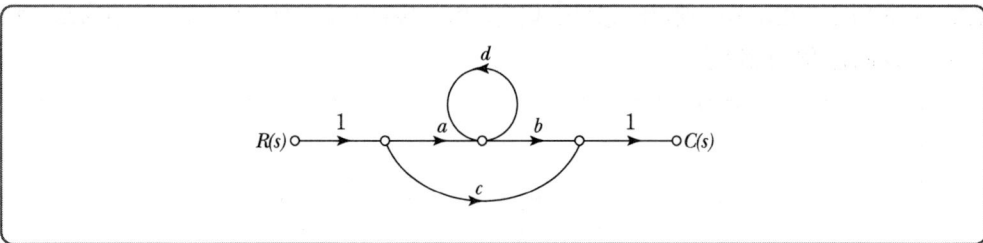

① $\dfrac{ab+c(1-d)}{1-d}$
② $\dfrac{ab+c}{1-d}$
③ $ab+c$
④ $\dfrac{ab+c(1+d)}{1+d}$

해설 $G = \dfrac{C}{R} = \dfrac{ab+c(1-d)}{1-d}$

26 ③ 27 ① Answer

28 연산증폭기의 성질에 관한 설명 중 옳지 않은 것은?

① 전압 이득이 매우 크다.
② 입력 임피던스가 매우 작다.
③ 전력 이득이 매우 크다.
④ 입력 임피던스가 매우 크다.

해설 연산증폭기의 특징
① 입력 임피던스가 크다.
② 출력 임피던스는 적다.
③ 증폭도가 매우 크다.
④ 정부(+, −) 2개의 전원을 필요로 한다.

29 그림과 같이 이득 A인 연산 증폭기 회로에서 출력 전압 V_0을 나타낸 것은?(단, V_1, V_2, V_3는 입력 신호이다.)

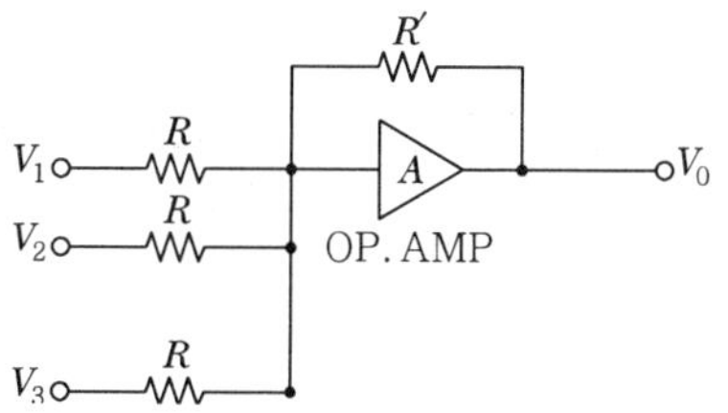

① $V_0 = \dfrac{R'}{3R}(V_1 + V_2 + V_3)$
② $V_0 = \dfrac{R'}{3R}(V_1 + V_2 + V_3)$
③ $V_0 = \dfrac{-R'}{R}(V_1 + V_2 + V_3)$
④ $V_0 = \dfrac{R'}{R}(V_1 + V_2 + V_3)$

해설 $V_0 = \dfrac{-R'}{R}V_1 - \dfrac{R'}{R}V_2 - \dfrac{R'}{R}V_3$
$= \dfrac{-R'}{R}(V_1 + V_2 + V_3)$

Answer ● 28 ② 29 ③

30 반전 연산회로의 출력을 바르게 표현한 것은?(단, OP 증폭기는 이상적인 것으로 생각한다.)

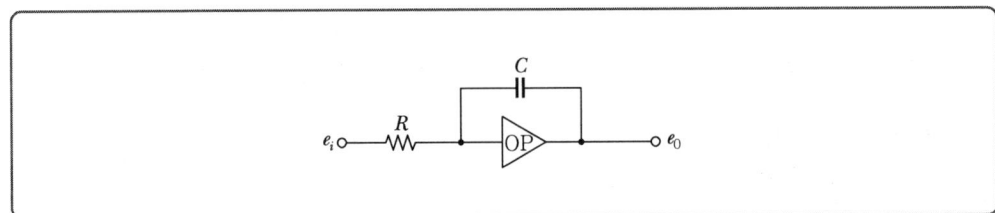

① $e_0 = -\dfrac{1}{RC}\int e_i dt$ ② $e_0 = -\dfrac{1}{RC}\dfrac{de_i}{dt}$

③ $e_0 = -RC\int e_i dt$ ④ $e_0 = -\dfrac{C}{R}\int e_i dt$

해설 적분기 : $e_0 = -\dfrac{1}{RC}\int e_i dt$

31 다음 연산기구의 출력으로 바르게 표현한 것은?(단, OP 증폭기는 이상적인 것으로 생각한다.)

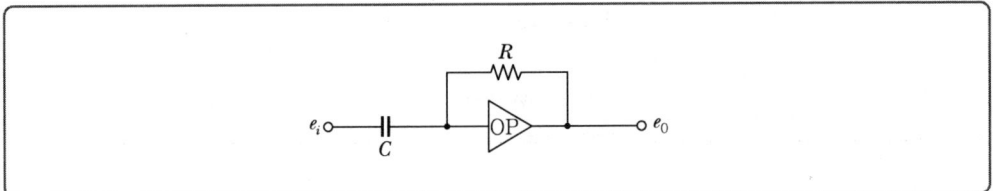

① $e_0 = -\dfrac{1}{RC}\int e_i dt$ ② $e_0 = -\dfrac{1}{RC}\dfrac{de_i}{dt}$

③ $e_0 = -RC\dfrac{de_i}{dt}$ ④ $e_0 = -\dfrac{C}{R}\int e_i dt$

해설 미분기 : $e_0 = -RC\dfrac{de_i}{dt}$

32 다음 그림의 보안계통에서 입력 변환기 K_1에 대한 계통의 전달함수 T의 감도는 얼마인가?

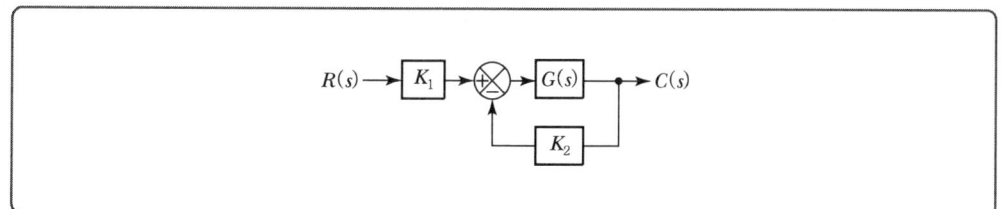

① -1
② 0
③ 0.5
④ 1

해설 $T = \dfrac{GK_1}{1+GK_2}$

$\therefore G_{K_1}^{T} = \dfrac{K_1}{T} \cdot \dfrac{dT}{dK_1} = \dfrac{K_1}{\dfrac{GK_1}{1+GK_2}} \cdot \dfrac{d}{dK_1}\left(\dfrac{GK_1}{1+GK_2}\right)$

$= \dfrac{1+GK_2}{G} \cdot \dfrac{G}{1+GK_2} = 1$

Answer ▶ 32 ④

Chapter 05 과도응답

- 응답
  어떤 요소 또는 계에 입력신호를 가했을 때 출력신호가 어떻게 변화되는지를 나타내는 것이다.
- 과도응답
  모든 물리계에서 관성과 저항 등의 작용에 의해 정상상태에 도달하기 전에 목표값이 전혀 따르지 않는 기간 사이의 응답을 말한다.

1 과도응답에 사용하는 기준입력

1) 계단입력

기준입력이 정상상태에서 갑자기 변한 후, 변환된 상태를 일정하게 유지하는 입력이다.

$$r(t) = Ru(t) \begin{bmatrix} = R\ (t \geq 0) \\ = 0\ (t < 0) \end{bmatrix}$$

여기서, R : 상수

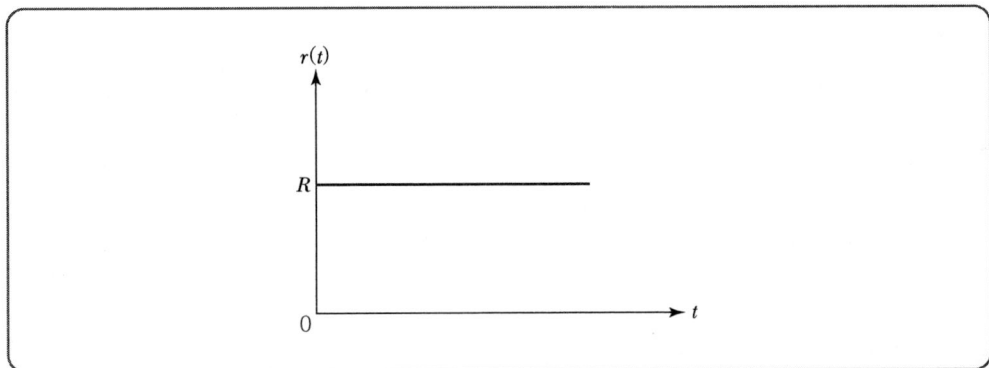

2) 등속도 입력(램프 함수)

입력신호값 또는 위치가 시간에 따라 일정한 비율로 변환된 상태를 말한다.

$$r(t) = Rtu(t) \begin{bmatrix} = Rt \ (t \geq 0) \\ = \ 0 \ (t < 0) \end{bmatrix}$$

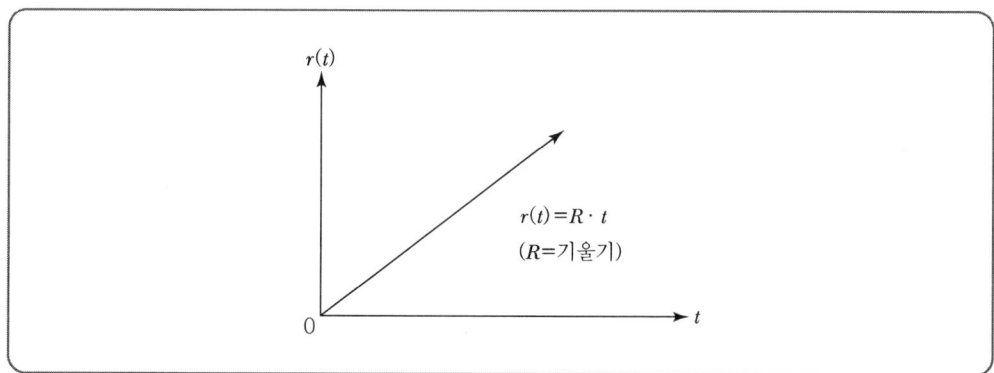

3) 등가속도 입력(포물선 함수)

입력 신호량이 시간의 제곱에 비례하는 입력이다.

$$r(t) = Rt^2 u(t) \begin{bmatrix} = Rt^2 \ (t \geq 0) \\ = \ 0 \ (t < 0) \end{bmatrix}$$

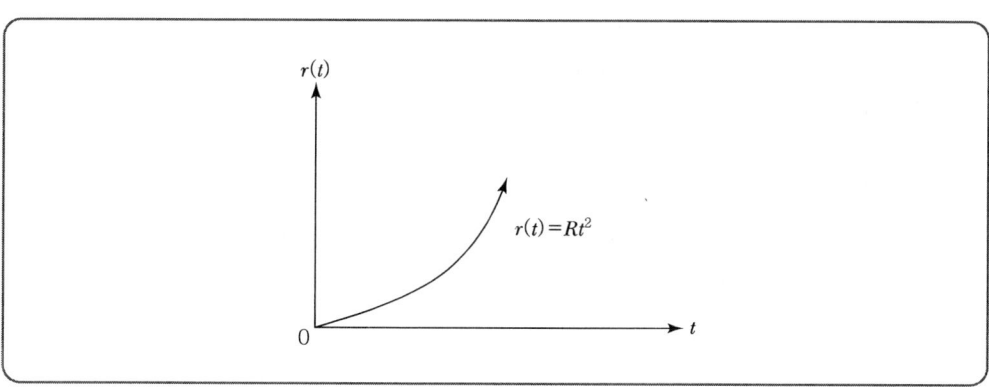

2 시간응답 특성

1) 정상응답

① 정상응답의 오차는 자동제어계의 정확도를 표시하는 지표이다.
② 시간입력에 대한 정상오차의 값을 측정한다.

2) 과도응답

과도응답 특성의 평가는 속응성과 안정성에 대하여 행한다.
① 속응성 : 제어시스템이 어느 정도 빨리 목표치에 도달하는가를 나타내는 것
② 안정성 : 제어량이 정상치에 도달할 때까지의 감쇠특성을 나타내는 것

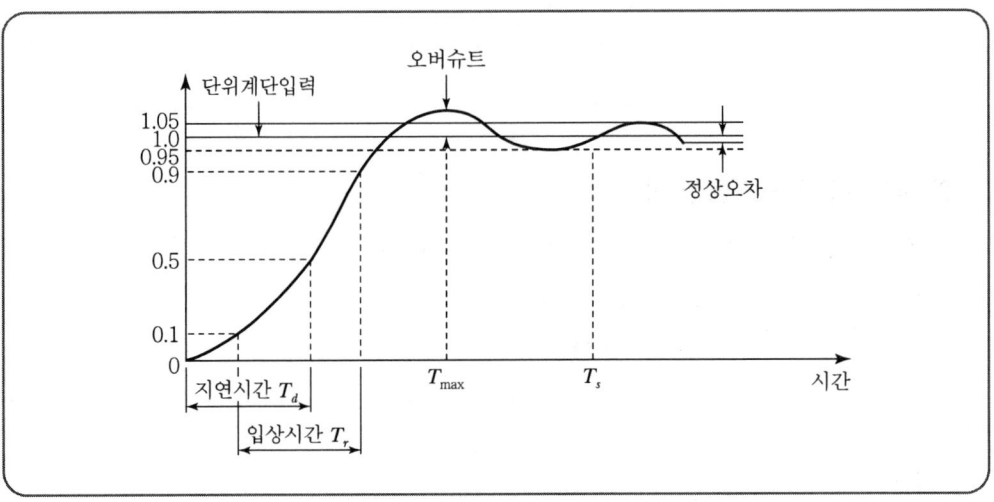

(1) 오버슈트(overshoot)

① 과도응답 중에 생기는 입력과 출력 사이의 최대 편차량
② 자동제어계의 안정도의 척도
③ 상대오버슈트를 사용하는 것이 응답을 비교하는 데 편리하다.

㉠ 상대 오버슈트 $= \dfrac{\text{최대 오버슈트}}{\text{최종 희망값}} \times 100[\%]$

㉡ 백분율 오버슈트 $= \dfrac{\text{최대 오버슈트}}{\text{최종 목표값}} \times 100[\%]$

④ 최대 오버슈트 발생시간

$$t_P = \frac{\pi}{\omega_n \sqrt{1-\delta^2}} \qquad (\omega_n : 고유주파수,\ \delta : 제동비)$$

$$\omega_d = \omega_n \sqrt{1-\delta^2} \qquad (\omega_d : 공진주파수)$$

(2) 지연시간(deley time)

지연시간 T_d는 응답이 최초로 목표값의 50[%]가 되는 데 필요한 시간

(3) 감쇠비(decay ratio)

① 감쇠비는 과도응답의 소멸되는 속도를 나타내는 양

② 감쇠비 $= \dfrac{제2\ 오버슈트}{최대\ 오버슈트}$

(4) 상승시간(rise time)

① 응답이 처음으로 목표값에 도달하는 데 필요한 시간 T_r로 정의한다.

② 응답이 목표값의 10[%]로부터 90[%]까지 도달하는 데 필요한 시간이다.

(5) 정정시간(setting time) 또는 응답시간(response time)

① 응답시간 T_s는 응답이 요구되는 오차 이내로 정착되는 데 필요한 시간이다.

② 응답이 목표값의 ±5[%] 이내에 도달하는 데 필요한 시간이다.

(6) 기타 과도응답 특성을 표시하는 양은 제동비, 제동계수, 고유진동수, 주기 등이 있다.

③ 과도응답

1) 특성방정식

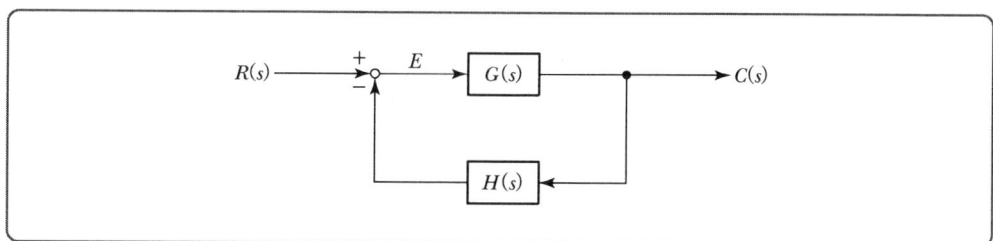

① 폐회로의 전달함수 $\dfrac{C(s)}{R(s)} = \dfrac{G(s)}{1+G(s)H(s)}$ 이다.
② 특성 방정식 : $1+G(s)H(s)=0$

2) 특성방정식의 근 위치와 응답

- 안정근
  ① 특성방정식의 근이 s 평면 우반부에 존재해서는 안 된다.
    ⇒ 존재하면 : 진동이 점점 커진다. ·················· 〈불안정〉
  ② 특성방정식의 근이 s 평면 좌반부에 존재하면 진동이 점점 작아진다. ········ 〈안정〉
  ③ 결론 : 근은 s 평면 좌반부에서 허수(j) 축에서 멀리 떨어져 있을수록 정상값에 빨리 도달한다. ·················· 〈안정〉

[s 평면에서의 근의 위치와 응답]

계단 응답	s 평면 상의 근의 위치
$\varepsilon^{\delta 3t}$, $\varepsilon^{-\delta 1t}$, $\varepsilon^{-\delta 2t}$	$-\delta_2$, $-\delta_1$, δ_3
$\varepsilon^{-at}\sin\omega t$ $(a=0)$	$j\omega\ (a=0)$, $-j\omega$
$\varepsilon^{+at}\sin\omega t$	$a+j\omega$, $a-j\omega$
$\varepsilon^{-at}\sin\omega t$	$-a+j\omega$, $-a-j\omega$

3) 1차계의 과도응답

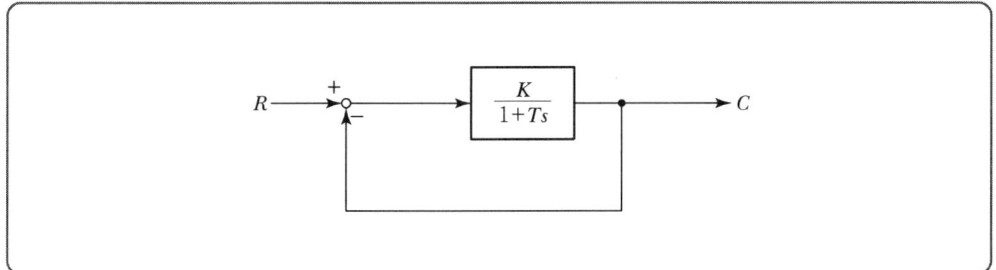

$$\frac{C(s)}{R(s)} = \frac{\dfrac{K_c}{1+Ts}}{1+\dfrac{K_c}{1+Ts}} = \frac{K_c}{1+Ts+K_c}$$

$$= \frac{K_c}{Ts+K_c+1} = \frac{\dfrac{K_c}{K_c+1}}{\dfrac{Ts}{K_c+1}+1}$$

$\dfrac{C(s)}{R(s)} = \dfrac{K}{\tau s+1}$ 이다. $\left(K = \dfrac{K_c}{K_c+1},\ \tau = \dfrac{T}{K_c+1}\right)$

∴ 단위계 또는 입력에 대한 응답(인디셜 응답)은 위 식을 부분 분수 전개하여 역변환시키면

$$C(s) = \left(\frac{K}{\tau s+1}\right)\frac{1}{s} = \frac{\dfrac{K}{\tau}}{s\left(s+\dfrac{1}{\tau}\right)} = \frac{K}{s} - \frac{K}{s+\dfrac{1}{\tau}}$$

$C(t) = K\left(1 - e^{-\frac{1}{\tau}t}\right)$ 　　　　K : 이득이다.

여기서 1차계의 응답특성 지표가 되는 것은 시정수 τ이다. ($\tau = 0$에서 단위 계단 응답의 미분값의 역수를 말한다.)

$\dfrac{1}{\tau} = \left[\dfrac{d}{dt}C(t)\right]_{t=0}$

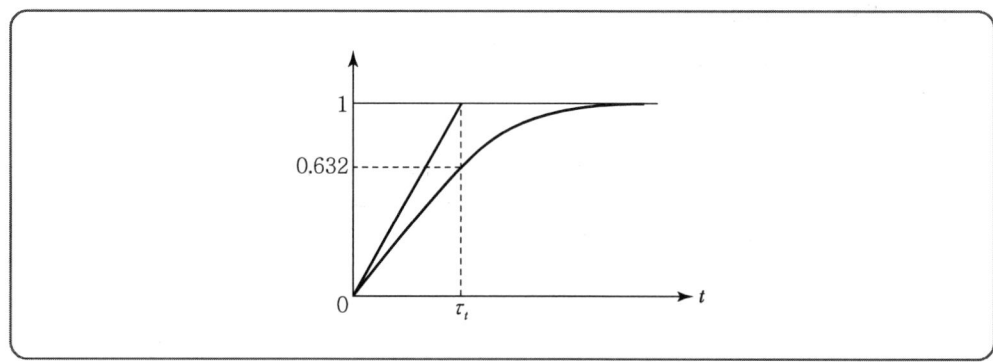

4) 2차계의 과도응답

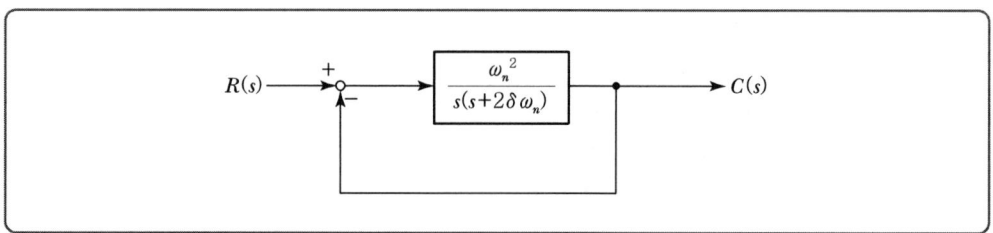

$$\frac{C(s)}{R(s)} = \frac{\dfrac{\omega_n^{\,2}}{s(s+2\delta\omega_n)}}{1+\dfrac{\omega_n^{\,2}}{s(s+2\delta\omega_n)}} = \frac{\omega_n^{\,2}}{s(s+2\delta\omega_n)+\omega_n^{\,2}}$$

$$= \frac{\omega_n^{\,2}}{s^2+2\delta\omega_n s+\omega_n^{\,2}}$$

특성 방정식 : $s^2+2\delta\omega_n s+\omega_n^{\,2}=0$

여기서 s의 근을 구하면

$s_1,\ s_2 = -\delta\omega_n \pm j\omega_n\sqrt{1-\delta^2} = -\sigma \pm j\omega$

여기서, $\sigma = \delta\omega_n$: 제동계수 또는 실제 제동
δ : 제동비 또는 감쇠계수
ω_n : 고유주파수(자연주파수)
$\tau = \dfrac{1}{\sigma} = \dfrac{1}{\delta\omega_n}$: 시정수
$\omega = \omega_n\sqrt{1-\delta^2}$: 감쇠 진동 주파수 또는 실제 주파수

* 특성 방정식의 근의 위치는 제동비에 따라 변한다.

(1) $\delta < 1$인 경우 : 부족제동

$$s_1, \ s_2 = -\delta\omega_n \pm \omega_n\sqrt{1-\delta^2}$$

(공액 복소수를 가지므로 감쇠진동을 한다.)

(2) $\delta = 1$인 경우 : 임계제동

$$s_1, \ s_2 = -\omega_n$$

(중근을 가지므로 진동에서 비진동으로 옮겨가는 임계상태이다.)

(3) $\delta > 1$인 경우 : 과제동

$$s_1, \ s_2 = -\delta\omega_n \pm \omega_n\sqrt{\delta^2-1}$$

(서로 다른 2개의 실근을 가지므로 비진동이다.)

(4) $\delta = 0$인 경우 : 무제동

$$s_1, \ s_2 = \pm j\omega_n$$

(순공액 허수를 가지므로 일정한 진폭으로 무한히 진동한다.)

(5) 특성근, 제동비 및 시간응답 특성

특성근의 종류	s-평면 상의 위치	제동비	시간응답 특성	안정도
서로 다른 실근 $s = -\alpha, \ -\beta$	부의 실수축	과제동 $\delta > 1$	지수적 감쇠	안정
중복근 $s = -\alpha$	부의 실수축	임계제동 $\delta = 1$	지수적 감쇠	안정
공액복소근 $s = -\alpha \pm j\beta$	2, 3상한	부족제동 $\delta < 1$	감쇠 진동	안정

Chapter 05 실·전·문·제

01 어떤 제어계에서 입력신호를 가한 다음 출력신호가 정상상태에 도달할 때까지의 응답은?

① 정상응답　② 선형응답
③ 과도응답　④ 시간응답

해설 과도응답 : 입력신호를 가한 후 출력신호가 정상상태에 도달할 때까지의 응답

02 다음 과도응답에 관한 설명 중 옳지 않은 것은?

① 지연시간은 응답이 최초로 목표값의 50[%]가 되는 데 소요되는 시간이다.
② 백분율 오버슈트는 최종 목표값과 최대 오버슈트와의 비를 [%]로 나타낸 것이다.
③ 감쇠비는 최종 목표값과 최대 오버슈트와의 비를 나타낸 것이다.
④ 응답시간은 응답이 요구하는 오차 이내로 정착되는 데 걸리는 시간이다.

해설 감쇠비 $= \dfrac{\text{제2오버슈트}}{\text{최대 오버슈트}}$

03 지연시간이란 단위계단입력에 대하여 그 응답이 최종치의 몇 [%]에 도달하는 데 필요한 시간인가?

① 30　② 50
③ 70　④ 90

해설 지연시간 : 응답이 최초 희망값의 50[%]가 진행되는 데 필요한 시간

04 응답이 최종값의 10[%]에서 90[%]까지 되는 데 필요한 시간은?

① 상승시간(rise time)　② 지연시간(delay time)
③ 응답시간(response time)　④ 정정시간(settlling time)

해설 상승(입상)시간 : 응답이 최종값의 10[%]에서 90[%]까지 되는 데 필요한 시간

01 ③　02 ③　03 ②　04 ①　**Answer**

05 다음 과도응답에 관한 설명 중 틀린 것은?

① 오버슈트는 응답 중에 생기는 입력과 출력 사이의 최대 편차를 말한다.
② 시간 늦음(time delay)이란 응답이 최초로 희망값의 10[%] 진행되는 데 필요한 시간을 말한다.
③ 감쇠비 = $\dfrac{제2오버슈트}{최대\ 오버슈트}$
④ 입상시간(rise time)이란 응답이 희망값의 10[%]에서 90[%]까지 도달하는 데 필요한 시간을 말한다.

해설 문제 3번 해설 참고

06 과도응답이 소멸되는 정도를 나타내는 감쇠비(decay ratio)는?

① 최대 오버슈트/제2오버슈트
② 제3오버슈트/제2오버슈트
③ 제2오버슈트/최대 오버슈트
④ 제2오버슈트/제3오버슈트

해설 감쇠비
- 과도응답의 소멸되는 속도를 나타내는 양
- 제2오버슈트/최대 오버슈트

07 2차 시스템의 감쇠율(damping ratio) δ가 $\delta<1$이면 어떤 경우인가?

① 비감쇠　　　② 과감쇠　　　③ 발산　　　④ 부족 감쇠

해설
- $\delta<1$인 경우 : 부족 제동(감쇠 진동)
- $\delta>1$인 경우 : 과제동(비진동)
- $\delta=1$인 경우 : 임계 제동(임계 상태)
- $\delta=0$인 경우 : 무제동(무한 진동 또는 완전 진동)

Answer ● 05 ② 06 ③ 07 ④

08 전달함수 $\dfrac{C(s)}{R(s)} = \dfrac{1}{3s^2 + 4s + 1}$ 인 제어계는 다음 중 어느 것인가?

① 과제동
② 부족제동
③ 임계제동
④ 무제동

해설 $G = \dfrac{\omega_n^2}{s^2 + 2\delta\omega_n s + \omega_n^2} = \dfrac{1}{3s^2 + 4s + 1} = \dfrac{\frac{1}{3}}{s^2 + \frac{4}{3}s + \frac{1}{3}}$

$\omega_n^2 = \dfrac{1}{3},\ \omega_n = \dfrac{1}{\sqrt{3}}$

$2\delta\omega_n = \dfrac{4}{3},\ \delta = \dfrac{4}{3} \times \dfrac{1}{2} \times \sqrt{3} = 1.15$

∴ 감쇠비(제동비)가 1.15이므로 과제동

09 전달함수가 $G(s) = \dfrac{1}{s^2 + 5s + 1}$ 인 시스템에 계단입력이 인가되었다. 시스템의 응답 파형은?

①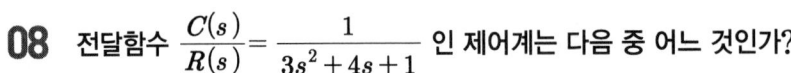

②

③

④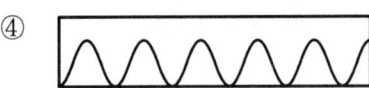

해설 $G(s) = \dfrac{1}{s^2 + 5s + 1}$

$\omega_n^2 = 1 \qquad \omega_n = 1$

$2\delta\omega_n = 5 \qquad \delta = \dfrac{5}{2} = 2.5$

제동비가 2.5이고 1보다 크므로 과제동 파형

10 2차 제어계에 대한 설명 중 잘못된 것은?

① 제동계수의 값이 작을수록 제동이 적게 걸려 있다.
② 제동계수의 값이 1일 때 가장 알맞게 제동되어 있다.
③ 제동계수의 값이 클수록 제동은 많이 걸려 있다.
④ 제동계수의 값이 1일 때 임계제동되었다고 한다.

[해설] 문제 7번 해설 참고

11 특성방정식 $s^2 + 2\delta\omega_n s + \omega_n^2 = 0$에서 감쇠진동을 하는 제동비 δ의 값에 해당되는 것은?

① $\delta > 1$
② $\delta = 1$
③ $\delta = 0$
④ $0 < \delta < 1$

[해설] 문제 7번 해설 참고

12 단위 부궤환 제어시스템(Unit negative feedback control system)의 개루프(Open loop) 전달함수 $G(s)$가 다음과 같이 주어졌다. 이때 다음 설명 중 틀린 것은?

$$G(s) = \frac{\omega_n^2}{s(s + 2\delta\omega_n)}$$

① 이 시스템은 $\delta = 1.2$일 때 과제동된 상태에 있게 된다.
② 이 폐루프 시스템의 특성방정식은 $s^2 + 2\delta\omega_n s + \omega_n^2 = 0$이다.
③ δ값이 작게 될수록 제동이 많이 걸리게 된다.
④ δ값이 음의 값이면 불안정하게 된다.

[해설] ③ 제동계수가 작게 되면 제동이 적게 걸린다.
문제 10번 해설 참고

Answer ○ 10 ② 11 ④ 12 ③

13 2차계 과도응답의 특성방정식이 $s^2 + 2\delta\omega_n s + \omega_n^2 = 0$인 경우 s가 서로 다른 2개의 실근을 가졌을 때의 제동은?

① 과제동　　　　　　　　　　② 부족제동
③ 임계제동　　　　　　　　　　④ 무제동

해설

특성근의 종류	제동비
서로 다른 실근 $s = -\alpha, -\beta$	과제동 $\delta > 1$
중복근 $s = -\alpha$	임계제동 $\delta = 1$
공액복소근 $s = -\alpha \pm j\beta$	부족제동 $\delta < 1$

14 단위 부궤환 시스템에서 개루프 전달함수 $G(s)$가 다음과 같을 때 $K = 3$이면 무슨 제동인가?

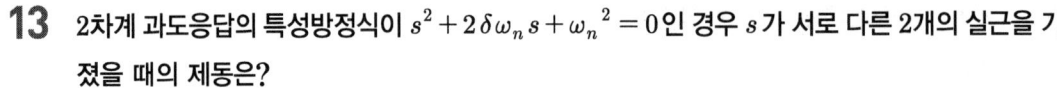

① 무제동　　　　　　　　　　② 임계제동
③ 과제동　　　　　　　　　　④ 부족제동

해설 특성방정식 : $1 + G(s) = 0$

$1 + \dfrac{K}{s(s+4)} = 0$

$s(s+4) + K = 0$　　　　　　($K = 3$이므로)

$s^2 + 4s + 3 = 0$　　　　　　$s = -1, -3$

∴ 서로 다른 실근이므로 과제동이 되고 비진동이다.

15 2차 제어계에서 공진 주파수 ω_m와 고유주파수 ω_n, 감쇠비 α 사이의 관계가 바른 것은?

① $\omega_m = \omega_n \sqrt{1 - \alpha^2}$　　　　② $\omega_m = \omega_n \sqrt{1 + \alpha^2}$
③ $\omega_m = \omega_n \sqrt{1 - 2\alpha^2}$　　　　④ $\omega_m = \omega_n \sqrt{1 + 2\alpha^2}$

해설 $\omega_m = \omega_n \sqrt{1 - 2\alpha^2}$　(ω_m : 공진주파수, ω_n : 고유주파수, α : 감쇠비)

13 ①　14 ③　15 ③

16 어떤 회로의 영입력 응답(또는 지연응답)이 다음과 같다. $V(t) = 84(e^{-t} - e^{-6t})$일 때, 다음의 서술에서 잘못된 것은?

① 회로의 시정수는 1(秒), 1/6(秒) 두 개이다.
② 이 회로는 2차 회로이다.
③ 이 회로는 과제동(過制動)되었다.
④ 이 회로는 임계제동되었다.

해설 $\mathcal{L}[84(e^{-t} - e^{-6t})] = 84\left(\dfrac{1}{s+1} - \dfrac{1}{s+6}\right)$
$= 84\left[\dfrac{(s+6)-(s+1)}{(s+1)(s+6)}\right]$
$= 84\left[\dfrac{5}{s^2+7s+6}\right] = 70\left[\dfrac{6}{s^2+7s+6}\right]$

여기서, $2\delta\omega_n = 7$, $\omega_n^2 = 6$이므로 $\omega_n = \sqrt{6}$

$\therefore \delta = \dfrac{7}{2\omega_n} = \dfrac{7}{2\sqrt{6}} = 1.42$

따라서, $\delta > 1$이면 과제동, 비진동이 된다.

17 어떤 제어계의 임펄스 응답이 $\sin 2t$일 때 계의 전달함수는?

① $\dfrac{s}{s+2}$
② $\dfrac{s}{s^2+2}$
③ $\dfrac{2}{s^2+2}$
④ $\dfrac{2}{s^2+4}$

해설
• 입력 : 임펄스 $\delta(t) \Rightarrow R(s) = 1$
• 출력 : 임펄스 응답 $\sin 2t$

$C(s) = \dfrac{2}{s^2 + 2^2}$

$G(s) = \dfrac{C(s)}{R(s)} = \dfrac{2}{s^2 + s^2} = \dfrac{2}{s^2 + 4}$

Answer ● 16 ④ 17 ④

06 제어공학

18 다음 임펄스 응답 중 안정한 계는?

① $c(t) = 1$
② $c(t) = \cos \omega t$
③ $c(t) = e^{-t} \sin \omega t$
④ $c(t) = 2t$

해설 t가 ∞가 될 때 임펄스 응답이 0이면 계는 안정하다.

- $\lim\limits_{t \to \infty} = 1$
- $\lim\limits_{t \to \infty} \cos \omega t = \cos \omega t$
- $\lim\limits_{t \to \infty} e^{-t} \sin \omega t = 0$
- $\lim\limits_{t \to \infty} 2t = \infty$

$\lim\limits_{t \to \infty} = 0$이 되면 계는 안정하다.

19 전달함수 $G(s) = \dfrac{1}{s^2 + 2\delta\omega_n s + \omega_n^2}$ 인 제어계에서 $\omega_n = 2$, $\delta = 0$일 때 단위 임펄스 입력에 대한 출력은?

① $\sin\left(\dfrac{t}{2}\right)$
② $\cos\left(\dfrac{t}{2}\right)$
③ $\dfrac{1}{2} \sin 2t$
④ $\dfrac{1}{2} \cos 2t$

해설 $G(s) = \dfrac{C(s)}{R(s)}$, 단위 임펄스 입력 $R(s) = 1$

$G(s) = \dfrac{C(s)}{1} = \dfrac{1}{s^2 + 2\delta\omega_n s + \omega_n^2} = \dfrac{C(s)}{1}$

$C(s) = \dfrac{1}{s^2 + 2\delta\omega_n s + \omega_n^2} = \dfrac{1}{s^2 + 2^2}$

$\therefore C(t) = \mathcal{L}^{-1}[C(s)] = \dfrac{1}{2} \sin 2t$

20 자동제어계에서 중량함수(Weight function)라고 불리는 것은?

① 인디셜 함수
② 임펄스 함수
③ 전달함수
④ 램프 함수

해설
① 인디셜 함수 : 단위 계단 함수
② 임펄스 함수 : 하중 함수
③ 전달함수 : 임펄스 응답의 라플라스 변환

18 ③ 19 ③ 20 ②

21 다음 내용 중 옳지 않은 것은?

① 회로의 임펄스 응답은 회로도를 알면 결정된다.
② 회로의 임펄스 응답과 입력을 알면 출력을 알 수 있다.
③ 초기 조건에 따라 임펄스 응답이 결정된다.
④ 출력은 입력과 초기 조건에 따라 결정된다.

해설 임펄스 응답(출력)은 입력과 초기조건에 따라 결정된다.

22 어떤 제어계에 단위 계단 입력을 가하였더니 출력이 $1-e^{-2t}$로 나타났다. 이 계의 전달함수는?

① $\dfrac{1}{s+2}$ ② $\dfrac{2}{s+2}$
③ $\dfrac{1}{s(s+2)}$ ④ $\dfrac{2}{s(s+2)}$

해설 입력 $=u(t)$ $R(s)=\dfrac{1}{s}$

출력 $=1-e^{-2t}$ $C(s)=\dfrac{1}{s}-\dfrac{1}{s+2}$

$G(s)=\dfrac{C(s)}{R(s)}=\dfrac{\dfrac{1}{s}-\dfrac{1}{s+2}}{\dfrac{1}{s}}=1-\dfrac{s}{s+2}=\dfrac{2}{s+2}$ 이다.

23 2차 제어계에서 최대 오버슈트가 발생하는 시간 t_P와 고유주파수 ω_n, 감쇠계수 δ 사이의 관계식은?

① $t_P=\dfrac{2\pi}{\omega_n\sqrt{1-\delta^2}}$ ② $t_P=\dfrac{2\pi}{\omega_n\sqrt{1+\delta^2}}$
③ $t_P=\dfrac{\pi}{\omega_n\sqrt{1-\delta^2}}$ ④ $t_P=\dfrac{\pi}{\omega_n\sqrt{1+\delta^2}}$

해설 $\omega_n\sqrt{1-\delta^2}\cdot t_p=n\pi$
최대 오버슈트 $n=1$에서 발생
$t_P=\dfrac{\pi}{\omega_n\sqrt{1-\delta^2}}$

Answer ◯ 21 ③   22 ②   23 ③

Chapter 06 편차와 감도

- 제어계의 특성평가
  ① 정상편차 ② 감도 ③ 속응도 ④ 안정도 ⑤ 정확도

1 정상편차

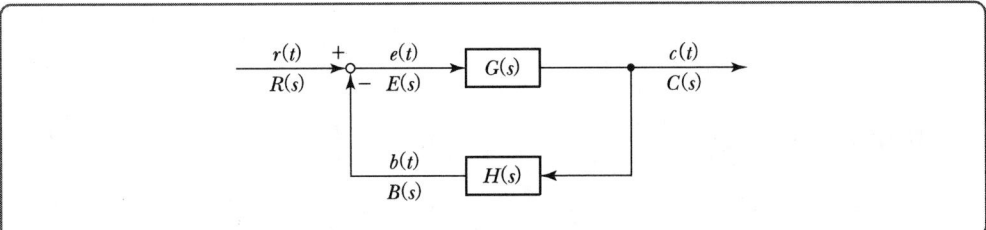

$$E(s) = R(s) - B(s)$$

$$B(s) = H(s)C(s) = H(s)\frac{G(s)R(s)}{1+G(s)H(s)}$$

$$E(s) = R(s) - \frac{G(s)H(s)}{1+G(s)H(s)}R(s)$$

$$= \frac{H(s)}{1+G(s)H(s)}R(s) \text{이다.}$$

따라서 오차함수 $e(t)$는

$$e(t) = \mathcal{L}^{-1}\left[\frac{H(s)}{1+G(s)H(s)}R(s)\right] \text{이다.}$$

자동제어 시스템의 오차함수 최종값 정리를 적용하면

$$e_{ss} = \lim_{t \to \infty} e(t) = \lim_{s \to 0} sE(s)$$

정상오차 $e_{ss} = \lim\limits_{s \to 0} \dfrac{sR(s)}{1+G(s)H(s)}$ 가 성립된다.

② 형에 의한 궤환 시스템의 분류

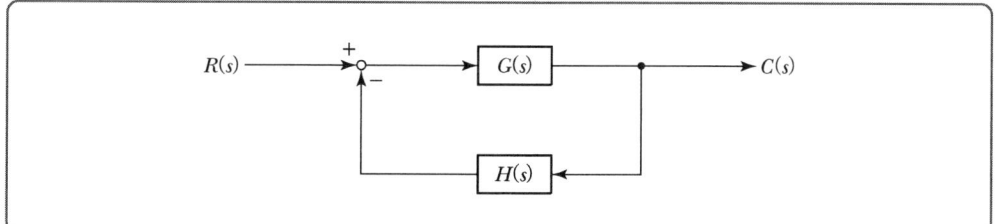

표준 궤환 시스템의 전달함수

$$G(s)H(s) = \frac{K(s+Z_1)(s+Z_2)(s+Z_3)\cdots(s+Z_m)}{(s+P_1)(s+P_2)(s+P_3)\cdots(s+P_n)}$$

$$= \frac{K\prod_{i=1}^{n}(s+Z_i)}{\prod_{i=1}^{n}(s+P_i)}$$

여기서, K : 전향 경로이득,
유한영점 $s = -Z_i$, 유한극점 $s = -P_m$

예 영점수 : a개, 극점수 : b개가 있다면

$$G(s)H(s) = \frac{Ks^a(s+Z_1)(s+Z_2)\cdots(s+Z_{m-a})}{s^b(s+P_1)(s+P_2)\cdots(s+P_{m-b})}$$

또한 $b \geq a$인 시스템만 다루면 $l = b-a$라 하며, l형의 시스템이라고 부른다.

$$G(s)H(s) = \frac{K(s+Z_1)(s+Z_2)\cdots(s+Z_{m-a})}{s^l(s+P_1)(s+P_2)\cdots(s+P_{m-b-l})}$$

시스템의 정상오차는 $s=0$에서 $G(s)H(s)$의 값을 지배하므로 시스템의 형을 결정하는 데는 원점에서의 극 $s^l(l=0, 1, 2 \cdots)$의 수, 즉 l의 값에 의존된다고 볼 수 있다.

$$\lim_{s \to 0} G(s)H(s) = \frac{K}{s^l}$$

① 0형의 제어시스템 : $l = 0$
② 1형의 제어시스템 : $l = 1$
③ 2형의 제어시스템 : $l = 2$

③ 기준입력에 대한 정상오차

① 단위 계단 입력(정상 위치 편차)

$$r(t) = u(t)$$

$$R(s) = \frac{1}{s}$$

② 단위 램프 입력(정상 속도 편차)

$$r(t) = t\,u(t)$$

$$R(s) = \frac{1}{s^2}$$

③ 단위 포물선 입력(정상 가속도 편차)

$$r(t) = \frac{1}{2}\,t^2 u(t)$$

$$R(s) = \frac{1}{s^3}$$

1) 정상 위치 편차

$$r(t) = Ru(t)$$

$$R(s) = \frac{R}{s} \text{ 일 때}$$

① $H(s) = 1$인 경우

$$e_{ssp} = \lim_{s \to 0} \frac{s}{1+G(s)} R(s)$$

$$= \lim_{s \to 0} \frac{R}{1+G(s)}$$

$$= \frac{R}{1+\lim_{s \to 0} G(s)} = \frac{R}{1+K_p}$$

위치 편차 상수 $K_p = \lim_{s \to 0} G(s)$ 이다.

② $H \neq 1$인 경우

$$e_{ssp} = \lim_{s \to 0} \frac{sR(s)}{1+G(s)H(s)} = \lim_{s \to 0} \frac{R}{1+G(s)H(s)}$$

$$= \frac{R}{1+\lim_{s \to 0} G(s)H(s)} = \frac{R}{1+K_p}$$

$$\therefore K_p = \lim_{s \to 0} G(s)H(s)$$

여기서, K_p : 위치 편차 상수

★ 입력이 계단함수일 때

$e_{ssp} = 0$, $K_p = \infty$가 되어야 한다.

$K_p = \infty$ 되기 위한 l의 형은 0형이 되어야 한다.

$$\begin{bmatrix} l=0 \text{일 때} \\ l=1 \text{일 때} \end{bmatrix} \begin{bmatrix} e_{ssp} = \dfrac{R}{1+K_p} = \text{일정} \\ K_p = \infty \text{이므로 } e_{ssp} = 0 \end{bmatrix}$$

2) 정상 속도 편차(입력 : 램프 함수)

$$r(t) = Rtu(t)$$

$$R(s) = \frac{R}{s^2}$$

① $H(s) = 1$인 경우

$$e_{ssv} = \lim_{s \to 0} \frac{s}{1+G(s)} \times \frac{R}{s^2} = \lim_{s \to 0} \frac{R}{s+sG(s)}$$

$$= \frac{R}{\lim_{s \to 0} sG(s)} = \frac{R}{K_u}$$

속도 편차 상수 $K_u = \lim_{s \to 0} sG(s)$이다.

② $H(s) \neq 1$인 경우

$$e_{ssp} = \lim_{s \to 0} \frac{s}{1 + G(s)H(s)} \cdot \frac{R}{s^2}$$

$$= \lim_{s \to 0} \frac{R}{s + s\,G(s)H(s)} = \lim_{s \to 0} \frac{R}{s\,G(s)H(s)}$$

$$= \frac{R}{K_v}$$

$$K_v = \lim_{s \to 0} s\,G(s)H(s)$$

    여기서, K_v : 속도 편차 상수

* 입력이 램프 함수일 때

  $e_{ssp} = 0, \quad K_v = \infty$가 되어야 한다.

  $K_v = \infty$ 되기 위한 l의 형은 1형이 되어야 한다.

$$K_v = \lim_{s \to 0} s\,G(s)H(s) = \lim_{s \to 0} \frac{K}{s^{l-1}}\,(l = 0,\ 1,\ 2 \cdots)$$

- $l = 0$일 때 → $K_v = 0$이므로 $e_{ssv} = \infty$
- $l = 1$일 때 → $e_{ssp} = \dfrac{R}{K_v}$ =일정
- $l = 2$일 때 → $K_v = \infty$이므로 $e_{ss} = 0$

3) 정상 가속도 편차(입력 : 포물선 함수)

$$r(t) = \frac{1}{2} Rt^2 u(t)$$

$$R(s) = \frac{R}{s^3}$$

① $H(s) = 1$일 때

$$e_{ssa} = \lim_{s \to 0} \frac{s}{1+G(s)} \times \frac{R}{s^3}$$

$$= \lim_{s \to 0} \frac{R}{s^2 + s^2 G(s)} = \lim_{s \to 0} \frac{R}{s^2 G(s)}$$

$$= \frac{R}{\lim_{s \to 0} s^2 G(s)} = \frac{R}{K_a} \text{이 된다.}$$

가속도 편차 상수 $K_a = \lim_{s \to 0} s^2 G(s)$이다.

② $H(s) \neq 1$인 경우

$$e_{ssa} = \lim_{s \to 0} \frac{s}{1+G(s)H(s)} \cdot \frac{R}{s^3}$$

$$= \lim_{s \to 0} \frac{R}{s^2 + s^2 G(s)H(s)} = \frac{R}{\lim_{s \to 0} s^2 G(s)H(s)}$$

$$= \frac{R}{K_a}$$

$$K_a = \lim_{s \to 0} s^2 G(s)H(s)$$

여기서, K_a : 가속도 편차 상수

★ 입력이 램프 함수일 때

$$\begin{bmatrix} l=0 \text{일 때} \\ l=1 \text{일 때} \\ l=2 \text{일 때} \end{bmatrix} \begin{bmatrix} K_a = 0 \text{이므로 } e_{ssa} = \infty \\ e_{ssa} = \frac{R}{K_a} = \text{일정} \\ K_a = \infty \text{이므로 } e_{ssa} = 0 \end{bmatrix}$$

4) 제어시스템의 정상상태오차

시스템의 상태	단위계단함수 입력 (위치편차)		램프 함수 입력 (속도편차)		포물선 함수 입력 (가속도 편차)	
	K_p	e_{ssp}	K_v	e_{ssp}	K_a	e_{ssp}
0	K_p	$\dfrac{R}{1+K_p}$	0	∞	0	∞
1	∞	0	K_v	$\dfrac{R}{K_v}$	0	∞
2	∞	0	∞	0	K_a	$\dfrac{R}{K_a}$
3	∞	0	∞	0	∞	0

4 감도

주어진 요소 K의 특성에 대한 계의 폐루프 전달함수 T의 미분감도 S_K^T는

$$S_K^T = \frac{d\ln T}{d\ln K}$$

여기서, $T = \dfrac{C(s)}{R(s)}$

$$S_K^T = \frac{dT/T}{dK/K} = \frac{K}{T}\frac{dT}{dK}$$

예

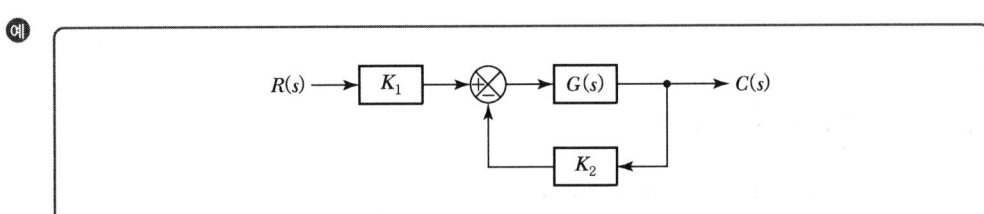

$$T = \frac{GK_1}{1+GK_2}$$

$$S_{K_1}^T = \frac{K_1}{T}\frac{dT}{dK_1}$$

$$= \frac{K_1}{\frac{GK_1}{1+GK_2}} \cdot \frac{d}{dK_1}\left(\frac{GK_1}{1+GK_2}\right)$$

$$= \frac{1+GK_2}{G} \cdot \frac{G(1+GK_2)}{(1+GK_2)^2} = 1$$

Chapter 06 실·전·문·제

01 그림과 같은 제어계에서 단위 계단 외란 D가 인가되었을 때의 정상편차는?

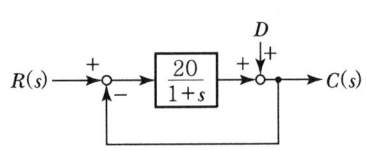

① 20　　② 21　　③ $\dfrac{1}{10}$　　④ $\dfrac{1}{21}$

해설 단위 계단 입력 $D(s) = \dfrac{1}{s}$ 이므로

$$e_{ss} = \lim_{s \to 0} s E(s) = \lim_{s \to 0} s \times \dfrac{\dfrac{1}{s}}{1 + \dfrac{20}{1+s}} = \dfrac{1}{1 + \dfrac{20}{1}} = \dfrac{1}{21}$$

02 어떤 제어계의 출력이 $C(s) = \dfrac{s+0.5}{s(s^2+s+2)}$ 로 주어질 때 정상값은?

① 4　　② 2　　③ 0.5　　④ 0.25

해설 $\lim_{t \to \infty} c(t) = \lim_{s \to 0} s C(s) = \lim_{s \to 0} s \cdot \dfrac{s+0.5}{s(s^2+s+2)} = 0.25$

03 어떤 제어계에서 단위계단입력에 대한 정상편차가 유한값이면 이 계는 무슨 형인가?

① 0형　　② 1형　　③ 2형　　④ 3형

해설
- 0형 : $\dfrac{1}{1+K_P}$ (위치 편차)
- 1형 : $\dfrac{1}{K_v}$ (속도 편차)
- 2형 : $\dfrac{1}{K_a}$ (가속도 편차)

01 ④　02 ④　03 ①　**Answer**

04 다음 중 $G(s)H(s) = \dfrac{K}{Ts+1}$ 일 때 이 계통은 어떤 형인가?

① 0형 ② 1형
③ 2형 ④ 3형

해설 문제 3번 해설 참고

05 그림과 같은 블록선도로 표시되는 제어계는?

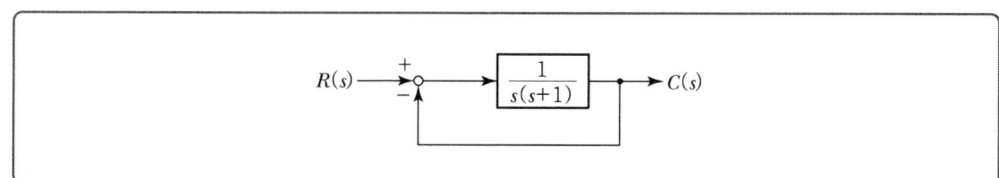

① 0형 ② 1형
③ 2형 ④ 3형

해설 $G(s)H(s) = \dfrac{1}{s(s+1)}$ 에서

$a = 0$, $b = 1$이므로 $l = b - a = 1$, 즉 1형 제어계이다.

06 어떤 제어 계통에서 정상위치편차가 유한값일 때 이 제어계는 무슨 형인가?

① 0형 ② 1형
③ 2형 ④ 3형

해설 기준시험입력에 대한 정상오차

계	정상 위치 편차	정상 속도 편차	정상 가속도 편차
0형	$\dfrac{R}{1+K_P}$	∞	∞
1형	0	$\dfrac{R}{K_v}$	∞
2형	0	0	$\dfrac{R}{K_a}$

Answer ▶ 04 ① 05 ② 06 ①

07 제어시스템의 정상상태 오차에서 포물선 함수 입력에 의한 정상상태 오차가 $K_s = \lim_{s \to 0} s^2 G(s) H(s)$로 표현되었다. 이때 K_s를 무엇이라고 부르는가?

① 위치 오차 상수
② 속도 오차 상수
③ 가속도 오차 상수
④ 평면 오차 상수

해설
- 위치 오차 상수 $K_P = \lim_{s \to 0} G(s)$
- 속도 오차 상수 $K_v = \lim_{s \to 0} s\, G(s)$
- 가속 오차 상수 $K_a = \lim_{s \to 0} s^2\, G(s)$

08 시스템의 전달함수가 $G(S)H(S) = \dfrac{S^2(S+1)(S^2+S+1)}{S^4(S+2)^2(S+3)}$과 같이 표시되는 제어계는 무슨 형인가?

① 1형 제어계
② 2형 제어계
③ 3형 제어계
④ 4형 제어계

해설 $G(S)H(S) = \dfrac{S^2}{S^4}$

$a = 2,\ b = 4$
$t = 4 - 2 = 2$
즉, 2형이다.

07 ③ 08 ② Answer

Chapter 07 주파수 응답

1 주파수의 전달함수

① 전달함수가 $G(s)$인 요소에 주파수 ω의 정현파 신호를 가할 때 출력신호의 정상값은 입력과 같은 주파수의 정현파가 되며 진폭은 $|G(j\omega)|$배가 되고 위상은 $\angle G(j\omega)$만큼 위상차가 생긴다.

② $|G(s)|_{s=j\omega} = G(j\omega) = |G(j\omega)| \angle G(j\omega)$

$G(j\omega)$: 주파수 전달함수

$|G(j\omega)|$: 주파수의 이득(gain)

$\angle G(j\omega)$: 위상차 또는 위상각

③ • 진폭비 $= \dfrac{\text{출력의 진폭}}{\text{입력의 진폭}}$

• 위상차 : θ

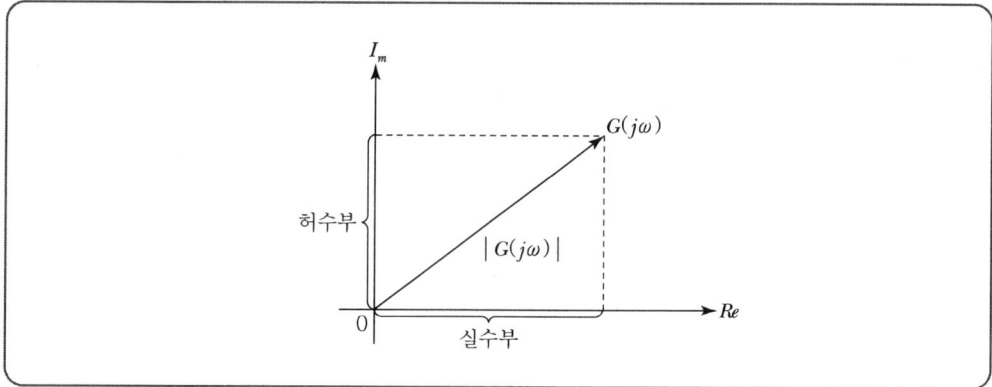

• 진폭비 $= G(j\omega)$의 길이

$= |G(j\omega)| = \sqrt{\text{실수부}^2 + \text{허수부}^2}$

• 위상차 $= G(j\omega)$의 벡터의 편각

$= \angle G(j\omega) = \tan^{-1}\dfrac{\text{허수부}}{\text{실수부}}$

2 벡터 궤적

ω가 0에서 ∞까지 변화하였을 때의 $G(j\omega)$의 크기와 위상각의 변화를 극좌표로 표시한 것

1) 비례 요소

$G(s) = K$

비례 요소는 주파수 전달함수가 $G(j\omega) = K$로 일정한 실수 값만을 그림과 같이 실수축 상 K의 위치에 단 하나의 점으로 나타난다.

2) 미분 요소

$G(s) = s$

주파수 전달함수 $G(j\omega) = j\omega$는 단지 허수 부분으로 ω가 점점 증가함에 따라 $j\omega$는 허수축 상에서 그림과 같이 위로 올라가는 직선으로 된다.

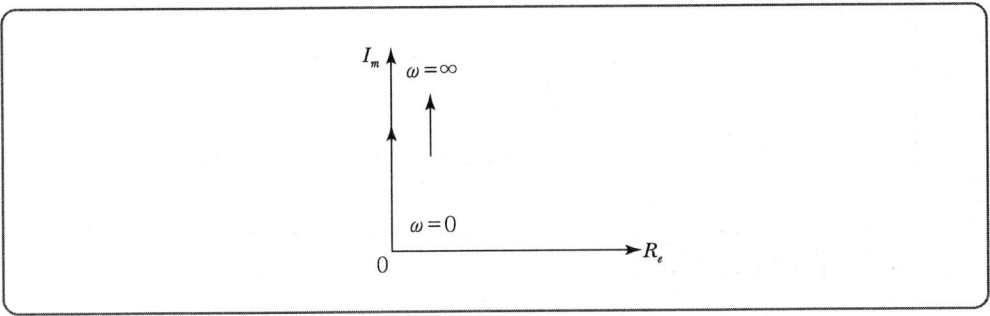

3) 적분 요소

$$G(s) = \frac{1}{s}$$

주파수 전달함수 $G(j\omega) = \dfrac{1}{j\omega} = -j\dfrac{1}{\omega}$

① $\omega \to 0$에서는 허수축 상 $-\infty$ 로
② $\omega \to \infty$ 일 때 허수축 상에서 원점에 수렴
③ 그림과 같이 ω가 점점 증가함에 따라 허수축 상 $-\infty$ 에서 0으로 올라가는 직선이 된다.

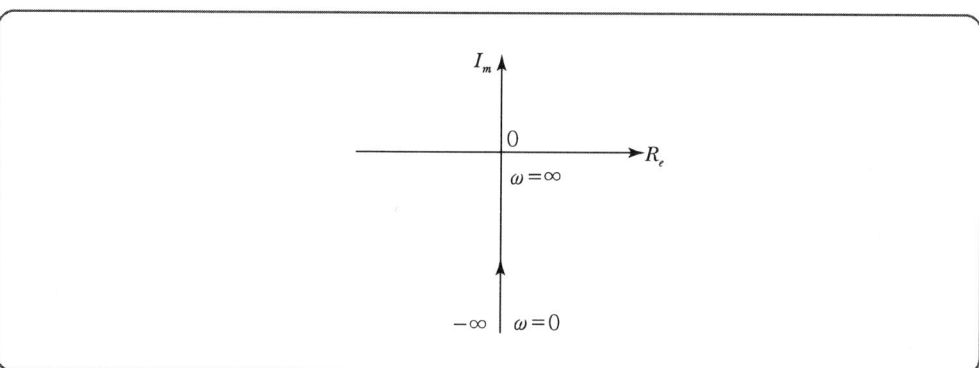

4) 비례 미분 요소

$$G(s) = 1 + Ts$$

주파수 전달함수 $G(j\omega) = 1 + j\omega T$

① 실수부는 1로서 항상 일정하며
② 허수부는 ωT이므로 $\omega = 0 \to \infty$ 로 되면 허수부만 $0 \to \infty$ 로 증가
③ 그림과 같이 $(1, j0)$인 점에서 수직으로 위로 올라가는 직선이 된다.

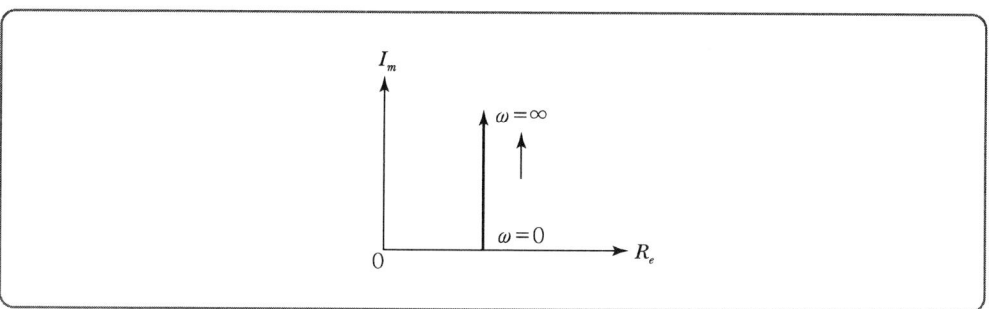

5) 1차 지연 요소

$$G(s) = \frac{1}{1+Ts}$$

$$G(s) = \frac{1}{1+j\omega T}$$

$$= \frac{1-j\omega T}{(1+j\omega T)(1-j\omega T)}$$

$$= \frac{1-j\omega T}{1+\omega^2 T^2}$$

$\omega T = 0$일 때 $G(s) = 1$

$\omega T = \dfrac{1}{2}$일 때 $G(s) = \dfrac{1}{2}$

$\omega T = \infty$일 때 $G(s) = 0$

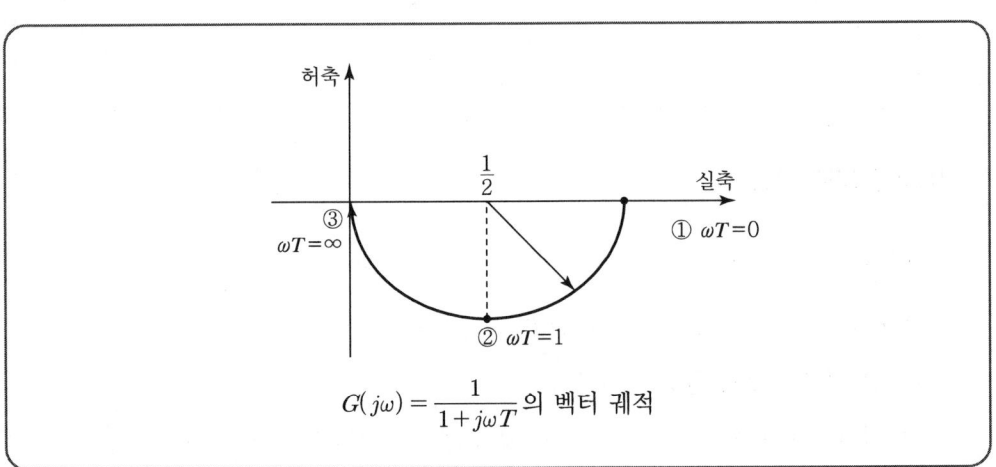

$G(j\omega) = \dfrac{1}{1+j\omega T}$의 벡터 궤적

6) 부동작 시간 요소

$$G(s) = e^{-LS}$$

$$G(j\omega) = e^{-j\omega L} = \cos\omega L - j\sin\omega L$$

$$G(j\omega) = \sqrt{(\cos\omega L)^2 + (\sin\omega L)^2} = 1$$

$$\angle G(j\omega) = \tan^{-1}\frac{-\sin\omega L}{\cos\omega L} = -\omega L$$

따라서 $|G(j\omega)|=1$, $\angle G(j\omega)$는 ω의 증가에 따라 (−) 방향으로 회전하므로 벡터 궤적은 그림과 같다.

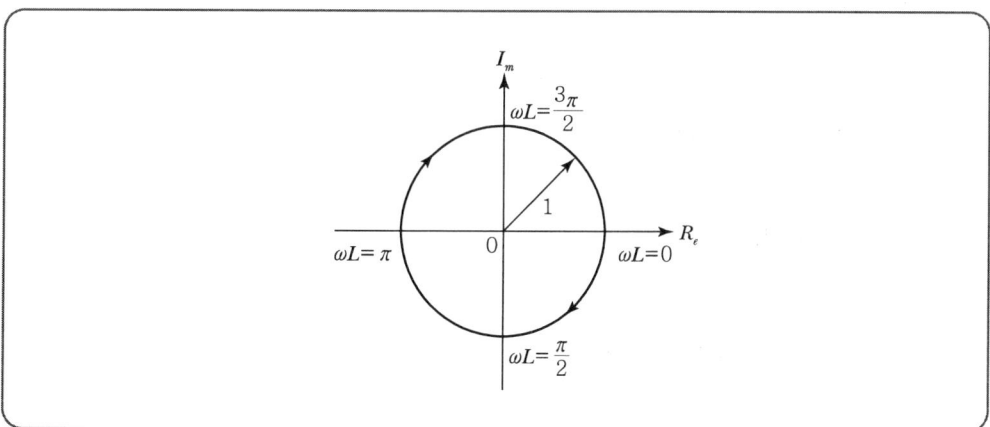

③ 보드(Bode) 선도

① 벡터궤적은 주파수 응답 $G(j\omega)$를 복소평면 위에서 1개의 곡선으로 표시한 것이다.
② 보드선도는 이것을 이득 $|G(j\omega)|$와 위상각 $\angle G(j\omega)$로 나누어 각각 주파수 ω의 함수로 표시한다.
③ 보드선도는 횡축에 주파수 ω를 대수 눈금으로 취하고 종축에 이득 $|G(j\omega)|$의 데시벨 값, 즉 $20\log_{10}|G(j\omega)|=G[\text{dB}]$을 취하여 이득곡선과 위상각 ϕ를 도(또는 라디안) 단위로 취하여 표시한 위상곡선으로 구성된다.

1) 이득 및 위상차

- 이득 : $g = 20\log_{10}|G(j\omega)\ H(j\omega)|$ [dB]
- 위상차 $\phi = \angle G(j\omega)\ H(j\omega)$ [°]

① 크기

$(j\omega)^{\pm n}$의 크기를 [dB]로 나타내면

$20\log_{10}|G(j\omega)^{\pm n}| = \pm 20n\log_{10}\omega$ [dB]의 직선으로 표시된다.

② 기울기

ω값이 변화되면 $\pm 20n$의 값이 변화된다. 즉, 기울기는 $20n$[dB]이 일어난다는 뜻이다.
즉 : 1[decade] 주파수 변화에 대해 $\pm 20n$[decibel]의 이득변화가 일어난다.

③ 위상각

$\theta = (j\omega)^{\pm n}$

$\text{Arg}(j\omega)^{\pm n} = \pm 90n$ [°]

2) 각종 요소의 이득과 위상각

① 비례요소

$G(s) = K, \quad G(j\omega) = K$

- 이득 $g = 20\log_{10}|G(j\omega)|$
  $= 20\log_{10}K$
- 위상각 $\theta = \angle G(j\omega) = \angle 0°$

② 미분요소

$G(s) = s$

$G(j\omega) = j\omega$

- 이득 $g = 20\log_{10}|G(j\omega)| = 20\log\omega$
- 위상각 $\theta = \angle j\omega = 90°$

보드선도를 그리면

　ω=0.1인 경우 이득 g=-20 log$_{10}$ 10=-20[dB]
　ω=1인 경우 이득 g=20 log$_{10}$ 1=0[dB]
　ω=10인 경우 이득 g=20 log$_{10}$ 10=20[dB]

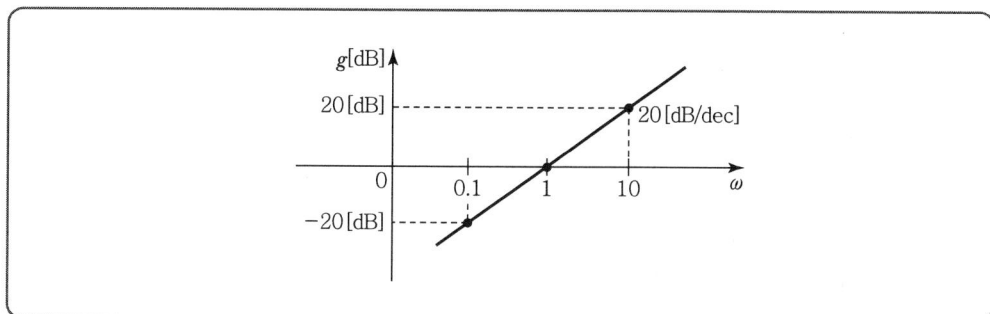

③ 적분요소

$$G(s) = \frac{1}{s}, \qquad G(j\omega) = \frac{1}{j\omega}$$

- 이득 $g = 20\log_{10} |G(j\omega)| = -20\log_{10}\omega$

- 위상차 $\theta = \angle \frac{1}{j} = -90°$

보드선도를 그리면

　ω=0.1인 경우 이득 g=20 log$_{10}$ 10=20[dB]
　ω=1인 경우 이득 g=20 log$_{10}$ 1=0[dB]
　ω=10인 경우 이득 g=20 log$_{10}$ 10=1[dB]

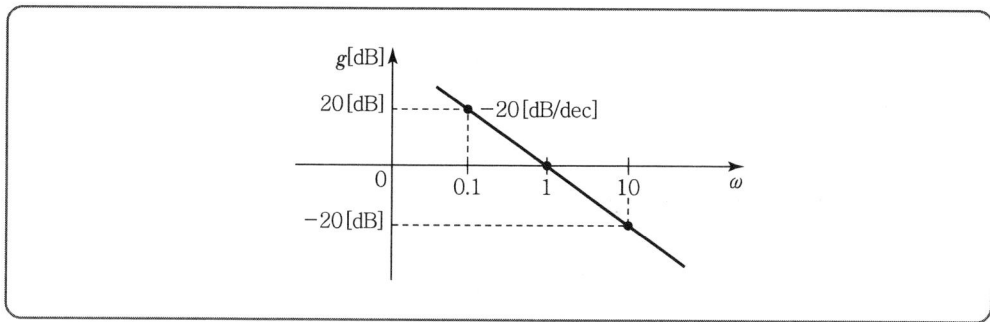

＊ 1 decade마다 20[dB]씩 감소한다.

④ 1차 앞선 요소

$G(s) = 1 + Ts$

$G(j\omega) = 1 + j\omega T$

- 이득 $g = 20\log |G(j\omega)| = 20\log_{10} |1 + j\omega T|$
- 위상차 $\theta = \angle G(j\omega) = \angle 1 + j\omega T = \tan^{-1} \omega T$

i) $\omega T \ll 1$인 매우 낮은 주파수에서
- 이득 $g = 20\log_{10} |G(j\omega)| = 20\log_{10} \sqrt{1 + \omega^2 T^2}$
  $= 20\log_{10} 1 = 0 [\text{dB}]$
- 위상각 $\theta = \angle G(j\omega) = \tan^{-1} 0 = 0$

ii) $\omega T \gg 1$인 매우 높은 주파수에서
- 이득 $g = 20\log |G(j\omega)| = 20\log_{10} \sqrt{\omega^2 T^2}$
  $= 20\log_{10} \omega T = 20\log_{10} \omega + 20\log_{10} T [\text{dB}]$
- 위상각 $\theta = \angle G(j\omega) = \tan^{-1} \infty = 90°$

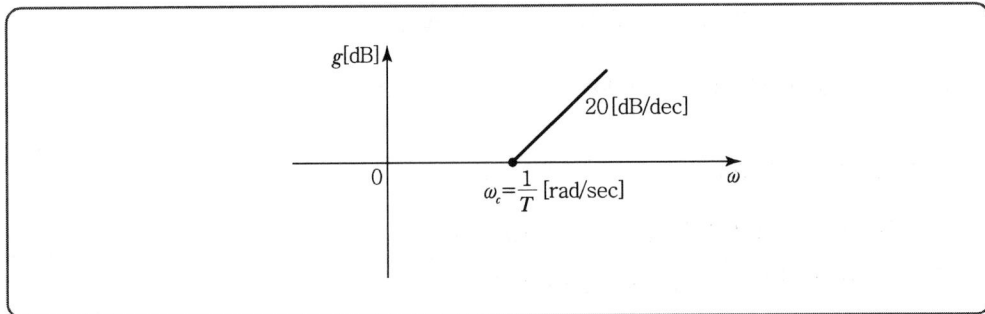

⑤ 1차 지연요소

$G(s) = \dfrac{1}{1+Ts}, \quad G(j\omega) = \dfrac{1}{1+j\omega T}$

- 이득 : $g = 20\log |G(j\omega)| = 20\log_{10} \left|\dfrac{1}{1+j\omega T}\right|$
  $= 20\log_{10} \dfrac{1}{\sqrt{1+(\omega T)^2}} [\text{dB}]$
- 위상각 : $\theta = \angle \dfrac{1}{1+j\omega T} = -\tan^{-1} \omega T °$

$\omega T \ll 1$인 매우 낮은 주파수에서는

- 이득 : $g = 20\log\dfrac{1}{\sqrt{1+(\omega T)^2}} = 20\log_{10}1 = 0\,[\mathrm{dB}]$
- 위상각 : $\theta = -\tan^{-1}0 = 0°$

$\omega T \gg 1$인 매우 높은 주파수에서는

- 이득 : $g = 20\log_{10}\dfrac{1}{\omega T} = -20\log_{10}\omega T$

$$= -20\log_{10}\omega + \log_{10}\dfrac{1}{T}\,[\mathrm{dB}]$$

- 위상각 : $\theta = -\tan^{-1}\infty = -90°$

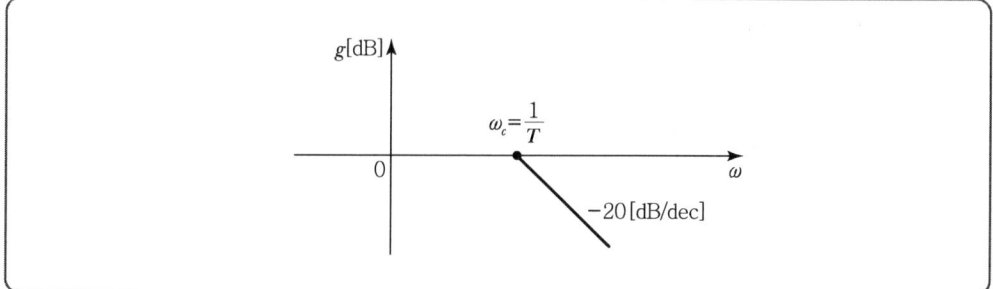

⑥ 2차 지연요소

$$G(s) = \dfrac{\omega_n^{\,2}}{s^2 + 2\delta\omega_n s + \omega_n^{\,2}} = \dfrac{1}{\dfrac{s^2}{\omega_n^{\,2}} + \dfrac{2\delta}{\omega_n}s + 1}$$

$$G(j\omega) = \dfrac{1}{\left[1-\left(\dfrac{\omega}{\omega_n}\right)^2\right] + j\omega\dfrac{2\delta}{\omega_n}}$$

$G(j\omega)$의 크기는

$$20\log|G(j\omega)| = 20\log\sqrt{\left[1-\left(\dfrac{\omega}{\omega_n}\right)^2\right]^2 + \left(2\delta\dfrac{\omega}{\omega_n}\right)^2}\,[\mathrm{dB}]$$

$G(j\omega)$의 위상각은

$$Arg\,G(j\omega) = -\tan^{-1}\frac{\dfrac{2\delta\omega}{\omega_n}}{1-\left(\dfrac{\omega}{\omega_n}\right)^2}$$

$\dfrac{\omega}{\omega_n} \ll 1$인 주파수 영역에서 $G(j\omega)$의 크기는

$20\log|G(j\omega)| = -20\log 1 = 0[\mathrm{dB}]$

$\dfrac{\omega}{\omega_1} \gg 1$인 주파수 영역에서 $G(j\omega)$의 크기는

$20\log|G(j\omega)|$

$= -20\log\sqrt{\left[1-\left(\dfrac{\omega}{\omega_n}\right)^2\right]^2 + \left(2\delta\dfrac{\omega}{\omega_n}\right)^2}$

$\cong -20\log\sqrt{\left(\dfrac{\omega}{\omega_n}\right)^4}$

$= -40\log\left(\dfrac{\omega}{\omega_n}\right)\,[\mathrm{dB}]$

위 식은 반대수(半對數) 좌표계에서 기울기 $-40[\mathrm{dB/decade}]$를 갖는 직선방정식을 표시한다.

⑦ 전달 늦음 $G(s) = e^{-TS}$

$G(j\omega) = e^{-j\omega T}$

$G(j\omega)$의 크기는

$20\log|G(j\omega)| = 20\log|e^{-j\omega T}| = 0[\mathrm{dB}]$

위상각은

$Arg\,G(j\omega) = Arg\,e^{j\omega T} = Arg\,(\cos\omega T - j\sin\omega T)$
$= \tan^{-1}(-\tan\omega T) = -\omega T\,[\mathrm{rad}]$

4 주파수 특성에 관한 상수

1) 영 주파수에서의 이득 M_0(정상값)

① 단위계단입력에 대한 정상응답은 폐회로 전달함수에서 $s=0$으로 놓아 얻을 수 있는 값이다.

② 또한 $(1-M_0)$는 정상오차이다.

③ 적분동작을 포함하는 물리계는 항상 $M_0 = 1$, 즉 0[dB]이다.

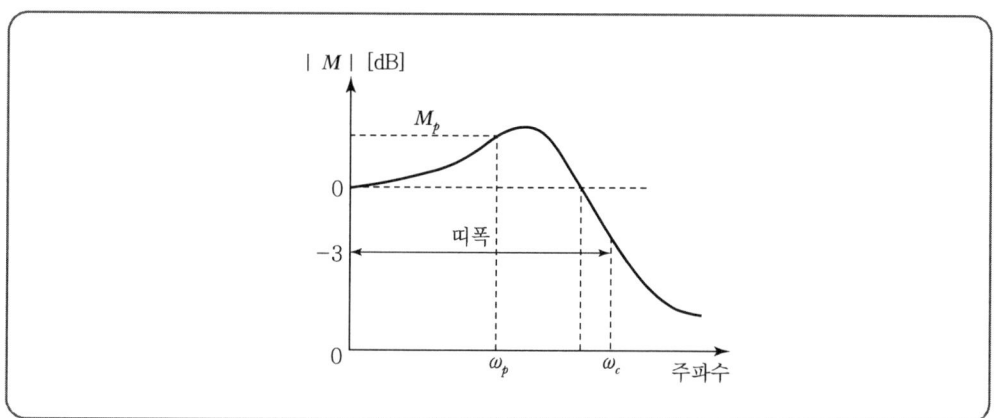

2) 대역폭

① 대역폭은 크기 $0.707M_0$ 또는 $(20\log M_0 - 3)$[dB]에서의 주파수로 정의한다.

② 대역폭이 넓으면 넓을수록 응답속도가 빠르다.

3) 공진 정점 M_p

① 최대값으로 정의하며 계의 안정도의 척도가 된다.

② M_p가 크면 과도 응답 시 오버슈트가 커진다.

③ 제어계에서 최적의 M_p의 값은 대략 1.1~1.5이다.

4) 공진 주파수 ω_p

① 공진 정점이 일어나는 주파수이다.

② 일반적으로 ω_p의 값이 높으면 주기는 작다.

5) 분리도

① 분리도는 신호와 잡음(외란)을 분리하는 제어계의 특성을 가리킨다.
② 일반적으로 예리한 분리 특성은 큰 M_p를 동반하므로 불안정하기 쉽다.

Chapter 07 실·전·문·제

01 그림과 같은 벡터 궤적을 갖는 계의 주파수 전달함수는?

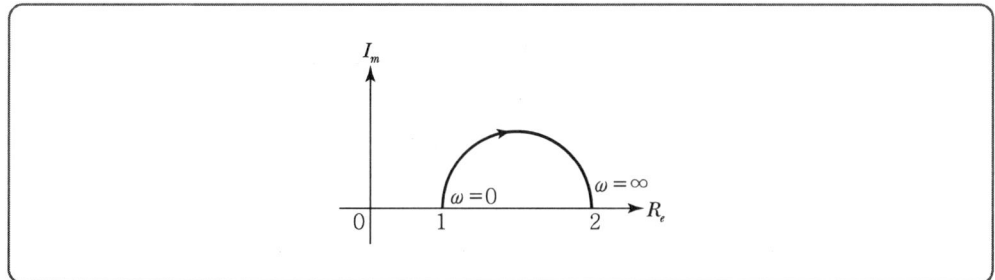

① $\dfrac{1}{1+j\omega}$
② $\dfrac{1}{1+j2\omega}$
③ $\dfrac{1+j\omega}{1+j2\omega}$
④ $\dfrac{1+j2\omega}{1+j\omega}$

해설 $G(j\omega) = \dfrac{1+j\omega T_2}{1+j\omega T_1}$ 에서
$\omega = 0$ 일 때 $|G(j\omega)| = 1$,
$\omega = \infty$ 일 때 $|G(j\omega)| = \dfrac{T_2}{T_1} = 2$ 이므로
$T_2 > T_1$ 이고 위상각은 +값이므로
∴ $G(j\omega) = \dfrac{1+j2\omega}{1+j\omega}$

02 $G(j\omega) = K(j\omega)^2$ 인 보드 선도의 기울기는 몇 [dB/dec]인가?

① -40 ② -20 ③ 20 ④ 40

해설 $g = 20\log|G(j\omega)| = 20\log|K(j\omega)^2|$
$= 20\log K\omega^2 = 20\log K + 40\log\omega$
$\omega = 0.1$ 일 때 $g = 20\log K - 40$ [dB]
$\omega = 1$ 일 때 $g = 20\log K$
$\omega = 10$ 일 때 $g = 20\log K + 40$ [dB]
그러므로 40[dB/dec]의 경사를 가지며
$\theta = \angle G(j\omega) = \angle K(j\omega)^2 = 180°$

Answer ○ 01 ④ 02 ④

03 벡터 궤적이 그림과 같이 표시되는 요소는?

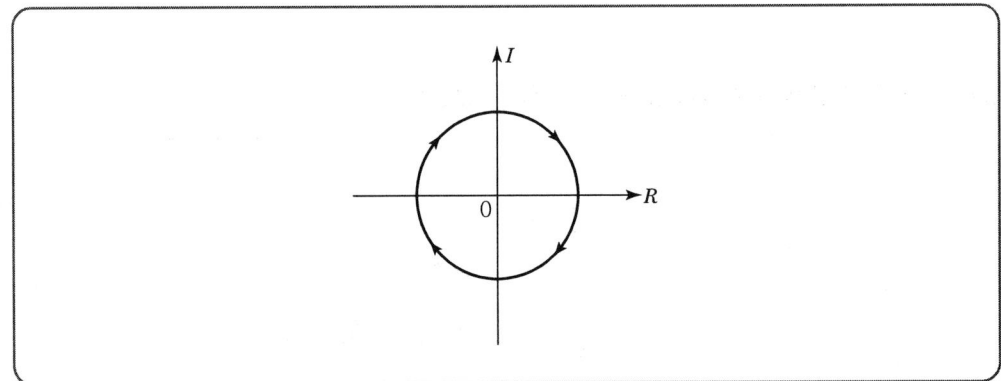

① 비례요소
② 1차 지연요소
③ 부동작 시간요소
④ 2차 지연요소

해설 부동작 시간요소 $G(s) = e^{-Ls}$ 는
$G(j\omega) = e^{-j\omega L} = \cos \omega L - j \sin \omega L$
$|G(j\omega)| = \sqrt{(\cos \omega L)^2 + (\sin \omega L)^2} = 1$
$\angle G(j\omega) = \tan^{-1}\left(\dfrac{\sin \omega L}{\cos \omega L}\right) = -\omega L$
크기는 1이고, ω의 증가에 따라 벡터 궤적 $G(j\omega)$는 원주상을 시계방향으로 회전한다.

04 $G(j\omega) = K(j\omega)^3$ 의 보드선도는?

① 20[dB/dec]의 경사를 가지며 위상각 90°
② 40[dB/dec]의 경사를 가지며 위상각 −90°
③ 60[dB/dec]의 경사를 가지며 위상각 −270°
④ 60[dB/dec]의 경사를 가지며 위상각 270°

해설 $g = 20\log|G(j\omega)| = 20\log|K(j\omega)^3|$
$= 20\log K\omega^3 = 20\log K + 60\log \omega$
$\omega = 0.1$ 일 때 $g = 20\log K - 60$[dB]
$\omega = 1$ 일 때 $g = 20\log K$
$\omega = 10$ 일 때 $g = 20\log K + 60$[dB]
그러므로 60[dB/dec]의 경사를 가지며
$\theta = \angle G(j\omega) = \angle K(j\omega)^3 = 270°$

03 ③ 04 ④ Answer

05 $G(j\omega) = \dfrac{K}{j\omega(j\omega+1)}$ 의 나이퀴스트 선도를 도시한 것은?(단, $K > 0$이다.)

①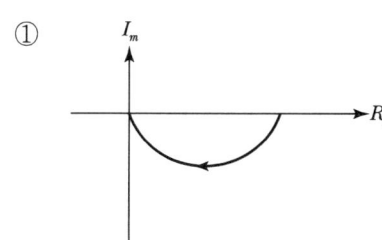

②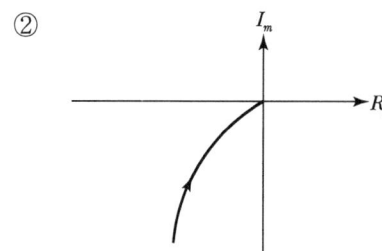

③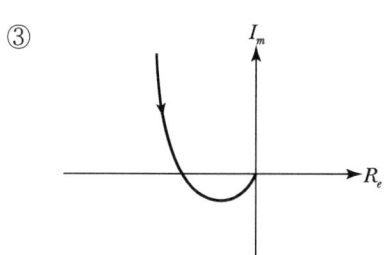

④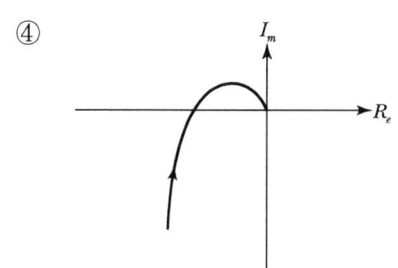

해설
- $\lim\limits_{\omega \to 0} |G(j\omega)| = \lim\limits_{\omega \to 0} \left|\dfrac{K}{j\omega(j\omega+1)}\right| = \lim\limits_{\omega \to 0} \left|\dfrac{K}{j\omega}\right| = \infty$

  $\lim\limits_{\omega \to 0} \angle G(j\omega) = \lim\limits_{\omega \to 0} \angle \dfrac{K}{j\omega(j\omega+1)} = \lim\limits_{\omega \to 0} \angle \dfrac{K}{j\omega} = -90°$

- $\lim\limits_{\omega \to \infty} |G(j\omega)| = \lim\limits_{\omega \to 0} \left|\dfrac{K}{j\omega(j\omega+1)}\right| = \lim\limits_{\omega \to 0} \left|\dfrac{K}{(j\omega)^2}\right| = 0$

  $\lim\limits_{\omega \to \infty} \angle G(j\omega) = \lim\limits_{\omega \to 0} \angle \dfrac{K}{j\omega(j\omega+1)} = \lim\limits_{\omega \to 0} \angle \dfrac{K}{(j\omega)^2} = 180°$

06 보드선도에서 이득 여유에 대한 정보를 얻을 수 있는 것은?

① 위상 선도가 0° 축과 교차하는 점에 대응하는 크기
② 위상 선도가 90° 축과 교차하는 점에 대응하는 크기
③ 위상 선도가 -180° 축과 교차하는 점에 대응하는 크기
④ 위상 선도가 -90° 축과 교차하는 점에 대응하는 크기

해설 보드선도의 이득 여유 : 위상 선도가 -180° 축과 교차하는 점에 대응하는 크기

Answer ● 05 ② 06 ③

07 $G(s) = \dfrac{K}{s(s+1)}$ 의 나이퀴스트 선도는?

① 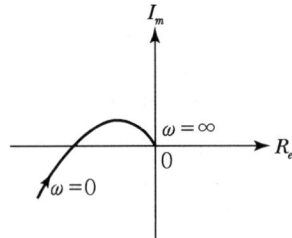   ②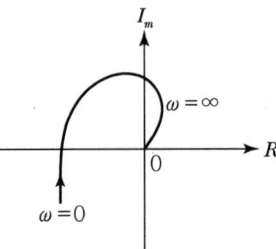

③ 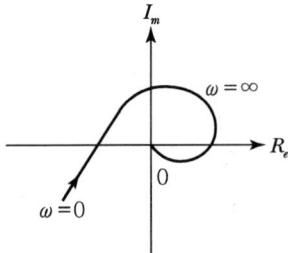   ④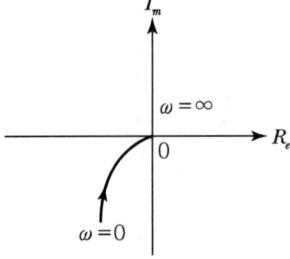

해설
- $\displaystyle\lim_{\omega \to 0} |G(j\omega)| = \lim_{\omega \to 0} \left|\dfrac{K}{j\omega(j\omega+1)}\right| = \lim_{\omega \to 0} \left|\dfrac{K}{j\omega}\right| = \infty$

  $\displaystyle\lim_{\omega \to 0} \angle G(j\omega) = \lim_{\omega \to 0} \angle \dfrac{K}{j\omega(j\omega+1)} = \lim_{\omega \to 0} \angle \dfrac{K}{j\omega} = 90°$

- $\displaystyle\lim_{\omega \to \infty} |G(j\omega)| = \lim_{\omega \to 0} \left|\dfrac{K}{j\omega(j\omega+1)}\right| = \lim_{\omega \to 0} \left|\dfrac{K}{(j\omega)^2}\right| = 0$

  $\displaystyle\lim_{\omega \to \infty} \angle G(j\omega) = \lim_{\omega \to 0} \angle \dfrac{K}{j\omega(j\omega+1)} = \lim_{\omega \to 0} \angle \dfrac{K}{(j\omega)^2} = 180°$

08 $G(j\omega) = 10(j\omega) + 1$ 에서 절점 각주파수 ω_0 [rad/sec]는?

① 0.1　② 1　③ 10　④ 100

해설 $10\omega_0 = 1$, $\omega_0 = \dfrac{1}{10} = 0.1 [\text{rad/sec}]$

07 ④　08 ①　Answer

09 그림과 같은 극좌표 선도를 갖는 계통의 전달함수는?

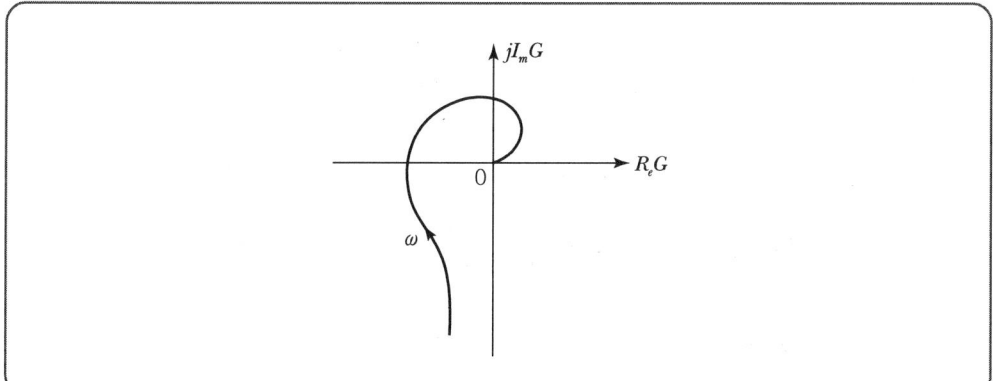

① $G(s) = \dfrac{K_0}{1+ST}$

② $G(s) = \dfrac{K_0}{s(1+ST)}$

③ $G(s) = \dfrac{K_0}{(1+ST_1)(1+ST_2)}$

④ $G(s) = \dfrac{K_0}{S(1+ST_1)(1+ST_2)(1+ST_3)}$

해설 주파수 전달함수 $G(j\omega) = \dfrac{K_0}{j\omega(1+j\omega T_1)(1+j\omega T_2)(1+j\omega T_3)}$

10 다음 중 $G(j\omega) = \dfrac{1}{1+j10\omega}$ 로 주어지는 계의 절점 각주파수는?

① 0.1[rad/sec] ② 1[rad/sec]
③ 10[rad/sec] ④ 11[rad/sec]

해설 $\omega T = 1$, $10\omega = 1$, $\omega = \dfrac{1}{10} = 0.1$[rad/sec]

Answer ▶ 09 ④ 10 ①

11 $G(s) = \dfrac{1}{1+Ts}$ 와 같이 주어진 제어시스템에서 절점주파수의 이득은 약 얼마인가?

① $-2[\text{dB}]$ ② $-3[\text{dB}]$
③ $-4[\text{dB}]$ ④ $-5[\text{dB}]$

해설 $\omega T = 1$에서 $\omega = \dfrac{1}{T}$(절점 주파수)이므로

$$\therefore g = 20\log |G(j\omega)| = 20\log\left|\dfrac{1}{1+j\omega T}\right| = 20\log\left|\dfrac{1}{1+j\dfrac{1}{T}\times T}\right|$$

$$= 20\log\left|\dfrac{1}{1+j1}\right| = 20\log\left(\dfrac{1}{\sqrt{2}}\right) \fallingdotseq -3[\text{dB}]$$

12 $G(j\omega) = j0.1\omega$에서 $\omega = 0.01[\text{rad/s}]$일 때, 계의 이득[dB]은 얼마인가?

① -100 ② -80 ③ -60 ④ -40

해설 $g = 20\log |G(j\omega)|$
$= 20\log |0.001|$
$= 20\log 10^{-3} = -60[\text{dB}]$

13 $G(s) = \dfrac{1}{s(1+Ts)}$ 로 표시되는 제어계에서 ω가 아주 클 때 $|G(j\omega)|$ 의 이득과 위상각은?

① $-40[\text{dB}]$, $-180°$ ② $-40[\text{dB}]$, $-90°$
③ $-20[\text{dB}]$, $-180°$ ④ $-20[\text{dB}]$, $-90°$

해설 $g = 20\log |G(j\omega)|$
$= 20\log\left|\dfrac{1}{j\omega(1+j\omega T)}\right|$
$= 20\log\dfrac{1}{\omega\sqrt{1+(\omega T)^2}}\bigg|_{\omega=\infty}$
$= 20\log\dfrac{1}{\omega^2} = -40\log\omega$
$\therefore$ 이득 : $-40[\text{dB}]$
$\theta = \angle G(j\omega) = \lim\limits_{\omega\to\infty}\dfrac{1}{(j\omega)^2}$
$= -180°$
$\therefore$ 위상각 : $-180°$

제7장 • 주파수 응답

14 주파수 전달함수 $G(j\omega)=\dfrac{1}{j100\omega}$ 인 계에서 $\omega=0.1[\text{rad/sec}]$일 때 이 계의 이득[dB] 및 위상각 $\theta[\text{deg}]$는 얼마인가?

① $-20[\text{dB}]$, $-90°$
② $-40[\text{dB}]$, $-90°$
③ $20[\text{dB}]$, $-90°$
④ $40[\text{dB}]$, $-90°$

해설
- 이득 : $g = 20\log|G(j\omega)| = 20\log\left|\dfrac{1}{j100\omega}\right|$
  $= 20\log\left|\dfrac{1}{j10}\right| = 20\log\dfrac{1}{10} = -20[\text{dB}]$
- 위상각 : $\theta = \angle G(j\omega) = \angle\dfrac{1}{j100\omega} = \angle\dfrac{1}{j10} = -90°$

15 $G(s)=\dfrac{20}{3+2s}$ 인 요소에서 $\omega=2$인 정현파를 주었을 때 $|G(j\omega)|$와 $\angle G(j\omega)$를 구하면?

① 4, $53°$
② 4, $-53°$
③ -4, $53°$
④ -4, $-53°$

해설
$|G(j\omega)|_{\omega=2} = \left|\dfrac{20}{3+j2\omega}\right|_{\omega=2}$
$= \dfrac{20}{3+j2\times2} = \dfrac{20}{\sqrt{3^2+4^2}} = 4$
$\angle G(j\omega) = \angle G\left(\dfrac{20}{3+j2\times2}\right) = -\tan^{-1}\dfrac{4}{3} = -53.13°$

16 $G(s)=\dfrac{1}{s(s+1)}$ 에서 $\omega=10[\text{rad/sec}]$일 때 이득[dB]은?

① 40 ② 20 ③ -20 ④ -40

해설
$g = 20\log|G(j\omega)| = 20\log\left|\dfrac{1}{j\omega(j\omega+1)}\right|$
$= 20\log\dfrac{1}{\omega\sqrt{\omega^2+1^2}} = 20\log\dfrac{1}{10\sqrt{10^2+1^2}}$
$\fallingdotseq 20\log\dfrac{1}{100} = 20\log 10^{-2} = -40[\text{dB}]$

Answer ▶ 14 ① 15 ② 16 ④

17 $G(s) = \dfrac{1}{0.005s(0.1s+1)^2}$ 에서 $\omega = 10[\text{rad/s}]$일 때의 이득 및 위상각은?

① 20[dB], $-180°$ ② 20[dB], $-90°$
③ 40[dB], $-180°$ ④ 40[dB], $-90°$

해설 $G(j\omega) = \dfrac{1}{\dfrac{5}{1,000}j\omega\left(\dfrac{1}{10}j\omega+1\right)^2}$

$g = 20\log|G(j\omega)| = 20\log\left|\dfrac{1}{\dfrac{5}{1,000}j\omega\left(\dfrac{1}{10}j\omega+1\right)^2}\right|$

$= 20\log\dfrac{1}{\dfrac{5}{100}(\sqrt{1+1})^2} = 20\log\dfrac{1}{\dfrac{1}{10}}$

$= 20\log 10 = 20[\text{dB}]$

$G(j\omega) = \dfrac{1}{0.005(j\omega)\{0.1(j\omega)+1\}^2} = \dfrac{1}{j0.05(j+1)^2}$

$= \dfrac{1}{j0.05(-1+j2+1)} = \dfrac{1}{j^2 0.1}$

$\therefore \theta = \angle \dfrac{1}{j^2 0.1} = -180°$

18 벡터 궤적의 임계점$(-1, j\,0)$에 대응하는 보드선도 상의 점은 이득이 A[dB], 위상이 B가 되는 점이다. A, B에 알맞은 것은?

① $A = 0$[dB], $B = -180°$ ② $A = 0$[dB], $B = 0°$
③ $A = 1$[dB], $B = 0°$ ④ $A = 1$[dB], $B = 180°$

해설
- 이득 $= 20\log|G| = 20\log 1 = 0[\text{dB}]$
- 위상 $= -180°$ 또는 $180°$

17 ① 18 ①

19 $G(j\omega) = \dfrac{K}{(1+2j\omega)(1+j\omega)}$ 의 이득 여유가 20[dB]일 때 K의 값은?

① 0　　　　　② 1　　　　　③ 10　　　　　④ $\dfrac{1}{10}$

해설 이득 여유 $20\log\left|\dfrac{1}{GH}\right| = 20[\text{dB}]$이므로

$|GH| = \left|\dfrac{K}{1-2\omega^2+j3\omega}\right|_{\omega=0} = K$에서

$20\log\dfrac{1}{K} = 20$

$\log\dfrac{1}{K} = 1, \quad \dfrac{1}{K} = 10 \quad \therefore K = \dfrac{1}{10}$

20 전달함수 $G(s) = \dfrac{10}{s^2+3s+2}$ 으로 표시되는 제어계통에서 직류 이득은 얼마인가?

① 1　　　　　② 2　　　　　③ 3　　　　　④ 5

해설 직류 : 허수부 $s = 0$이므로 $G = \dfrac{10}{2} = 5$

21 이득이 60[dB]인 전압 증폭도는?

① 10,000　　　② 1,000　　　③ 100　　　④ 10

해설 $g = 60[\text{dB}]$

$= 20\log\left|\dfrac{V_2}{V_1}\right| = 60[\text{dB}]$

$\log\left|\dfrac{V_2}{V_1}\right| = 3$

$\left|\dfrac{V_2}{V_1}\right| = 10^3 = 1,000$

22 전압비 10^7의 이득[dB]은?

① 7　　　　　② 70　　　　　③ 100　　　　　④ 140

해설 $g = 20\log|G(j\omega)| = 20\log 10^7 = 140[\text{dB}]$

Answer ◯ 19 ④　20 ④　21 ②　22 ④

23 전향 이득이 증가할수록 어떤 변화가 오는가?

① 오버슈트가 증가한다.   ② 빨리 정상상태에 도달한다.
③ 오차가 증가한다.   ④ 입상시간이 늦어진다.

해설 전향 이득이 증가하면 오버슈트(최대 초과량)가 증가한다.

24 2차 계의 주파수 응답과 시간 응답 간의 관계이다. 잘못된 것은?

① 안정된 제어계에서 높은 대역폭은 큰 공진첨두치와 대응된다.
② 최대 오버슈트와 공진첨두치는 δ(감쇠율)만의 함수로 나타낼 수 있다.
③ ω_n가 일정 시 δ가 증가하면 상승시간과 대역폭은 증가한다.
④ 대역폭은 0 주파수 이득보다 3[dB] 떨어지는 주파수로 정의한다.

25 주파수 특성에 관한 정수 가운데 첨두공진점 M_P 값은 대략 어느 정도로 설계하는 것이 가장 좋은가?

① 0.1 이하   ② 0.1~1.0   ③ 1.1~1.5   ④ 1.5~2.0

해설 M_P가 크면 과도 응답시 오버슈트가 커진다. 제어계에서 최적의 M_P 값은 1.1~1.5이다.

26 폐루프 전달함수 $\dfrac{C(s)}{R(s)} = \dfrac{1}{2s+1}$ 인 계에서 대역폭(帶域幅, BW)은 몇 [rad]인가?

① 0.5[rad]   ② 1[rad]
③ 1.5[rad]   ④ 2[rad]

해설 $G(j\omega) = \dfrac{1}{2j\omega+1}$, $|G(j\omega)| = \dfrac{1}{\sqrt{(2\omega)^2+1}}$

대역폭을 구하기 위하여 차단 주파수를 ω_c라 하면

$$\dfrac{1}{\sqrt{(2\omega_c)^2+1}} = \dfrac{1}{\sqrt{2}} \text{[rad]}$$

$\therefore \omega_c = 0.5$

23 ①　24 ③　25 ③　26 ① **Answer**

27 분리도가 예리(sharp)해질수록 나타나는 현상은?

① 정사오차가 감소한다.
② 응답속도가 빨라진다.
③ M_P의 값이 감소한다.
④ 제어계가 불안정해진다.

[해설] 분리도가 예리하면 큰 공진정점을 동반하므로 불안정하기 쉽다.

28 주파수 응답에 의한 위치 제어계의 설계에서 계통의 안정도 척도와 관계가 적은 것은?

① 공진치
② 고유 주파수
③ 위상 여유
④ 이득 여유

[해설] 주파수 응답에서 안정도의 척도는
- 공진치
- 위상 여유
- 이득 여유

즉, 고유 주파수($\omega_n = 1/\sqrt{LC}$)는 안정도와 무관하다.

Answer ▶ 27 ④ 28 ②

Chapter 08 선형제어계통의 안정도

1 개요

루스-후르비츠 안정도는 특성방정식의 근을 구하지 않고 특성방정식의 계수 수열에서 안정 판별을 하는 방법이다.

* **특성방정식**

$$F(s) = 1 + G(s)H(s)$$
$$= a_0 s^n + a_1 s^{n-1} + a_2 s^{n-2} + \cdots + a_{n-1} s + a_n$$

• 안정조건

① s평면 좌반부[부(−)의 실수부]에 존재한다.
② 특성방정식의 모든 계수의 부호가 같아야 한다.
③ 계수 중 어느 하나라도 0이 되어서는 안된다.
④ 루스수열 1열의 원소부호가 같아야 한다.
⑤ 제1열 부호 변화는 s평면 우반부에 근이 존재한다는 것을 의미한다.

1) 루스(Routh) 판별법 (안정근수, 불안정근수 판별)

$$a_0 s^6 + a_1 s^5 + a_2 s^4 + a_3 s^3 + a_4 s^2 + a_5 s + a_6 = 0$$

s^6	a_0	a_2	a_4	a_6
s^5	a_1	a_3	a_5	0
s^4	$\dfrac{a_1 a_2 - a_0 a_3}{a_1} = A$	$\dfrac{a_1 a_4 - a_0 a_5}{a_1} = B$	$\dfrac{a_1 a_6 - a_0 \times 0}{a_1} = a_6$	0
s^3	$\dfrac{A a_3 - a_1 B}{A} = C$	$\dfrac{A a_5 - a_1 a_6}{A} = D$	$\dfrac{A \times 0 - a_1 \times 0}{A} = 0$	0

s^2	$\dfrac{BC-AD}{C}=E$	$\dfrac{Ca_6-A\times 0}{C}=a_6$	$\dfrac{C\times 0-A\times 0}{C}=0$	0
s^1	$\dfrac{ED-Ca_6}{E}=F$	0	0	0
s^0	$\dfrac{Fa_6-E\times 0}{F}=F$	0	0	0

일단, Routh 표가 완성되면 판정응용으로의 마지막 단계는 방정식의 근에 관한 정보를 가지고 있는 표의 제1열에서의 계수의 부호를 조사하는 것으로서, 다음 결론이 이루어진다.

만일 Routh 표의 제1열의 모든 요소가 같은 부호이면, 방정식의 근은 모두 s평면 좌반면에 있다. 제1열 요소의 부호 변화수는 s평면 우반면 내 또는 정(+)의 실수부를 가지는 근의 수와 같다.

2) 후르비츠(Hurwitz) 판별법

이 방법은 특성방정식의 계수로서 만들어지는 행렬식에 의해서 판별한다.

$$F(s)= a_0s^6 + a_1s^5 + a_2s^4 + a_3s^3 + a_4s^2 + a_5s + a_6 = 0$$

$$D_1 = a_1 \qquad D_2 = \begin{vmatrix} a_1 & a_3 \\ a_0 & a_2 \end{vmatrix}$$

$$D_3 = \begin{vmatrix} a_1 & a_3 & a_5 \\ a_0 & a_2 & a_4 \\ 0 & a_1 & a_3 \end{vmatrix} \qquad D_4 = \begin{vmatrix} a_1 & a_3 & a_5 & 0 \\ a_0 & a_2 & a_4 & a_6 \\ 0 & a_1 & a_3 & a_5 \\ 0 & a_0 & a_2 & a_4 \end{vmatrix}$$

$$D_5 = \begin{vmatrix} a_1 & a_3 & a_5 & 0 & 0 \\ a_0 & a_2 & a_4 & a_6 & 0 \\ 0 & a_1 & a_3 & a_5 & 0 \\ 0 & a_0 & a_2 & a_4 & a_6 \\ 0 & 0 & a_1 & a_3 & a_5 \end{vmatrix} \qquad D_6 = \begin{vmatrix} a_1 & a_3 & a_5 & 0 & 0 & 0 \\ a_0 & a_2 & a_4 & a_6 & 0 & 0 \\ 0 & a_1 & a_3 & a_5 & 0 & 0 \\ 0 & a_0 & a_2 & a_4 & a_6 & 0 \\ 0 & 0 & a_1 & a_3 & a_5 & 0 \\ 0 & 0 & a_0 & a_2 & a_4 & a_6 \end{vmatrix}$$

안정조건 : 행렬식 계산에 의하여

$D_1\ D_2\ D_3\ D_4\ D_5\ D_6$값이 모두 정(+)일 때 제어계는 안정하다.

3) 나이퀴스트(Nyquist) 판별법

① 절대 안정도에 관하여 루스-후르비츠 판별법과 같은 정보 제공
② 안정도를 개선할 수 있는 방법 제시
③ 시스템의 주파수영역 응답에 대한 정보 제공

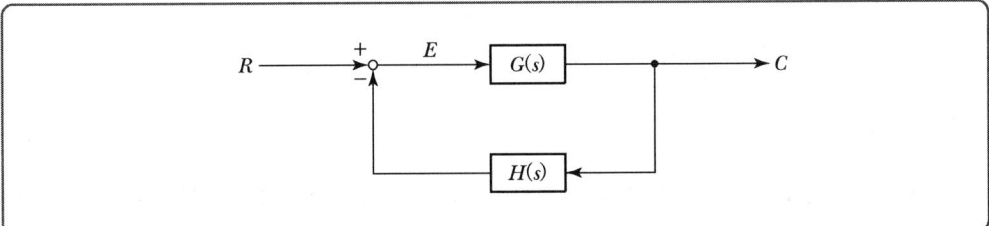

$$\frac{C(s)}{R(s)} = \frac{G(s)}{1 + G(s)H(s)}$$

특성방정식 : $1 + G(s)H(s) = 0$

$$1 + G(s)H(s) = C_0 \frac{(s-z_1)(s-z_2)(s-z_3)\cdots(s-z_n)}{(s-p_1)(s-p_2)(s-p_3)\cdots(s-p_n)}$$

여기서, C_0 : 상수

안정조건 : ① 특성방정식의 근(영점, 극점)을 구한다.
② 방정식의 근이 (+)실수부를 갖지 않아야 한다.
(근이 좌반면에 존재)

다음 그림은 영점과 극점에 의한 s 경로를 s 평면상에 나타낸 것으로 나이퀴스트 선로라 한다.

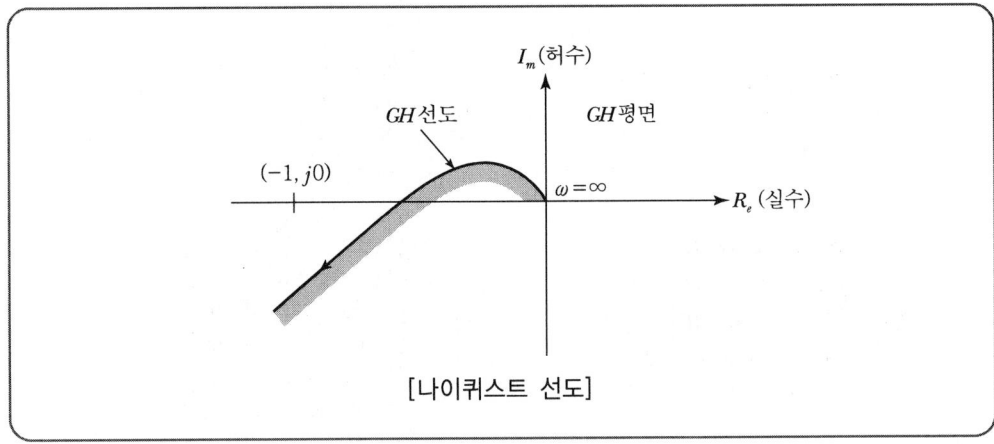

[나이퀴스트 선도]

① 안정성 판별법

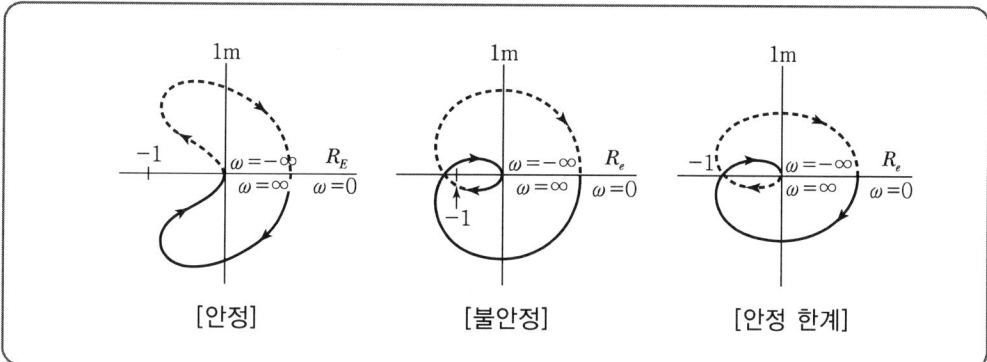

중요 : $G(s)H(s)$의 $\omega > 0$에 대한 벡터 궤적에서 ω가 증가하는 방향으로 궤적을 따라갈 때 점 $(-1, j0)$을 왼쪽으로 보면 안정, 오른쪽으로 보게 되면 불안정

② 이득 여유

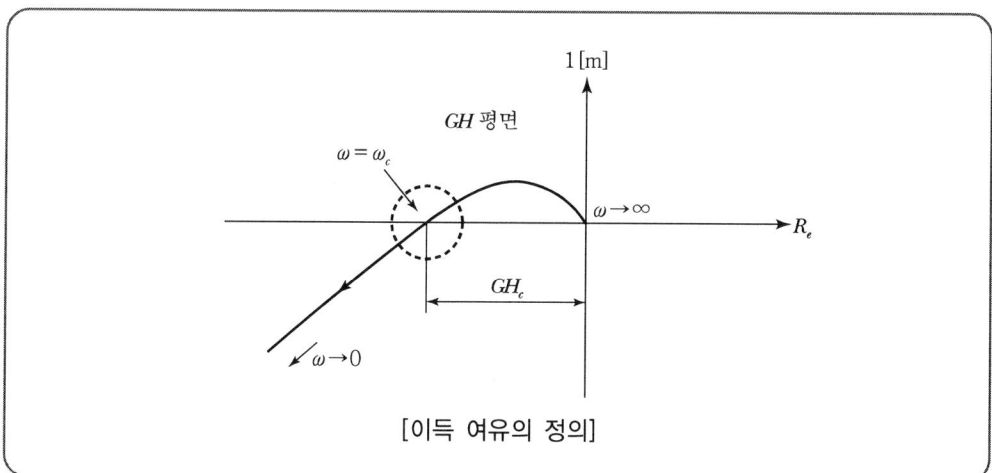

[이득 여유의 정의]

정의 : 나이퀴스트 선도가 부(-)의 실수축을 자르는 $G(s)H(s)$의 크기를 $|GH_C|$, 이 점에 대응하는 주파수를 ω_c라고 할 때

이득 여유$(GM) = 20\log \dfrac{1}{|GH_C|}$

$= -20\log |GH_C|$ [dB]

③ 위상 여유

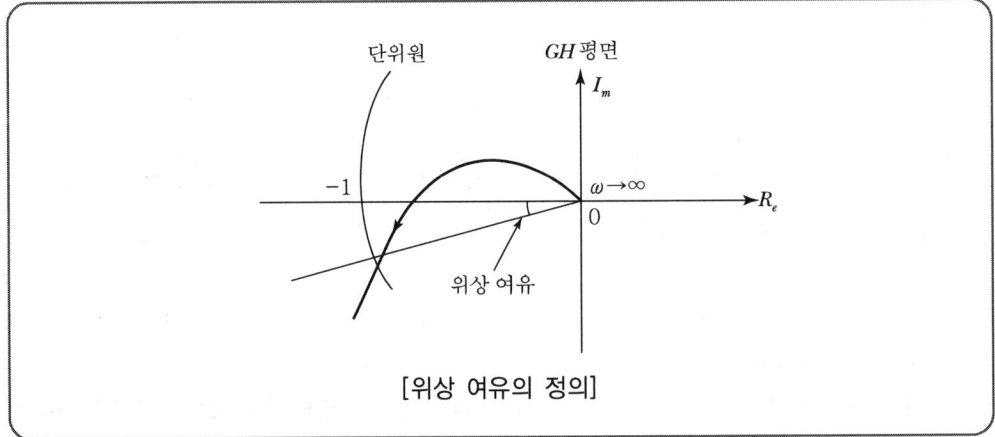

[위상 여유의 정의]

조건 : 단위원과 나이퀴스트 선도와의 교점을 표시하는 벡터가 "부"의 실수축과 만드는 각이다.

④ 보드선도 안정도 판별법

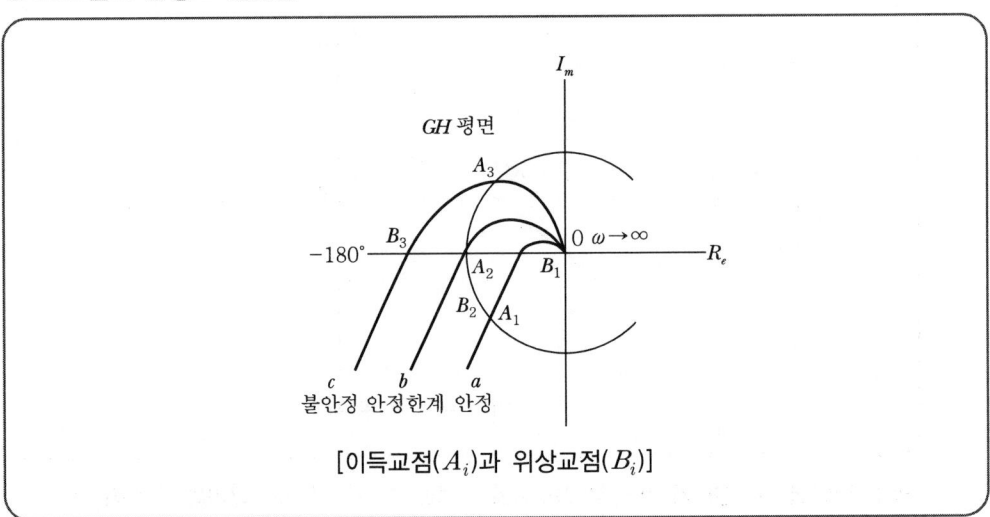

[이득교점(A_i)과 위상교점(B_i)]

위상 여유 : 이득교점에서의 벡터 $\overline{OA_i}$를 부(−)의 실수축을 기준으로 해서 반시계방향을 정(+)으로 하여 측정한 위상각을 말한다.

이득 여유 : ・위상교차점에서 이득을 [dB] 단위로 나타내서 그 부분을 바꾼다.
・위상선도가 −180° 축과 교차하는 점에 대응하는 이득의 크기

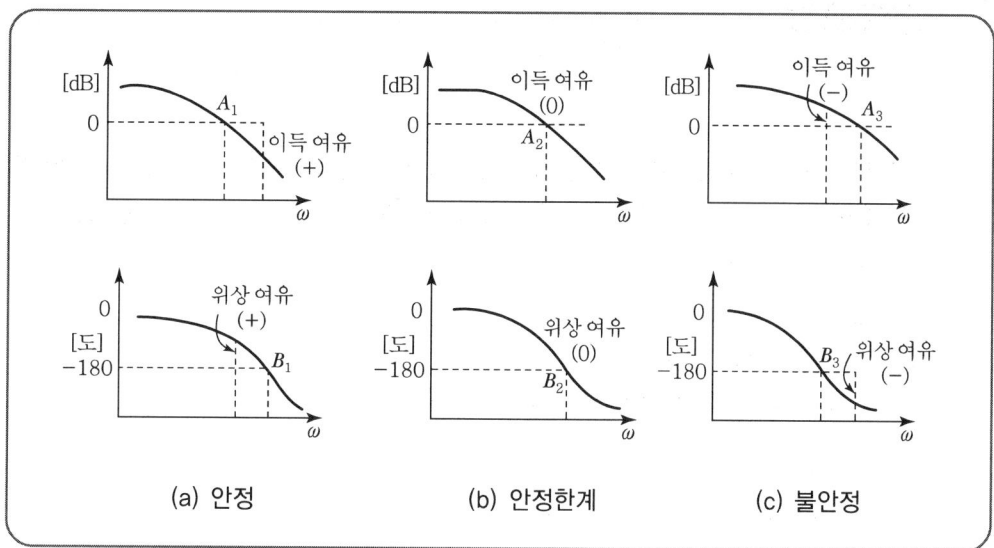

(a) 안정　　　　(b) 안정한계　　　　(c) 불안정

	(a) 안정	(b) 안정한계	(c) 불안정
이득 여유	+	○	−
위상 여유	+	○	−

안정조건 : 양의 이득 여유, 양의 위상 여유

Chapter 08 실·전·문·제

01 안정된 제어계의 특성근이 2개의 공액 복소근을 가질 때, 이 근들이 허수축 가까이에 있는 경우 허수축에서 멀리 떨어져 있는 안정된 근에 비해 과도응답 영향은 어떻게 되는가?

① 과도응답도 천천히 사라진다.
② 과도응답이 같다.
③ 과도응답이 빨라 사라진다.
④ 과도응답에는 영향을 미치지 않는다.

해설 과도응답 현상
- 허수축에 가까이 있는 근이 대표근이다.
- 대표근은 대부분 공액복소수이다.
- 허수축에서 멀리 떨어진 안정된 근보다 과도현상이 더 오래 지속된다.

02 $2s^3 + 5s^2 + 3s + 1 = 0$으로 주어진 안정도를 판정하고 우반평면 상의 근을 구하면?

① 임계상태이며 허축상에 근이 2개 존재한다.
② 안정하고 우반평면에 근이 없다.
③ 불안정하며 우반평면 상에 근이 2개이다.
④ 불안정하며 우반평면 상에 근이 1개이다.

해설 안정도 판정기준
- 모든 차수항이 존재한다.
- 각 계수의 부호가 모두 같다.
- s평면 좌반부에 근이 있고 s평면 우반부에 근이 없다.

03 개루프 전달함수 $G(s) = \dfrac{(s+2)}{(s+1)(s+3)}$ 인 부궤환 제어계의 특성방정식은?

① $s^2 + 3s + 2 = 0$
② $s^2 + 4s + 3 = 0$
③ $s^2 + 4s + 6 = 0$
④ $s^2 + 5s + 5 = 0$

해설 부궤환 제어계의 전달함수는 $\dfrac{G(s)}{1 + G(s)H(s)}$ 이고,
특성방정식은 $1 + G(s)H(s) = 0$이다.
$1 + \dfrac{s+2}{(s+1)(s+3)} = 0$ ∴ $s^2 + 5s + 5 = 0$

01 ① 02 ② 03 ④ **Answer**

04 다음 특성방정식 중 안정될 필요조건을 갖춘 것은?

① $s^4 + 3s^2 + 10s + 10 = 0$
② $s^3 + s^2 - 5s + 10 = 0$
③ $s^3 + 2s^2 + 4s - 1 = 0$
④ $s^3 + 9s^2 + 20s + 12 = 0$

해설 문제 2번 해설 참고

05 다음 특성방정식 중 안정한 것은?

① $4s^2 + 3s^3 - s^2 + s + 10 = 0$
② $2s^3 + 3s^2 + 4s + 5 = 0$
③ $s^4 - 2s^3 - 3s^2 + 4s + 5 = 0$
④ $s^5 + s^3 + 2s^2 + 4s + 3 = 0$

해설 문제 2번 해설 참고

06 다음 안정도 판별법 중 $G(s)H(s)$의 극점과 영점이 우반 평면에 있을 경우 판정 불가능한 방법은?

① Routh-Hurwitz 판별법
② Bode 선도
③ Nyquist 판별법
④ 근궤적법

해설 보드 선도는 극점과 영점이 우반 평면에 존재하는 경우 판정이 불가능하다.

07 보상기에서 원래 시스템에 극점을 첨가하여 일어나는 현상은?

① 시스템의 안정도가 감소된다.
② 시스템의 과도응답시간이 짧아진다.
③ 근궤적을 s-평면의 왼쪽으로 옮겨 준다.
④ 안정도와는 무관하다.

해설 극점을 첨가하면
- 분모의 S의 차수를 증가시킨다.
- 회로 내에 L, C 계수를 증가시킨다.
- 시스템은 불안정화(안정도 감소)된다.
- 과도응답시간이 길어진다.
- 근궤적을 s-평면의 오른쪽으로 옮겨 준다.

Answer ○ 04 ④ 05 ② 06 ② 07 ①

08 다음은 s평면에 극점(×)과 영점(○)을 도시한 것이다. 나이퀴스트 안정도 판별법으로 안정도를 알아내기 위하여 Z, P의 값을 알아야 한다. 이를 바르게 나타낸 것은?

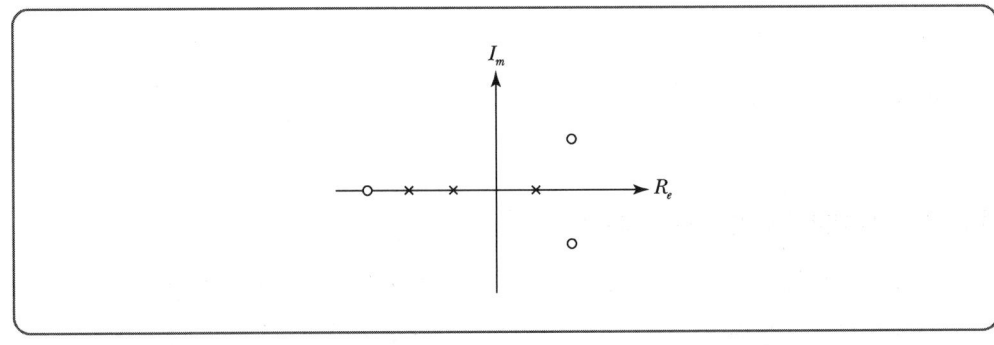

① $Z=3$, $P=3$ ② $Z=1$, $P=2$ ③ $Z=2$, $P=1$ ④ $Z=1$, $P=3$

해설 s평면의 우반 평면 상에 존재하는 영점과 극점의 수를 나타낸다.

09 루스-후르비츠 표를 작성할 때 제1열 요소의 부호 변환은 무엇을 의미하는가?

① s평면의 좌반면에 존재하는 근의 수
② s평면의 우반면에 존재하는 근의 수
③ s평면의 허수축에 존재하는 근의 수
④ s평면의 원점에 존재하는 근의 수

해설 제1열의 부호를 변환하면
- s평면 우반부에 존재하는 근의 수
- 제어계의 불안정
- 부호변화 횟수만큼 불안정 근의 수 존재

10 루스 안정판별표에서 수열의 1열이 다음과 같을 때 이 계통의 특성방정식에는 양의 근 또는 양의 실수부를 갖는 근이 몇 개 있는가?

1
2
−1
3
1

① 전혀 없다.
② 1개 있다.
③ 2개 있다.
④ 3개 있다.

해설 제1열의 부호변화가 2번 있으므로(+2에서 −1로, −1에서 +3) 우반면의 양의 근이 2개 존재하게 되며, 이 제어계는 불안정하게 된다.

08 ③ 09 ② 10 ③ Answer

11 특성방정식 $s^2 + Ks + 2K - 1 = 0$인 계가 안정될 K의 범위는?

① $K > 0$ ② $K > \dfrac{1}{2}$ ③ $K < \dfrac{1}{2}$ ④ $0 < K < \dfrac{1}{2}$

해설 루스의 수열은

$$\begin{array}{c|cc} s^2 & 1 & 2K-1 \\ s^1 & K & 0 \\ s^0 & 2K-1 & \end{array}$$

제1열의 부호 변화가 없어야 계가 안정하므로

$2K - 1 > 0, \ K > 0$ $\therefore K > \dfrac{1}{2}$

12 특성방정식 $s^3 + 2s^2 + Ks + 10 = 0$으로 주어지는 제어계가 안정하기 위한 K의 값은?

① $K > 0$ ② $K > 5$ ③ $K < 0$ ④ $0 < K < 5$

해설 루스의 표는

$$\begin{array}{c|cc} s^3 & 1 & K \\ s^2 & 2 & 10 \\ s^1 & \dfrac{2K-10}{2} & 0 \\ s^0 & 10 & \end{array}$$

제1열의 부호 변화가 없으려면

$2K - 10 > 0 \qquad K > \dfrac{10}{2}$ $\therefore K > 5$

13 루스 후르비츠 판별법에서 $F(s) = s^3 + 4s^2 + 2s + K = 0$일 때 시스템이 안정하기 위한 K의 범위를 구하면?

① $0 < K < 8$ ② $-8 < K < 0$
③ $1 < K < 8$ ④ $-1 < K < 8$

해설 특성방정식은 $F(s) = s^3 + 4s^2 + 2s + K = 0$이므로 루스의 표는

$$\begin{array}{c|cc} s^3 & 1 & 2 \\ s^2 & 4 & K \\ s^1 & \dfrac{8-K}{4} & 0 \\ s^0 & K & \end{array}$$

제1열의 부호 변화가 없어야 안정하므로

$8 - K > 0, \quad 8 > K, \quad K > 0$ $\therefore \ 0 < K < 8$

Answer ○ 11 ② 12 ② 13 ①

14 다음 그림과 같은 제어계가 안정하기 위한 K의 범위는?

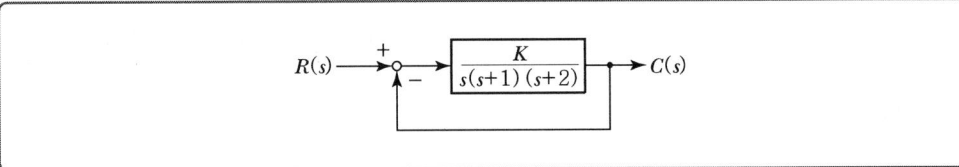

① $0 < K < 6$
② $1 < K < 5$
③ $-1 < K < 6$
④ $-1 < K < 5$

해설 특성방정식은
$s(s+1)(s+2)+K=s^3+3s^2+2s+K=0$ 이므로 루스의 표는

s^3	1	2
s^2	3	K
s^1	$\dfrac{6-K}{3}$	0
s^0	K	

제1열의 부호 변화가 없어야 안정하므로 $6-K>0$
$6>K \quad K>0 \qquad \qquad \therefore \ 0<K<6$

15 주어진 계통의 특성방정식이 다음 식과 같다. 안정하기 위한 K의 범위는?

$$s^4+6s^3+11s^2+6s+K=0$$

① $K<0, \ K>20$
② $0<K<20$
③ $0<K<10$
④ $K<20$

해설 안정계의 필요조건 $K>0$
충분 조건은 루스의 표에서 구해진다.
루스의 표는

s^4	1	11	K
s^3	6	6	0
s^2	10	K	
s^1	$\dfrac{60-6K}{10}$	0	
s^0	K		

제1열의 요소가 모두 양이 되기 위해서는
$\dfrac{60-6K}{10}>0 \qquad \therefore \ K<10, \ K>0 \qquad \therefore \ 0<K<10$

14 ① 15 ③ Answer

16 특성방정식이 $s^4+s^3+3s^2+Ks+2=0$인 제어계가 안정하기 위한 K의 범위는?

① $0 < K < 3$
② $2 < K < 3$
③ $1 < K < 2$
④ $3 < K$

해설 루스의 표는

s^4	1	3	2
s^3	1	K	0
s^2	$3-K$	2	
s^1	$\dfrac{K(3-K)-2}{3-K}$	0	
s^0	2		

제1열의 요소 모두 양이 되기 위해서는
㉠ $3-K>0$이므로 $3>K$
㉡ $\dfrac{K(3-K)-2}{3-K}>0$이므로
$-K^2+3K-2>0$
$(-K+2)(K-1)>0$ $K<2$, $K>1$, 즉 $1<K<2$이어야 한다.
따라서 위 ㉠, ㉡의 조건을 만족해야 하므로 $1<K<2$이어야 한다.

17 특성방정식 $s^3+s^2+s=0$일 때 이 계통은 어떻게 되는가?

① 안정하다.
② 불안정하다.
③ 조건부 안정이다.
④ 임계상태이다.

해설 루스의 표

s^3	1	1
s^2	1	0
s^1	1	
s^0	0	

제1열의 부호가 변하지 않았으나 0이 있으므로 임계상태이다.

Answer 16 ③ 17 ④

18 특성방정식 $s^5 + 2s^4 + 2s^3 + 3s^2 + 4s + 1$을 Routh-Hurwitz 판별법으로 분석한 결과이다. 옳은 것은?

① s 평면의 우반면에 근이 존재하지 않기 때문에 안정한 시스템이다.
② s 평면의 우반면에 근이 1개 존재하기 때문에 불안정한 시스템이다.
③ s 평면의 우반면에 근이 2개 존재하기 때문에 불안정한 시스템이다.
④ s 평면의 우반면에 근이 3개 존재하기 때문에 불안정한 시스템이다.

[해설] 루스의 표는

s^5	1	2	4
s^4	2	3	1
s^3	0.5	3.5	0
s^2	-11	1	
s^1	3.55	0	
s^0	1		

루스 표에서 제1열의 부호가 2번 변하므로 우반면의 불안정한 근이 2개가 존재한다.

19 특성방정식 $s^5 + s^4 + 4s^3 + 3s^2 + Ks + 1 = 0$인 제어계가 안정하기 위한 K의 범위는?

① $0 < K < 4$
② $\dfrac{5-\sqrt{5}}{2} < K < \dfrac{5+\sqrt{5}}{2}$
③ $0 < K < \dfrac{5+\sqrt{5}}{2}$
④ $\dfrac{5-\sqrt{5}}{2} < K < 4$

[해설] 루스 표에 의하여
루스의 표는

s^5	1	4	K
s^4	1	3	1
s^3	1	$K-1$	0
s^2	$-K+4$	1	
s^1	$\dfrac{(-K+4)(K-1)-1}{-K+4}$	0	
s^0	1		

제1열의 부호의 변화가 없어야 하므로
㉠ $-K+4 > 0$ ∴ $K < 4$
㉡ $(-K+4)(K-1)-1 > 0$
　$-K^2 + 5K - 5 > 0$이므로 근의 공식에 의해
　$K = \dfrac{-5 \pm \sqrt{25 - 4 \times (-1) \times (-5)}}{-2} = \dfrac{5 \mp \sqrt{5}}{2}$

∴ ㉠과 ㉡에 의해 $\dfrac{5-\sqrt{5}}{2} < K < \dfrac{5+\sqrt{5}}{2}$ 가 된다.

18 ③　19 ②　**Answer**

제8장 • 선형제어계통의 안정도

20 어떤 제어계의 전달함수 $G(s) = \dfrac{s}{(s+2)(s^2+2s+2)}$에서 안정성을 판정하면?

① 안정하다.　　　　　　　　② 불안정하다.
③ 임계상태이다.　　　　　　④ 알 수 없다.

해설 종합 전달함수이므로 특성방정식은
$(s+2)(s^2+2s+2) = s^3 + 4s^2 + 6s + 4 = 0$
후르비츠의 판별법에서
$a_0 = 1$, $a_1 = 4$, $a_2 = 6$, $a_3 = 4$이므로 $D_1 = a_1 = 4$
$D_2 = \begin{vmatrix} a_1 & a_3 \\ a_0 & a_2 \end{vmatrix} = \begin{vmatrix} 4 & 4 \\ 1 & 6 \end{vmatrix} = 24 - 4 = 20$
$D_1 > 0$, $D_2 > 0$이므로 제어계는 안정하다.

21 특성방정식이 $s^4 + 2s^3 + 5s^2 + 4s + 2 = 0$로 주어졌을 때 이것을 후르비츠(Hurwitz)의 안정 조건으로 판별하면 이 계는?

① 안정　　　　　　　　　　② 불안정
③ 조건부 안정　　　　　　　④ 임계상태

해설 특성방정식 $F(s) = a_0 s^4 + a_1 s^3 + a_2 s^2 + a_3 s^1 + a_4 = 0$에서
$a_0 = 1$, $a_1 = 2$, $a_2 = 5$, $a_3 = 4$, $a_4 = 2$이므로
$D_1 = a_1 = 2$
$D_2 = \begin{vmatrix} a_1 & a_3 \\ a_0 & a_2 \end{vmatrix} = \begin{vmatrix} 2 & 4 \\ 1 & 5 \end{vmatrix} = 6$
$D_3 = \begin{vmatrix} a_1 & a_3 & a_5 \\ a_0 & a_2 & a_4 \\ 0 & a_1 & a_3 \end{vmatrix} = \begin{vmatrix} 2 & 4 & 0 \\ 1 & 5 & 2 \\ 0 & 2 & 4 \end{vmatrix} = 16$
∴ D_1, D_2, $D_3 > 0$이므로 안정하다.

Answer ▶ 20 ①　21 ①

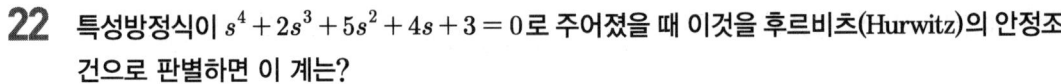

22 특성방정식이 $s^4 + 2s^3 + 5s^2 + 4s + 3 = 0$로 주어졌을 때 이것을 후르비츠(Hurwitz)의 안정조건으로 판별하면 이 계는?

① 안정
② 불안정
③ 조건부 안정
④ 임계상태

해설 특성방정식 $F(s) = a_0 s^4 + a_1 s^3 + a_2 s^2 + a_3 s^1 + a_4 = 0$에서
$a_0 = 1$, $a_1 = 2$, $a_2 = 5$, $a_3 = 4$, $a_4 = 2$이므로
$D_1 = a_1 = 2$
$D_2 = \begin{vmatrix} a_1 & a_3 \\ a_0 & a_2 \end{vmatrix} = \begin{vmatrix} 2 & 4 \\ 1 & 5 \end{vmatrix} = 6$
$D_3 = \begin{vmatrix} a_1 & a_3 & a_5 \\ a_0 & a_2 & a_4 \\ 0 & a_1 & a_3 \end{vmatrix} = \begin{vmatrix} 2 & 4 & 0 \\ 1 & 5 & 3 \\ 0 & 2 & 4 \end{vmatrix} = 12$
∴ D_1, D_2, $D_3 > 0$이므로 안정하다.

23 특성방정식이 $s^4 + 2s^3 + s^2 + 4s + 2 = 0$일 때 후르비츠 방법으로 이 계의 안정도를 판별하면?

① 불안정
② 안정
③ 임계 안정
④ 조건부 안정

해설 특성방정식 $F(s) = a_0 s^4 + a_1 s^3 + a_2 s^2 + a_3 s^1 + a_4 = 0$에서
$a_0 = 1$, $a_1 = 2$, $a_2 = 1$, $a_3 = 4$, $a_4 = 2$이므로
$D_1 = a_1 = 2$
$D_2 = \begin{vmatrix} a_1 & a_3 \\ a_0 & a_2 \end{vmatrix} = \begin{vmatrix} 2 & 4 \\ 1 & 1 \end{vmatrix} = 2 - 4 = -2$
$D_3 = \begin{vmatrix} a_1 & a_3 & a_5 \\ a_0 & a_2 & a_4 \\ 0 & a_1 & a_3 \end{vmatrix} = \begin{vmatrix} 2 & 4 & 0 \\ 1 & 1 & 2 \\ 0 & 2 & 4 \end{vmatrix} = 8 - 8 - 16 = -16$
따라서 행렬식 D_2, D_3가 부(−)이므로 불안정하다.

22 ① 23 ① Answer

24 특성방정식 $P(s)$가 다음과 같이 주어진 계가 있다. 이 계가 안정되기 위해서는 K와 T 사이에 어떤 관계가 있어야 하는가?(단, K와 T는 정의 실수이다.)

$$P(s) = s^3 + 2s^2 + (1+5KT)s + 2K = 0$$

① $(1+5KT) > K$
② $(5KT) > K$
③ $(1+5KT) < K$
④ $(5KT) < K$

해설 특성방정식 $P(s) = s^3 + 2s^2 + (1+5KT)s + 2K = 0$에서
필요조건은 $(1+5KT) > 0$
충분조건은, 후르비츠 행렬식 > 0
$D = \begin{vmatrix} 2 & 2K \\ 1 & (1+5KT) \end{vmatrix} = 2(1+5KT) - 2K > 0$
$\therefore (1+5KT) > K$

25 루프 전달함수 $G(s)H(s)$가 다음과 같이 주어진 계가 있다. 이 계가 안정되기 위한 K의 범위는?

$$G(s)H(s) = \frac{K}{(1+4s)(1+s)(1+0.5s)}$$

① $-1 < K$
② $K < 16.87$
③ $1 < K < 16.87$
④ $-1 < K < 16.87$

해설 특성방정식은
$1 + G(s)H(s) = 1 + \dfrac{K}{(1+4s)(1+s)(1+0.5s)} = 0$
$(1+4s)(1+s)(1+0.5s) + K = 2s^3 + 6.5s^2 + 5.5s + 1 + K = 0$
이므로 루스의 표는

s^3	2	5.5
s^2	6.5	$1+K$
s^1	$\dfrac{35.75 - (2+2K)}{6.5}$	0
s^0	$1+K$	

제1열의 부호 변화가 없어야 안정하므로 $K < 16.87$, $K > -1$
$\therefore -1 < K < 16.87$

Answer ▸ 24 ① 25 ④

26 나이퀴스트(Nyquist) 경로에 포위되는 영역에 특성방정식의 근이 존재하지 않으면 제어계는 어떻게 되는가?

① 불안정　　　　　　　　② 안정
③ 진동　　　　　　　　　④ 발산

해설
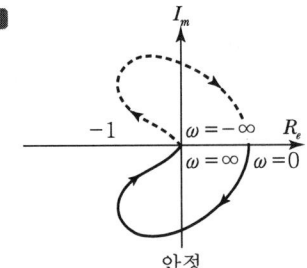
안정
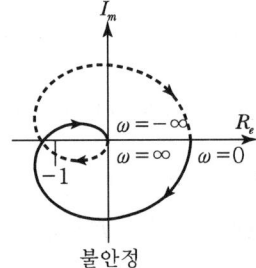
불안정
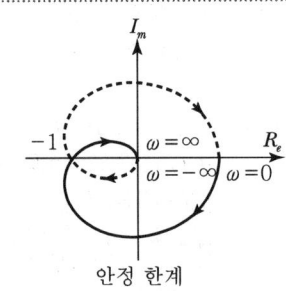
안정 한계

27 ω가 0에서 ∞까지 변화하였을 때 $G(j\omega)$의 크기와 위상각을 극좌표에 그린 것으로 이 궤적을 표시하는 선도는?

① 근궤적도　　　　　　　② 나이퀴스트 선도
③ 니콜스 선도　　　　　　④ 보드 선도

해설　나이퀴스트 선도
　$\omega : (0 \sim \infty)$ 변화하고 $G(j\omega)$의 크기와 위상각을 극좌표로 표시한 선도

28 Nyquist 경로에 포위되는 영역에 특성방정식의 근이 존재하지 않으면 제어계는 어떻게 되는가?

① 안정　　　　　　　　　② 불안정
③ 진동　　　　　　　　　④ 발산

해설　안정조건 : 나이퀴스트 경로에 포위되는 영역에 $(-1, j0)$점이 존재하지 않으면 제어계가 안정하다.

29 전달함수 $\dfrac{K(s+6)}{s^4+8s^3+24s^2+(32+K)s+6K+1}$ 의 시스템에 대하여 특성방정식의 나이퀴스트 선도를 그리기 위한 루프 전달함수는?

① $\dfrac{K(32s+1)}{s^4+8s^3+24s^2+s+6}$

② $\dfrac{K}{(s^4+8s^3+24s^2+s+6)(32s+1)}$

③ $\dfrac{K(s+6)}{s^4+8s^3+24s^2+32s+1}$

④ $\dfrac{K}{[s^4+8s^3+24s^2+(32s+K)s+6K+1](s+6)}$

해설 나이퀴스트 선도를 그리기 위한 루프 전달함수 : 분모 K의 값이 0이어야 한다.

30 다음 중 위상 여유의 정의는 무엇인가?

① 이득교차 주파수에서의 위상각이다.
② 크기는 이득교차 주파수에서의 위상각이고 부호는 반대이다.
③ 이득교차 주파수에서의 위상각에 90°를 더한 것이다.
④ 이득교차 주파수에서의 위상각에 180°를 더한 것이다.

해설

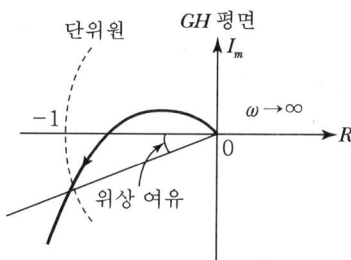

위상 여유 : 이득교차 주파수에서의 위상각에 +180° 더한 값이다.

Answer ● 29 ③ 30 ④

31
s 평면의 우반면에 3개의 극점이 있고, 2개의 영점이 있다. 이때 다음과 같은 설명 중 어느 나이퀴스트 선도일 때 시스템이 안정한가?

① $(-1, j0)$ 점을 반시계방향으로 1번 감쌌다.
② $(-1, j0)$ 점을 시계방향으로 1번 감쌌다.
③ $(-1, j0)$ 점을 반시계방향으로 5번 감쌌다.
④ $(-1, j0)$ 점을 시간방향으로 5번 감쌌다.

해설
- z : s 평면의 우반평면 상에 존재하는 영점의 수
- p : s 평면의 우반평면 상에 존재하는 극의 개수
- N : GH 평면 상의 $(-1, j0)$점을 $G(s)H(s)$ 선도가 원점 둘레를 오른쪽으로 일주하는 나이퀴스트 선도 회전수, $N = z - p$, 즉, $N = 2 - 3 = -1$

∴ $N = -1$이므로 왼쪽으로 1회(반시계 방향 1회) 감싸고 있다.

32
$G(S) = 1 + 10S$인 보드 선도의 이득 곡선은?

①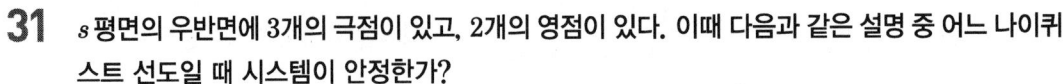

②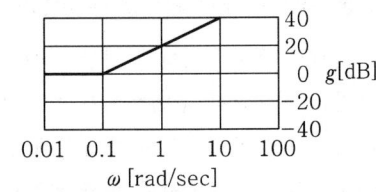

③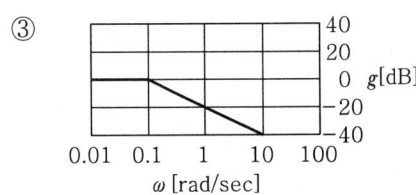

④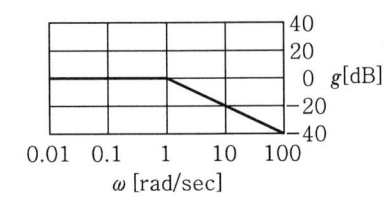

해설 $g[\text{dB}] = 20\log |G(jw)| = 20\log \sqrt{j10w+1}$
$= 20\log \sqrt{(10w)^2 + 1}$

절점은 0.1이므로
- $w \ll 0.1$일 때 $g = 20\log 1 = 0[\text{dB}]$
- $w \gg 0.1$일 때 $g = 20\log_{10} 10w = 20\log_{10}10 + 20\log_{10}w$

그러므로 기울기는 20[dB/dec]이다.

33 보드 선도의 이득 교차점에서 위상각 선도가 −180° 축의 상부에 있을 때 이 계의 안정 여부는?

① 불안정하다.   ② 판정 불능이다.
③ 임계안정이다.   ④ 안정하다.

해설

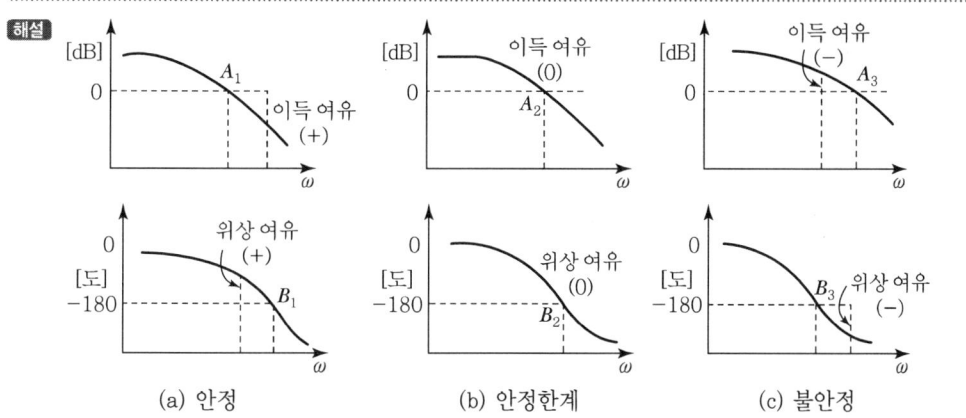

(a) 안정   (b) 안정한계   (c) 불안정

34 보드 선도에서 이득 곡선이 0[dB]인 점을 지날 때의 주파수에서 양의 위상 여유가 생기고 위상 곡선이 −180°를 지날 때 양의 이득 여유가 생긴다면 이 폐루프 시스템의 안정도는 어떻게 되겠는가?

① 항상 안정
② 항상 불안정
③ 안정성 여부를 판가름할 수 없다.
④ 조건부 안정

해설 문제 33번 해설 참고

35 보드 선도에서 이득 여유는 어떻게 구하는가?

① 크기 선도에서 0~20[dB] 사이에 있는 크기 선도의 길이이다.
② 위상 선도가 0° 축과 교차되는 점에 대응되는 [dB] 값의 크기이다.
③ 위상 선도가 −180° 축과 교차하는 점에 대응되는 이득의 크기[dB] 값이다.
④ 크기 선도에서 −20~20[dB] 사이에 있는 크기[dB] 값이다.

해설 이득 여유란 위상 선도가 −180° 선을 끊는 점의 이득의 크기[dB] 값이다.

Answer ▶ 33 ④ 34 ① 35 ③

36 다음 ( ) 안에 알맞은 것은?

> "계의 이득 여유는 보드 선도에서 위상곡선이 ( )인 점에서의 이득 값이 된다."

① 90°　　② 120°　　③ −90°　　④ −180°

해설 보드 선도에서 이득 곡선이 0[dB]인 점을 지날 때의 주파수에서 양의 위상 여유가 생기고 위상 곡선이 −180°를 지날 때 양의 이득 여유가 생긴다.

37 그림과 같은 보드 선도를 갖는 계의 전달함수는?

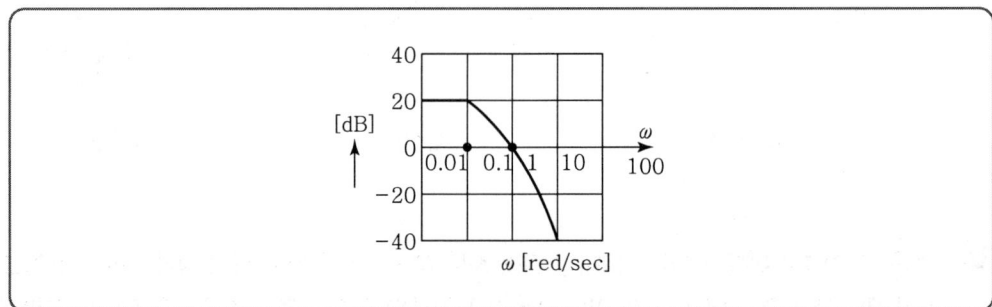

① $G(s) = \dfrac{10}{(s+1)(10s+1)}$　　② $G(s) = \dfrac{5}{(s+1)(10s+1)}$

③ $G(s) = \dfrac{10}{(s+1)(s+1)}$　　④ $G(s) = \dfrac{10}{(s+1)(s+10)}$

해설 $g = 20\log|G(j\omega)| = 20\log\left|\dfrac{10}{(j\omega+1)(j10\omega+1)}\right|$

$= 20\log\dfrac{10}{(\sqrt{\omega^2+1})(\sqrt{10\omega^2+1})}$

$= 20\log 10 - 20\log\sqrt{\omega^2+1} - 20\log\sqrt{(10\omega)^2+1}$

- $\omega < 0.1$일 때
  $g = 20 - 20\log 1 - 20\log 1 = 20[\text{dB}]$

- $0.1 < \omega < 1$일 때
  $g = 20 - 20\log 1 - 20\log 10\omega = 20 - 20\log 10 - 20\log\omega$
  $= -20\log\omega = -20[\text{dB/dec}]$

- $\omega > 1$일 때
  $g = 20 - 20\log\omega - 20\log 10\omega = 20 - 20\log\omega - 20\log 10 - 20\log\omega$
  $= -40\log\omega = -40[\text{dB/dec}]$

36 ④　37 ①　**Answer**

38 계의 특성상 감쇠계수가 크면 위상 여유가 크고 감쇠성이 강하여 (A)는 좋으나 (B)는 나쁘다. A, B를 올바르게 묶은 것은?

① 이득여유, 안정도
② 오프셋, 안정도
③ 응답성, 이득여유
④ 안정도, 응답성

해설 감쇠계수가 큰 조건
- 안정도가 향상된다.
- 응답성이 저하된다.
- 상승시간 또는 지연시간이 길어진다.

39 다음의 설명 중 틀린 것은?

① 최소 위상함수는 양의 위상여유이면 안정하다.
② 최소 위상함수는 위상여유가 0이면 임계안정하다.
③ 최소 위상함수의 상대 안정도는 위상각의 증가와 함께 작아진다.
④ 이득 교차 주파수는 진폭비가 1이 되는 주파수이다.

해설 최소 위상함수
- 양(+)의 위상여유이면 안정하다.
- 위상여유가 0이면 임계안정하다.
- 상태안정도는 위상각의 증가에 따라 커진다.
- 이득 교차 주파수는 진폭비가 1이 되는 주파수이다.

Answer ○ 38 ④ 39 ③

Chapter 09 근궤적법

① 근궤적

- 정의
  ① 개루프 전달함수의 이득정수 K를 0에서 ∞까지 변화시킬 때 특성방정식의 근(개루프 전달함수의 극점)의 이동 궤적을 말한다.
  ② 시간영역 응답에 대한 정확한 계상 및 주파수 응답에 관한 정보를 얻는 데 편리하다.

② 작도법

$G(s)H(s)$의 극점, 영점과 특성방정식의 근 사이의 관계로부터 근궤적을 그릴 수 있다.

1) 근궤적의 출발점($K=0$)

$G(s)H(s)$의 극으로부터 출발한다.

2) 근궤적의 종착점($K=\infty$)

$G(s)H(s)$의 영점에서 종착한다.

3) 근궤적은 극점에서 출발하여 영점에서 종착한다.

③ 근궤적의 개수

N : 근궤적의 수
z : $G(s)H(s)$의 유한영점(finite zero)의 개수
p : $G(s)H(s)$의 유한극점(finite pole)의 개수
근궤적의 수 N은 영점수(z)와 극점수(p) 중에서 큰 수와 같다.
즉, $z > p$이면 $N = z$이고 $z < p$이면 $N = p$이다.

4 근궤적의 대칭성

특성방정식의 근이 실근 또는 공액 복소수를 가지므로 근궤적은 실수축에 대하여 대칭이다.

5 근궤적의 점근선의 각도

$$a_k = \frac{(2K+1)\pi}{p-z}$$

여기서, $K = 0, 1, 2, \cdots\cdots (K = p-z$ 까지)

6 점근선의 교차점

1) 점근선은 실수축 상에서만 교차하고 그 수 $n = p - z$ 이다.
2) 실수축 상에서 점근선의 교차점은

$$\delta = \frac{\sum G(s)H(s)\text{의 유한극점} - \sum G(s)H(s)\text{의 유한영점}}{p-z}$$

7 실수축 상의 근궤적

$G(s)H(s)$의 실수축의 극점과 영점으로 실축이 분할될 때 어느 구간에서 오른쪽으로 실수축 상의 영점과 극점을 헤아릴 경우 만일 총수가 홀수이면 그 구간에 근궤적이 존재하고 짝수이면 존재하지 않는다.

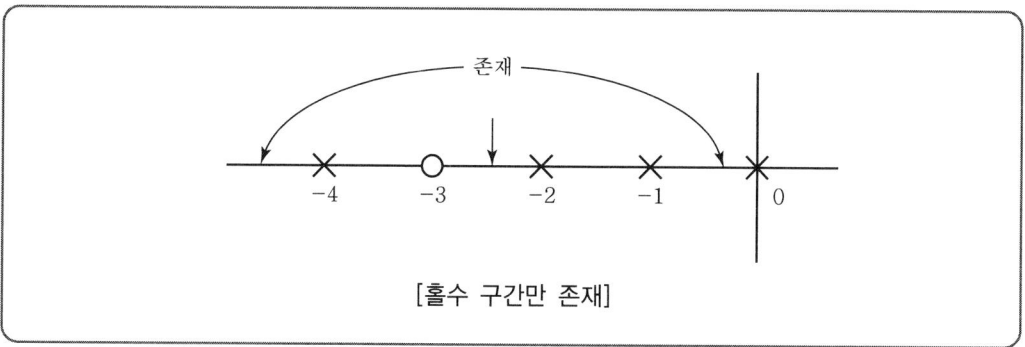

[홀수 구간만 존재]

근궤적의 범위
　　① 원점에서 -1의 범위
　　② -2에서 -3의 범위
　　③ -∞에서 -4의 범위

8 출발점의 각도 및 종착점의 각도

복소수 극에서 근궤적이 출발 또는 끝날 때의 각도(발생각) θ는 $\theta = [\pm 180° \times (\text{홀수})] - (\text{개루프 전달함수의 나머지 극 및 영점으로부터 해당되는 극까지의 벡터각의 총합})$

9 근궤적의 허수축 간의 교차점

근궤적이 K의 변화에 따라 허수축을 지나 복소수 s 평면의 우반 평면으로 들어가는 순간은 계의 안정성의 파괴되는 임계점에 해당한다. 이 점에 대응하는 K값과 ω는 루즈-후르비츠의 판별법으로 구할 수 있다.

10 실수축 상의 분지점

특성방정식의 중근이 존재하는 s평면 상의 점

① 특성방정식 $K = f(s)$
　　$f(s)$: K를 포함하지 않은 s의 함수이다.

② 근궤적상의 분리점(실수와 복소수)은 K를 s에 관하여 미분하고, 이것을 0으로 놓아 얻는 방정식의 근이다.

③ 분지점은 $\dfrac{dK}{ds} = \dfrac{d}{ds} f(s) = 0$

⑪ 근궤적 상의 임의점에서의 K의 계산

지금까지는 근의 궤적($K = 0 \sim \infty$)의 변화에 대하여 설명하였으나 경우에 따라서 궤적 상의 한점 s_1에 대응하는 K의 값을 계산할 필요가 있다.

s_1에서의 K의 값은 $K = \dfrac{1}{|G(s_1)H(s_1)|}$ 이다.

Chapter 09 실·전·문·제

01 근궤적의 출발점 및 도착점과 관계되는 $G(s)H(s)$의 요소는?(단, $K>0$이다.)

① 영점, 분기점 ② 극점, 영점
③ 극점, 분기점 ④ 지지점, 극점

해설
- 근궤적은 극점에서 출발하여 영점에 도착한다.
- 근궤적의 수는 영점과 극점의 큰 값에 일치한다.
- 근궤적의 수는 특성방정식의 치수와 같다.

02 특성방정식이 실수계수를 갖는 s의 유리함수일 때 근궤적은 무엇에 대하여 대칭인가?

① 실수축 ② 허수축 ③ 대칭축 없음 ④ 원점

해설 근궤적의 작도법
1) 근궤적의 출발점($K=0$)
   근궤적은 $G(s)H(s)$의 극으로부터 출발한다.
2) 근궤적의 종착점($K=\infty$)
   근궤적은 $G(s)H(s)$의 0점에서 끝난다.
3) 근궤적의 개수
   - N : 근궤적의 개수
   - z : $G(s)H(s)$의 유한 0점(finite zero)의 개수
   - p : $G(s)H(s)$의 유한 극점(finite pole)의 개수
   라고 하면, 근궤적의 수 N은 z와 p 중에서 큰 수와 같다.
4) 근궤적의 대칭성 : 특성방정식의 근이 실근 또는 공액 복소근을 가지므로 근궤적은 실수축에 대하여 대칭이다.
5) 근궤적의 점근선 : 근 s에 대하여 근궤적은 점근선을 가진다.
   이때 점근선의 각도는 $\alpha_K = \dfrac{(2K+1)\pi}{p-z}$
6) 점근선의 교차점
   - 점근선은 실수축 상에서만 교차하고 그 수 $n=p-z$이다.
   - 실수축 상에서의 점근선의 교차점은 다음과 같이 주어진다.
   $$\delta = \frac{\sum G(s)H(s)\text{의 극} - \sum G(s)H(s)\text{의 영점}}{p-z}$$

01 ② 02 ① **Answer**

03 다음은 근궤적을 그리기 위한 규칙을 나열한 것이다. 잘못된 것은?

① 근궤적은 $K=0$일 때 극에서 출발하고 $K=\infty$일 때 영점에 도착한다.
② 실수축 위의 극과 영점을 더한 수가 홀수가 되는 극 또는 영점에서 왼쪽의 실수축 위에 근궤적이 존재한다.
③ 극의 수가 영점보다 많을 경우, K가 무한에 접근하면 근궤적은 점근선을 따라 무한원점으로 간다.
④ 근궤적은 허수축에 대칭이다.

[해설] 특성방정식의 근이 실근 또는 공액 복소근을 가지므로 근궤적은 실수축에 대하여 대칭이다.

04 $G(s)H(s) = \dfrac{K(s-1)}{s(s+1)(s-4)}$ 에서 점근선의 교차점을 구하면?

① 4　　② 3　　③ 2　　④ 1

[해설] $\sigma = \dfrac{\sum 극점 - \sum 영점}{p-z} = \dfrac{(-1+4)-1}{3-1} = 1$

05 $G(s)H(s)$가 다음과 같이 주어지는 부궤환계에서 근궤적 점근선의 실수축과 교차점은?

$$G(s)H(s) = \dfrac{K(s+1)}{s(s+3)(s-4)}$$

① 0　　② 1　　③ 3　　④ -4

[해설] $\sigma = \dfrac{\sum 극점 - \sum 영점}{p-z} = \dfrac{(-3+4)-(-1)}{3-1} = 1$

06 $G(s)H(s) = \dfrac{k(s+1)}{s(s+5)(s+8)}$ 일 때 근궤적에서 점근선의 실수축과의 교차점은?

① -6　　② -5　　③ -4　　④ -1

[해설] $\sigma = \dfrac{\sum G(s)H(s)의\ 극 - \sum G(s)H(s)의\ 영점}{p-z}$

여기서, p : 극점의 개수, z : 영점의 개수

$\therefore \sigma = \dfrac{(-5-8)-(-1)}{3-1} = \dfrac{-12}{2} = -6$

Answer ● 03 ④　04 ④　05 ②　06 ①

07 $G(s)H(s)$가 다음과 같이 주어지는 부궤환계에서 근궤적 점근선의 실수축과의 교차점은?

$$G(s)H(s) = \frac{K}{s(s+2)(s+4)}$$

① -3 ② -2 ③ -1 ④ 0

해설 $\sigma = \dfrac{\sum 극점 - \sum 영점}{p-z} = \dfrac{(-2-4)-(0)}{3-0} = -2$

08 $G(s)H(s) = \dfrac{k(s-5)}{s(s-1)^2(s+2)^2}$ 에서 점근선의 교차점을 구하면?

① $-\dfrac{3}{2}$ ② $-\dfrac{7}{4}$

③ $\dfrac{5}{3}$ ④ $-\dfrac{1}{5}$

해설 $\sigma = \dfrac{\sum 극점 - \sum 영점}{p-z} = \dfrac{(0+1+1-2-2)-5}{5-1} = -\dfrac{7}{4}$

09 근궤적을 그리려 한다. $G(s)H(s) = \dfrac{k(s-2)(s-3)}{s^2(s+1)(s+2)(s+4)}$ 에 대한 점근선의 교차점은 얼마인가?

① -6 ② -4 ③ 6 ④ 4

해설 $\sigma = \dfrac{\sum G(s)H(s)의\ 극점 - \sum G(s)H(s)의\ 영점}{p-z}$

여기서, z : 영점의 개수, p : 극점의 개수

$\sigma = \dfrac{(-1-2-4)-(2+3)}{5-2} = \dfrac{-12}{3} = -4$

10 다음과 같은 특성방정식이 있을 때 근궤적의 가지수는?

$$s(s+1)(s+2)+K(s+3)=0$$

① 6 ② 5 ③ 4 ④ 3

해설 근궤적의 가지수는 방정식의 가지수와 같으므로 방정식은 세 개의 근과 세 개의 근궤적을 가져야 한다.

11 $G(s)H(s)=\dfrac{k}{s^2(s+1)^2}$ 에서 근궤적의 수는?

① 4 ② 2 ③ 1 ④ 0

해설 근궤적의 수(N)는 근의 수(p)와 영점의 수(z)에서 $z=0$, $p=4$이므로 $z<p$이고 $N=p$이다. 따라서 $N=4$

12 $G(s)H(s)=\dfrac{K(s+1)}{s(s+2)(s+3)}$ 에서 근궤적의 수는?

① 1 ② 2 ③ 3 ④ 4

해설 근궤적의 수(N)는
- z(영점의 수) $>$ p(극의 수)이면 $N=z$
- $z<p$, $N=p$

문제에서 $z=1$, $P=3$이므로, 근궤적의 수 $N=p$, 즉 $N=3$

13 어떤 제어 시스템의 $G(s)H(s)$가 $\dfrac{K(s+3)}{s^2(s+2)(s+4)(s+5)}$ 에서 근궤적의 수는?

① 1 ② 3 ③ 5 ④ 7

해설 근궤적의 수(N)는 극점의 수(P)와 영점수(Z)에서 $Z=1$, $P=5$이므로
즉, $N=5$

Answer ▶ 10 ④ 11 ① 12 ③ 13 ③

14 개루프 전달함수 $G(s)H(s) = \dfrac{K}{s(s+2)(s+4)}$ 의 근궤적이 $j\omega$축과 교차하는 점은?

① $\omega = \pm\, 2.828\,[\text{rad/sec}]$ ② $\omega = \pm\, 1.1414\,[\text{rad/sec}]$
③ $\omega = \pm\, 5.657\,[\text{rad/sec}]$ ④ $\omega = \pm\, 14.14\,[\text{rad/sec}]$

해설 특성방정식은 $s(s+2)(s+4)+K = s^3+6s^2+8s+K = 0$
위 식의 루스 배열은

s^3	1	8
s^2	6	K(보조방정식의 계수)
s^1	$\dfrac{48-K}{6}$	0
s^0	K	0

K의 임계값은 s^1의 제1열 요소를 0으로 놓아 얻을 수 있다.
$\dfrac{48-K}{6} = 0$ ∴ $K = 48$

허수축($j\omega$)을 끊은 점에서의 주파수 ω는
보조방정식 $6s^2+K=0$에 $K=48$을 대입하면 $6s^2+48=0$
∴ $s = \pm\, j2\sqrt{2} = \pm\, 2.828j$이므로
∴ $\omega = \pm\, 2.828\,[\text{rad/s}]$

15 전달함수가 $G(s)H(s) = \dfrac{K}{s(s+2)(s+8)}$ 인 $K \geq 0$의 근궤적에서 분기점은?

① -0.93 ② -5.74 ③ -1.25 ④ -9.5

해설 $1+G(s)H(s) = 1+\dfrac{K}{s(s+2)(s+8)} = 0$
$K = -s(s+2)(s+8)$
$K(\sigma) = -\sigma(\sigma+2)(\sigma+8) = -\sigma^3-10\sigma^2-16\sigma$
$\dfrac{dK(\sigma)}{d\sigma} = -3\sigma^2-20\sigma-16 = 0$
∴ $\sigma_1 = -0.93$, $\sigma_2 = -5.74$
$K \geq 0$에 대한 실수축 상의 구간은 $0 \sim -2$, $-8 \sim -\infty$이므로 $\sigma_2 = -5.74$은 근궤적점이 될 수 없으므로 버리고, 분기점은
∴ $\sigma_1 = -0.93$

14 ①   15 ①   **Answer**

16 개루프 전달함수가 다음과 같을 때 이 계의 이탈점(break away)은?

$$G(s)H(s) = \frac{K(s+4)}{s(s+2)}$$

① $s = -1.172$
② $s = -6.828$
③ $s = -1.172, \ -6.828$
④ $s = 0, \ -2$

해설 이 계의 특성방정식은 $G(s)H(s) = \dfrac{K(s+4)}{s(s+2)}$ 이므로

$$1 + G(s)H(s) = \frac{s(s+2) + K(s+4)}{s(s+2)} = 0$$

또는

$$s(s+2) + K(s+4) = 0 \quad \cdots\cdots\cdots\cdots ㉠$$

㉠을 고쳐 쓰면

$$K = -\frac{s(s+2)}{s+4} \quad \cdots\cdots\cdots\cdots ㉡$$

㉡을 s에 관하여 미분하면

$$\frac{dK}{ds} = \frac{-(2s+2)(s+4) + s(s+2)}{(s+4)^2} = 0 \quad \cdots\cdots\cdots\cdots ㉢$$

㉢을 간단히 하면

$$s^2 + 8s + 8 = 0 \quad \cdots\cdots\cdots\cdots ㉣$$

㉣을 풀면 $s_1 = -1.172, \ s_2 = -6.828$

따라서 분지점은 $s = -1.172, \ s = -6.828$이다.

17 근궤적 s평면의 $j\omega$축과 교차할 때 폐루프의 제어계는?

① 안정하다.
② 불안정하다.
③ 임계상태이다.
④ 알 수 없다.

해설 근궤적이 허수축($j\omega$)과 교차할 때는 특성근의 실수부 크기가 0일 때와 같다.
특성근의 실수부가 0이면 임계 안정(임계상태)이다.

Answer 16 ③ 17 ③

18 폐루프 전달함수 $G(s)$가 $\dfrac{8}{(s+2)^3}$ 인 때 근궤적의 허수축과 교점이 64이면 이득 여유는 몇 [dB]인가?

① 6   ② 12   ③ 18   ④ 24

해설

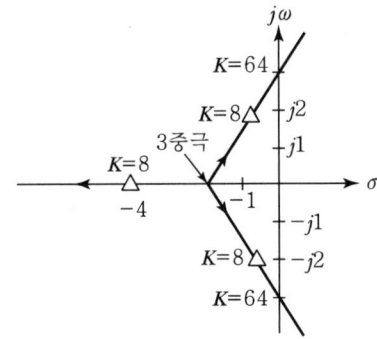

이득 여유$(GM) = \dfrac{\text{허수축과의 교차점에서 } K \text{의 값}}{K \text{의 설계값}}$

문제에서 $G(s)$의 이득정수 K의 설계값은 8이고, 근궤적으로부터 허수축과 교차점에서의 K값은 64이므로 이득 여유$(GM) = \dfrac{64}{8} = 8$이다.

[dB]로 표시한 이득 여유는

∴ $GM = 20 \log 8 = 18 [\text{dB}]$

19 PD 조절기와 전달함수 $G(s) = 1.02 + 0.002s$의 영점은?

① -510 ② $-1,020$ ③ 510 ④ $1,020$

해설 $1.02 + 0.002s = 0$, $s = -510$

18 ③   19 ①   Answer

Chapter 10 상태방정식

1 상태방정식

1) 상태방정식의 이해

① 벡터적인 것을 기초로 한 상태방정식에 의해 시스템을 나타내면

② 내부 상태를 자세히 파악하여 제어가 가능한지 불안정계를 안정시키기 위해서는 어떤 방법이 좋은지 고찰해 볼 수 있다.

- 상태방정식 : $\dot{x}(t) = Ax(t) + Bu(t)$

  여기서, A : 시스템 행렬, B : 제어행렬

  예) $\dfrac{d^3}{dt^3}C(t) + 3\dfrac{d^2}{dt^2}C(t) + 2\dfrac{d}{dt}C(t) + C(t) = r(t)$ 의 미분방정식을 구하면?

- 상태변수

  $x_1(t) = C(t)$

  $x_2(t) = \dfrac{d}{dt}C(t) = \dot{x}_1(t)$

  $x_3(t) = \dfrac{d^2}{dt^2}C(t) = \dot{x}_2(t)$

- 상태방정식

  $\dot{x}_1(t) = x_2(t)$

  $\dot{x}_2(t) = x_3(t)$

  $\dot{x}_3(t) = -x_1(t) - 2x_2(t) - 3x_3(t) + r(t)$

  $\therefore \begin{bmatrix} \dot{x}_1(t) \\ \dot{x}_2(t) \\ \dot{x}_3(t) \end{bmatrix} = \begin{bmatrix} 0 & 1 & 0 \\ 0 & 0 & 1 \\ -1 & -2 & -3 \end{bmatrix} \begin{bmatrix} x_1(t) \\ x_2(t) \\ x_3(t) \end{bmatrix} + \begin{bmatrix} 0 \\ 0 \\ 1 \end{bmatrix} r(t)$

$\dot{x}(t) = Ax(t) + bx(t)$ 에서

$A = \begin{bmatrix} 0 & 1 & 0 \\ 0 & 0 & 1 \\ -1 & -2 & -3 \end{bmatrix}$ 이고 $B = \begin{bmatrix} 0 \\ 0 \\ 1 \end{bmatrix}$ 이다.

2) 상태천이행렬(과도응답)

상태천이행렬은 선형 재차 상태방정식을 만족하는 행렬로써 정의된다.

$\dot{x}(t) = Ax(t)$

제1차 상태방정식의 해는

$x(t) = \phi(t)x(0)$

- $\phi(t)$: 상태천이행렬
- $x(0)$: $(t=0)$에서 초기 상태

(1) 성질

① $\phi(0) = I$ (I : 단위행렬)
② $\phi^{-1}(t) = \phi(-t)$
③ $\phi(t_2 - t_1)\phi(t_1 - t_0) = \phi(t_2 - t_0)$
④ $[\phi(t)]^k = \phi(kt)$

(2) 상태천이행렬식

① 라플라스 이용

$\dot{x}(t) = Ax(t)$

$sX(s) - x(0) = AX(s)$

$sX(s) - AX(s) = x(0)$

$X(s)(s - A) = x(0)$

$X(s) = \dfrac{1}{s - A} x(0)$

$X(s) = (s - A)^{-1} x(0)$

$$x(t) = \mathcal{L}^{-1}[(s-A)^{-1}]x(0) = \phi(t)x(0)$$

$$\therefore \phi(t) = \mathcal{L}^{-1}[(s-A)^{-1}] 이다.$$

2 특성방정식

상태천이행렬 $\phi(t) = \mathcal{L}^{-1}[(sI-A)^{-1}]$에서 $|sI-A| = 0$일 때 특성방정식이 된다.

3 가제어성 및 가관측성의 표준형

1) 가제어성 표준형

$$\frac{d}{dt}x(t) = Ax(t) + Bu(t)$$

$$S = [B,\ AB,\ A^2B,\ A^3B, \cdots\cdots A^{n-1}B]$$

∴ 행렬 S의 행렬식이 0이 아니면 가제어가 가능하다.

2) 가관측성 표준형

$$\frac{d}{dt}x(t) = Ax(t) + Bu(t)$$

$$y(t) = Cx(t) + Bu(t)$$

$$V = \begin{bmatrix} c \\ cA \\ cA^2 \\ cA^3 \\ \cdot \\ \cdot \\ \cdot \\ cA^{n-1} \end{bmatrix}$$

∴ 행렬 V가 행렬식이 0이 아니면 가관측이 가능하다.

4 z변환

1) z변환

정의 : 불연속시스템을 나타내는 차분방정식이나 이산시스템인 경우에 적용한다.

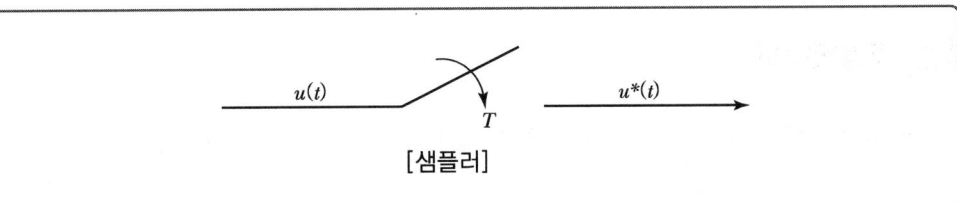

[샘플러]

여기서, $u(t)$: 연속치 신호
$u^*(t)$: 이산화된 신호
T : 샘플러가 닫히는 시간간격(샘플링 주기)

〈이상 샘플러〉

$$u^*(t) = \sum_{K=0}^{\infty} u(KT)\delta(1-KT)$$

$(K = 0, 1, 2, 3 \cdots\cdots)$

양변을 라플라스하면

$$u^*(s) = \sum_{K=0}^{\infty} u(KT)e^{-KTs}$$

$(K = 0, 1, 2, 3 \cdots\cdots)$

z변환은 $z = e^{TS}$, $s = \dfrac{1}{T}\ln z$

따라서 $u^*(s = \dfrac{1}{T}\ln z) = u(z) = \sum_{k=0}^{\infty} u(KT)z^k$

2) z변환의 예

$r(KT) = 1 \qquad (K = 0, 1, 2, 3, \cdots\cdots)$

$$R(z) = \sum_{k=0}^{\infty} z^{-k} = 1 + z^{-1} + z^{-2} \cdots$$

$$R(z) = \frac{1}{1-z^{-1}} = \frac{z}{z-1} \text{ 이다.}$$

[기본 함수의 z변환표]

시간 함수	s - 변환	z - 변환
① 단위 임펄스 함수 $\delta(t)$	1	1
② 단위 계단 함수 $u(t)$	$\frac{1}{s}$	$\frac{z}{z-1}$
③ 단위 램프 함수 t	$\frac{1}{s^2}$	$\frac{Tz}{(z-1)^2}$
④ 지수 감쇠 함수 e^{-at}	$\frac{1}{s+a}$	$\frac{z}{z-e^{-aT}}$
⑤ 지수 감쇠 램프 함수 te^{-at}	$\frac{1}{(s+a)^2}$	$\frac{Tze^{-aT}}{(z-e^{-aT})^2}$

3) z변환 주요 정리

① 가감산

$$r_1(KT) \pm r_2(KT) = R_1(z) \pm R_2(z)$$

② 실합성(real convolution)

$$f_1(k) \times f_2(k) = F_1(z) F_2(z)$$

③ 복소 추이

$$e^{-aKT} r(KT) = R(ze^{aT})$$

④ 초기값 정리

$$\lim_{K \to 0} r(KT) = \lim_{z \to \infty} R(z)$$

⑤ 최종값 정리

$$\lim_{K \to \infty} r(KT) = \lim_{z \to 1} (1-z^{-1}) R(z)$$

4) z변환법을 샘플

$z = e^{Ts}, \ z = e^{j\omega T}$

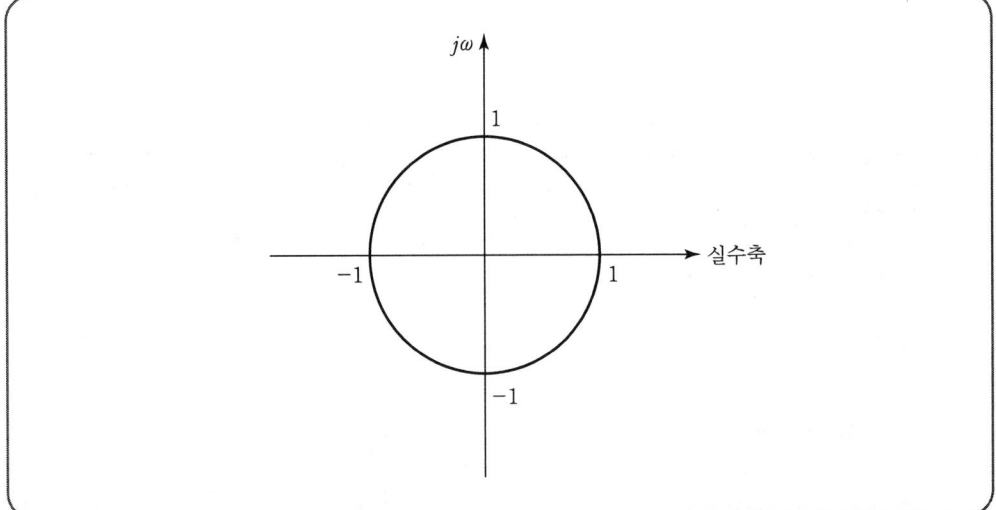

① 안정 : $|z| = 1$인 단위원 내점에 존재
② 불안정 : $|z| = 1$인 단위원 외점에 존재
③ 임계상태 : $|z| = 1$인 원주상에 존재

Chapter 10 실·전·문·제

01 다음 설명 중 틀린 것은?

① 상태 공간 해석법은 비선형·시변 시스템에 대해서도 사용 가능하다.
② 상태방정식은 입력과 상태 변수의 관계로 표현된다.
③ 상태 변수는 시스템의 과거, 현재 그리고 미래 조건을 나타내는 척도로 이용된다.
④ 상태방정식의 형태가 다르게 표현되면 시간 응답 또는 주파수 응답이 변한다.

02 다음의 미분방정식으로 표시되는 시스템의 계수행렬 A는 어떻게 표시되는가?

$$\frac{d^2c(t)}{dt^2}+5\frac{dc(t)}{dt}+3c(t)=r(t)$$

① $\begin{bmatrix} -5 & -3 \\ 0 & 1 \end{bmatrix}$
② $\begin{bmatrix} -3 & -5 \\ 0 & 1 \end{bmatrix}$
③ $\begin{bmatrix} 0 & 1 \\ -3 & -5 \end{bmatrix}$
④ $\begin{bmatrix} 0 & 1 \\ -5 & -3 \end{bmatrix}$

해설 $\dot{x}(t) = x_2(t)$
$\dot{x}_2(t) = -3x_1(t) - 5x_2(t)$
$\therefore \begin{bmatrix} \dot{x}_1(t) \\ \dot{x}_2(t) \end{bmatrix} = \begin{bmatrix} 0 & 1 \\ -3 & -5 \end{bmatrix} \begin{bmatrix} x_1(t) \\ x_2(t) \end{bmatrix} + \begin{bmatrix} 0 \\ 1 \end{bmatrix} r(t)$

03 다음 방정식으로 표시되는 제어계가 있다. 이 계를 상태방정식 $\dot{x} = Ax + Bu$로 나타내면 계수 행렬 A는 어떻게 되는가?

$$\frac{d^3c(t)}{dt^3}+5\frac{d^2c(t)}{dt^2}+\frac{dc(t)}{dt}+2c(t)=r(t)$$

① $\begin{bmatrix} 0 & 1 & 0 \\ 0 & 0 & 1 \\ -2 & -1 & -5 \end{bmatrix}$
② $\begin{bmatrix} 0 & 0 & 1 \\ 1 & 0 & 0 \\ 5 & 1 & 2 \end{bmatrix}$
③ $\begin{bmatrix} 0 & 0 & 1 \\ 1 & 0 & 0 \\ 0 & 5 & 2 \end{bmatrix}$
④ $\begin{bmatrix} 0 & 1 & 0 \\ 1 & 0 & 0 \\ -2 & -1 & 0 \end{bmatrix}$

Answer ◯ 01 ④ 02 ③ 03 ①

해설 $x_1(t)=c(t)$, $x_2(t)=\dot{c}(t)=\dot{x}_1(t)$,
$x_3(t)=\ddot{c}(t)=\dot{x}_2(t)$라 놓으면
$\dot{x}_3(t)=-2x_1(t)-x_2(t)-5x_3(t)+r(t)$

$$\therefore \begin{bmatrix}\dot{x}_1(t)\\\dot{x}_2(t)\\\dot{x}_3(t)\end{bmatrix}=\begin{bmatrix}0&1&0\\0&0&1\\-2&-1&-5\end{bmatrix}\begin{bmatrix}x_1(t)\\x_2(t)\\x_3(t)\end{bmatrix}+\begin{bmatrix}0\\0\\1\end{bmatrix}r(t)$$

04 미분방정식 $\ddot{x}+2\dot{x}+5x=r(t)$로 표시되는 계의 상태방정식을 $\dot{x}=Ax+Bu$라 하면 계수 행렬 A, B는?(단, $x_1=x$, $x_2=\dot{x}_1$임)

① $\begin{bmatrix}0&1\\-5&-2\end{bmatrix}$, $\begin{bmatrix}0\\1\end{bmatrix}$ ② $\begin{bmatrix}1&0\\-5&-2\end{bmatrix}$, $\begin{bmatrix}1\\0\end{bmatrix}$

③ $\begin{bmatrix}0&1\\-2&-5\end{bmatrix}$, $\begin{bmatrix}0\\1\end{bmatrix}$ ④ $\begin{bmatrix}1&0\\-2&-5\end{bmatrix}$, $\begin{bmatrix}1\\0\end{bmatrix}$

해설 $\dot{x}_2(t)=-5x_1(t)-2x_2(t)$ $\therefore \begin{bmatrix}\dot{x}_1(t)\\\dot{x}_2(t)\end{bmatrix}=\begin{bmatrix}0&1\\-5&-2\end{bmatrix}\begin{bmatrix}x_1(t)\\x_2(t)\end{bmatrix}+\begin{bmatrix}0\\1\end{bmatrix}r(t)$

05 다음 방정식으로 표시되는 제어계가 있다. 이 계를 상태방정식 $\dot{x}=Ax+Bu$로 나타내면 계수 행렬 A는 어떻게 되는가?

$$\frac{d^3c(t)}{dt^3}+5\frac{d^2c(t)}{dt^2}+\frac{dc(t)}{dt}+2c(t)=r(t)$$

① $\begin{bmatrix}0&1&0\\0&0&1\\-2&-1&-5\end{bmatrix}$ ② $\begin{bmatrix}0&0&1\\1&0&0\\5&1&2\end{bmatrix}$

③ $\begin{bmatrix}0&0&1\\1&0&0\\0&5&2\end{bmatrix}$ ④ $\begin{bmatrix}0&1&0\\1&0&0\\-2&-1&0\end{bmatrix}$

해설 $x_1(t)=c(t)$, $x_2(t)=\dot{c}(t)=\dot{x}_1(t)$,
$x_3(t)=\ddot{c}(t)=\dot{x}_2(t)$라 놓으면
$\dot{x}_3(t)=-2x_1(t)-x_2(t)-5x_3(t)+r(t)$

$$\therefore \begin{bmatrix}\dot{x}_1(t)\\\dot{x}_2(t)\\\dot{x}_3(t)\end{bmatrix}=\begin{bmatrix}0&1&0\\0&0&1\\-2&-1&-5\end{bmatrix}\begin{bmatrix}x_1(t)\\x_2(t)\\x_3(t)\end{bmatrix}+\begin{bmatrix}0\\0\\1\end{bmatrix}r(t)$$

04 ①   05 ①   **Answer**

제10장 · 상태방정식

06 $\dddot{c}+8\ddot{c}+19\dot{c}+12c=6u$의 미분방정식을 상태방정식 $\dot{x}=Ax+Bu$, $c=Dx$로 표현할 때 옳은 것은?

① $A=\begin{bmatrix} 0 & 1 & 0 \\ 0 & 0 & 1 \\ -12 & -19 & -8 \end{bmatrix}$, $B=\begin{bmatrix} 0 \\ 0 \\ 6 \end{bmatrix}$
② $A=\begin{bmatrix} 0 & 1 & 0 \\ 0 & 0 & 1 \\ -8 & -19 & -19 \end{bmatrix}$, $B=\begin{bmatrix} 0 \\ 0 \\ 6 \end{bmatrix}$

③ $A=\begin{bmatrix} 0 & 1 & 0 \\ 0 & 0 & 1 \\ -12 & -19 & -8 \end{bmatrix}$, $B=\begin{bmatrix} 6 \\ 0 \\ 0 \end{bmatrix}$
④ $A=\begin{bmatrix} 0 & 1 & 0 \\ 0 & 0 & 1 \\ -12 & -19 & -8 \end{bmatrix}$, $B=\begin{bmatrix} 6 \\ 0 \\ 1 \end{bmatrix}$

해설 $\dddot{c}+8\ddot{c}+19\dot{c}+12c=6u$

$\begin{bmatrix} \dot{x}_1 \\ \dot{x}_2 \\ \dot{x}_3 \end{bmatrix} = \begin{bmatrix} 0 & 1 & 0 \\ 0 & 0 & 1 \\ -12 & -19 & -8 \end{bmatrix} \begin{bmatrix} x_1 \\ x_2 \\ x_3 \end{bmatrix} + \begin{bmatrix} 0 \\ 0 \\ 6 \end{bmatrix} u$

(−) 부호를 붙인다.

07 다음 계통의 상태방정식을 유도하면? $\dddot{x}+5\ddot{x}+10\dot{x}+5x=2u$(단, 상태 변수를 $x_1=x$, $x_2=\dot{x}$, $x_3=\ddot{x}$로 놓았다.)

① $\begin{bmatrix} \dot{x}_1 \\ \dot{x}_2 \\ \dot{x}_3 \end{bmatrix} = \begin{bmatrix} 0 & 1 & 0 \\ 0 & 0 & 1 \\ -5 & -10 & -5 \end{bmatrix} \begin{bmatrix} x_1 \\ x_2 \\ x_3 \end{bmatrix} + \begin{bmatrix} 0 \\ 0 \\ 2 \end{bmatrix} u$
② $\begin{bmatrix} \dot{x}_1 \\ \dot{x}_2 \\ \dot{x}_3 \end{bmatrix} = \begin{bmatrix} 0 & 1 & 0 \\ 0 & 0 & 1 \\ -5 & -10 & -5 \end{bmatrix} \begin{bmatrix} x_1 \\ x_2 \\ x_3 \end{bmatrix} + \begin{bmatrix} 2 \\ 0 \\ 0 \end{bmatrix} u$

③ $\begin{bmatrix} \dot{x}_1 \\ \dot{x}_2 \\ \dot{x}_3 \end{bmatrix} = \begin{bmatrix} -5 & 0 & 0 \\ -10 & 1 & 0 \\ -5 & 0 & 1 \end{bmatrix} \begin{bmatrix} x_1 \\ x_2 \\ x_3 \end{bmatrix} + \begin{bmatrix} 2 \\ 0 \\ 0 \end{bmatrix} u$
④ $\begin{bmatrix} \dot{x}_1 \\ \dot{x}_2 \\ \dot{x}_3 \end{bmatrix} = \begin{bmatrix} -5 & 0 & 1 \\ -10 & 1 & 0 \\ -5 & 0 & 0 \end{bmatrix} \begin{bmatrix} x_1 \\ x_2 \\ x_3 \end{bmatrix} + \begin{bmatrix} 0 \\ 2 \\ 0 \end{bmatrix} u$

해설 $\dddot{x}+5\ddot{x}+10\dot{x}+5x=2u$

$\begin{bmatrix} \dot{x}_1 \\ \dot{x}_2 \\ \dot{x}_3 \end{bmatrix} = \begin{bmatrix} 0 & 1 & 0 \\ 0 & 0 & 1 \\ -5 & -10 & -5 \end{bmatrix} \begin{bmatrix} x_1 \\ x_2 \\ x_3 \end{bmatrix} + \begin{bmatrix} 0 \\ 0 \\ 2 \end{bmatrix} u$

(−) 부호를 붙인다.

08 상태방정식 $\dot{x}=Ax(t)+Bu(t)$에서 $A=\begin{bmatrix} 0 & 1 \\ -2 & -3 \end{bmatrix}$일 때 특성방정식의 근은?

① -2, -3 ② -1, -2 ③ -1, -3 ④ 1, -3

해설 $|sI-A|$의 행렬식은 $|sI-A|=\begin{vmatrix} s & -1 \\ 2 & s+3 \end{vmatrix}=s(s+3)+2=s^2+3s+2$

$s^2+3s+2=(s+1)(s+2)=0$ $\therefore s=-1, -2$

Answer ● 06 ① 07 ① 08 ②

06 제어공학

09 상태방정식 $\dot{x}= Ax+Bu$ 에서 $A=\begin{bmatrix} 0 & 1 \\ -2 & -3 \end{bmatrix}$, $B=\begin{bmatrix} 0 \\ 1 \end{bmatrix}$ 일 때 고유값은?

① $-1, -2$
② $1, 2$
③ $-2, -3$
④ $2, 3$

해설 $|sI-A|$의 행렬식 $|sI-A|=\begin{vmatrix} s & -1 \\ 2 & s+3 \end{vmatrix}=s(s+3)+2=s^2+3s+2$

$s^2+3s+2=(s+1)(s+2)=0$ $\therefore s=-1, -2$

10 다음과 같이 주어진 상태방정식에서 특성방정식의 근은?

$$\begin{bmatrix} \dot{x_1} \\ \dot{x_2} \end{bmatrix} = \begin{bmatrix} 0 & 1 \\ -2 & -3 \end{bmatrix}\begin{bmatrix} x_1 \\ x_2 \end{bmatrix} + \begin{bmatrix} 0 \\ 1 \end{bmatrix} u$$

① $-1, -2$
② $-2, -3$
③ $-1, -3$
④ $1, -3$

해설 $|sI-A|$의 행렬식은
$|sI-A|=\begin{vmatrix} s & -1 \\ 2 & s+3 \end{vmatrix}=s(s+3)+2=s^2+3s+2$

$s^2+3s+2=(s+1)(s+2)=0$
$\therefore s=-1, -2$

11 $A=\begin{bmatrix} -2 & 2 \\ 1 & -3 \end{bmatrix}$의 고유값은?

① $-2, -5$
② $-1, -4$
③ $1, 4$
④ $2, 5$

해설 특성방정식 $[sI-A]=0$에서
$\begin{bmatrix} s & 0 \\ 0 & s \end{bmatrix}-\begin{bmatrix} -2 & 2 \\ 1 & -3 \end{bmatrix}=\begin{bmatrix} s+2 & -2 \\ -1 & s+3 \end{bmatrix}$
$=(s+2)(s+3)-2=0$
$\therefore s^2+5s+4=0$
$(s+1)(s+4)=0$
$s=-1, -4$

09 ① 10 ① 11 ② Answer

12 상태방정식 $x(t) = Ax(t) + Br(t)$인 제어계의 특성방정식은?

① $|sI - B| = I$
② $|sI - A| = I$
③ $|sI - B| = 0$
④ $|sI - A| = 0$

해설 n차 선형 시불변 시스템의 상태방정식은
$$\frac{d}{dt}x(t) = Ax(t) + Br(t)$$
이때 제어계의 특성방정식 $|sI - A| = 0$

13 선형 시불변 시스템의 상태방정식 $\frac{d}{dt}x(t) = Ax(t) + Bu(t)$에서 $A = \begin{bmatrix} 1 & 3 \\ 1 & -2 \end{bmatrix}$, $B = \begin{bmatrix} 0 \\ 1 \end{bmatrix}$일 때, 특성방정식은?

① $s^2 + s - 5 = 0$
② $s^2 - s - 5 = 0$
③ $s^2 + 3s + 1 = 0$
④ $s^2 - 3s + 1 = 0$

해설 $|sI - A| = \begin{bmatrix} s & 0 \\ 0 & s \end{bmatrix} - \begin{bmatrix} 1 & 3 \\ 1 & -2 \end{bmatrix} = \begin{bmatrix} s-1 & -3 \\ -1 & s+2 \end{bmatrix}$
$= (s-1)(s+2) - 3 = s^2 + s - 5$
$\therefore s^2 + s - 5 = 0$

14 $A = \begin{bmatrix} 0 & 1 & 0 \\ 0 & -1 & 6 \\ -1 & -1 & -5 \end{bmatrix}$의 고유값은?

① $-1, -2, -3$
② $-2, -3, -4$
③ $-1, -2, -4$
④ $-1, -3, -4$

해설 $|sI - A| = 0$
$|sI - A| = \begin{bmatrix} s & 0 & 0 \\ 0 & s & 0 \\ 0 & 0 & s \end{bmatrix} - \begin{bmatrix} 0 & 1 & 0 \\ 0 & -1 & 6 \\ -1 & -1 & -5 \end{bmatrix}$
$|sI - A| = \begin{bmatrix} s & -1 & 0 \\ 0 & s+1 & -6 \\ 1 & 1 & s+5 \end{bmatrix} = s^3 + 6s^2 + 11s + 6$
$= (s+1)(s+2)(s+3) = 0$이므로
$\therefore$ 근의 고유값은 $-1, -2, -3$이 된다.

Answer ➔ 12 ④ 13 ① 14 ①

15 다음과 같은 상태방정식으로 표현되는 제어계에 대한 서술 중 바르지 못한 것은?

$$\dot{X} = \begin{bmatrix} 0 & 1 \\ -2 & -3 \end{bmatrix} X + \begin{bmatrix} 1 & 1 \\ 0 & -2 \end{bmatrix} u$$

① 이 제어계는 2차 제어계이다.
② 이 제어계는 부족 제동된 상태이다.
③ X는 (2×1)의 계위를 갖는다.
④ $(s+1)(s+2) = 0$이 특성방정식이다.

해설 특성방정식은 $s^2 + 3s + 2 = 0$이므로
$2\delta\omega_n = 3$, $\quad \omega_n^2 = 2$
$\quad\quad\quad\quad\quad\quad \omega_n = \sqrt{2}$
$\delta = \dfrac{3}{2\sqrt{2}} > 1 \quad\quad \therefore$ 과제동

16 상태방정식 $\dfrac{d}{dt}x(t) = Ax(t) + Bu(t)$, 출력방정식 $y(t) = Cx(t)$에서 $A = \begin{bmatrix} -1 & 1 \\ 0 & -3 \end{bmatrix}$, $B = \begin{bmatrix} 0 \\ 1 \end{bmatrix}$, $C = \begin{bmatrix} 0 & 1 \end{bmatrix}$일 때 다음 설명 중 옳은 것은?

① 이 시스템은 제어 및 관측이 가능하다.
② 이 시스템은 제어는 가능하나 관측은 불가능하다.
③ 이 시스템은 제어는 불가능하나 관측은 가능하다.
④ 이 시스템은 제어 및 관측이 불가능하다.

해설
• 가제어 : $[B, \ AB] = \begin{bmatrix} 0 & 1 \\ 1 & -3 \end{bmatrix}$에서 행렬식이 -1, 즉 0이 아니므로 가제어가 성립함
• 가관측 : $\begin{bmatrix} C \\ CA \end{bmatrix} = \begin{bmatrix} 0 & 1 \\ 0 & -3 \end{bmatrix}$에서 행렬식이 0이므로 가관측이 성립하지 않음

15 ②   16 ②   **Answer**

17 상태방정식 $\dfrac{d}{dt}x(t) = Ax(t) + Bu(t)$, 출력방정식 $y(t) = Cx(t)$에서 $A = \begin{bmatrix} -1 & 2 & 3 \\ 0 & -4 & 0 \\ 0 & 1 & -5 \end{bmatrix}$, $B = \begin{bmatrix} 0 \\ 0 \\ 1 \end{bmatrix}$, $C = [1\ 0\ 0]$일 때, 아래 설명 중 맞는 것은?

① 이 시스템은 가제어하나(controllable), 가관측하다.(observable)
② 이 시스템은 가제어하나(controllable), 가관측하지 않다.(unobservable)
③ 이 시스템은 가제어하지 않으나(uncontrollable), 가관측하다.(observable)
④ 이 시스템은 가제어하지 않고(uncontrollable), 가관측하지 않다.(unobservable)

해설 $A = \begin{bmatrix} -1 & 2 & 3 \\ 0 & -4 & 0 \\ 0 & 1 & -5 \end{bmatrix}$, $B = \begin{bmatrix} 0 \\ 0 \\ 1 \end{bmatrix}$, $C = [1\ 0\ 0]$

$A^2 = \begin{bmatrix} -1 & 2 & 3 \\ 0 & -4 & 0 \\ 0 & 1 & -5 \end{bmatrix}\begin{bmatrix} -1 & 2 & 3 \\ 0 & -4 & 0 \\ 0 & 1 & -5 \end{bmatrix} = \begin{bmatrix} 1 & -7 & -18 \\ 0 & 16 & 0 \\ 0 & -9 & 25 \end{bmatrix}$

- 가제어 : $[B,\ AB,\ A^2B] = \begin{bmatrix} 0 & 3 & -18 \\ 0 & 0 & 0 \\ 1 & -5 & 25 \end{bmatrix}$에서 행렬식이 0이므로 가제어가 성립하지 않음

- 가관측 : $\begin{bmatrix} C \\ CA \\ CA^2 \end{bmatrix} = \begin{bmatrix} 1 & 0 & 0 \\ -1 & 2 & 3 \\ 1 & -7 & -18 \end{bmatrix}$에서 행렬식이 -15, 즉 0이 아니므로 가관측이 성립함

18 다음의 상태선도에서 가관측정(observability)에 대해 설명한 것 중 옳은 것은?

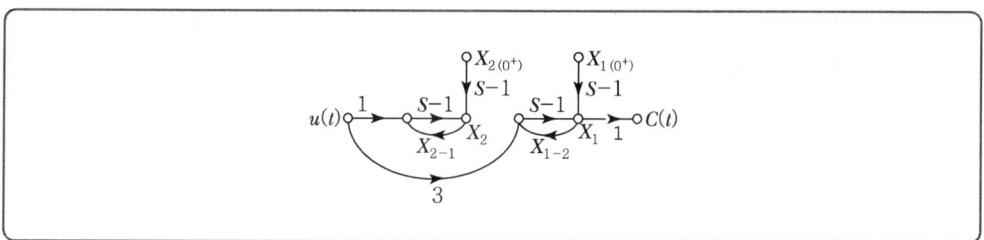

① X_1은 관측할 수 없다.
② X_2은 관측할 수 없다.
③ X_1, X_2 모두 관측할 수 없다.
④ 이 계통은 완전히 가관측에 있다.

Answer ▶ 17 ③　18 ②

19 다음의 상태방정식의 설명 중 옳은 것은?

$$\dot{x} = \begin{bmatrix} -1 & 1 & 0 \\ 0 & -1 & 0 \\ 0 & 0 & -2 \end{bmatrix} \cdot X + \begin{bmatrix} 0 \\ 1 \\ 1 \end{bmatrix} \cdot U$$

$$y = \begin{bmatrix} 1 & 0 & 0 \end{bmatrix} \cdot X$$

① 이 시스템은 가제어이다.
② 이 시스템은 가제어가 아니다.
③ 이 시스템은 가제어가 아니고 가관측이다.
④ 가제어성 여부를 따질 수 없다.

해설 $A = \begin{bmatrix} -1 & 1 & 0 \\ 0 & -1 & 0 \\ 0 & 0 & -2 \end{bmatrix}$, $B = \begin{bmatrix} 0 \\ 1 \\ 1 \end{bmatrix}$, $C = \begin{bmatrix} 1 & 0 & 0 \end{bmatrix}$

$A^2 = \begin{bmatrix} -1 & 1 & 0 \\ 0 & -1 & 0 \\ 0 & 0 & -2 \end{bmatrix} \begin{bmatrix} -1 & 1 & 0 \\ 0 & -1 & 0 \\ 0 & 0 & -2 \end{bmatrix} = \begin{bmatrix} 1 & -2 & 0 \\ 0 & 1 & 0 \\ 0 & 0 & 4 \end{bmatrix}$

• 가제어 : $[B,\ AB,\ A^2B] = \begin{bmatrix} 0 & 1 & -2 \\ 1 & -1 & 1 \\ 1 & -2 & 4 \end{bmatrix}$ 에서 행렬식이 -1,

즉, 0이 아니므로 가제어 성립

• 가관측 : $\begin{bmatrix} C \\ CA \\ CA^2 \end{bmatrix} = \begin{bmatrix} 1 & 0 & 0 \\ -1 & 1 & 0 \\ 1 & -2 & 0 \end{bmatrix}$ 에서 행렬식이 0이므로 가관측이 성립하지 않음

20 다음의 상태방정식으로 표시되는 제어계가 있다. 이 방정식의 값은 어떻게 되는가?(단, $x(0)$는 초기 상태 벡터이다.)

$$\dot{x}(t) = Ax(t)$$

① $e^{-At}x(0)$ ② $e^{At}x(0)$
③ $A \cdot e^{-At}x(0)$ ④ $A \cdot e^{At}x(0)$

해설 $x(t) = Ax + Bu$를 라플라스 변환하면
$sX(s) - x(0^+) = AX(s) + Bu(s)$
$X(s)(s-A) = x(0)$ 과도 상태 무시
$\therefore X(s) = \dfrac{1}{s-A}x(0)$를 역라플라스 변환하면
$x(t) = e^{At}x(0)$

19 ①   20 ②   Answer

21
천이행렬(transition matrix)에 관한 서술 중 옳지 않은 것은?(단, $\dot{x} = Ax + Bu$이다.)

① $\phi(t) = e^{At}$
② $\phi(t) = \mathcal{L}^{-1}[(sI-A)]$
③ 천이행렬은 기본행렬(fundamental matrix)이라고도 한다.
④ $\phi(s) = [sI-A]^{-1}$

해설 $\phi(t) = \mathcal{L}^{-1}[(sI-A)^{-1}]$이며 상태천이행렬은 다음과 같은 성질을 가진다.
① $\phi(0) = I$ (I : 단위행렬)
② $\phi^{-1}(t) = \phi(-t) = e^{-At}$
③ $\phi(t_2-t_1)\phi(t_1-t_0) = \phi(t_2-t_0)$ (모든 값에 대하여)
④ $[\phi(t)]^K = \phi(Kt)$ 여기서 K=정수이다.

22
$\begin{bmatrix} X_1 \\ X_2 \end{bmatrix} = \begin{bmatrix} 0 & 1 \\ -2 & -3 \end{bmatrix} \begin{bmatrix} X_1 \\ X_2 \end{bmatrix}$로 표현되는 시스템의 상태천이행렬(state-transition matrix) $\phi(t)$를 구하면?

① $\begin{bmatrix} -2e^{-t}+2e^{-2t}, & e^{-t}+2e^{-2t} \\ 2e^{-t}-e^{-2t}, & e^{-t}-e^{-2t} \end{bmatrix}$
② $\begin{bmatrix} 2e^{t}+e^{2t}, & -e^{-t}+e^{-2t} \\ 2e^{-t}-2e^{2t}, & e^{-t}-2e^{-2t} \end{bmatrix}$
③ $\begin{bmatrix} -2e^{-t}+e^{-2t}, & -e^{-t}-e^{-2t} \\ -2e^{-t}-2e^{-2t}, & -e^{-t}-2e^{-2t} \end{bmatrix}$
④ $\begin{bmatrix} 2e^{-t}-e^{-2t}, & e^{-t}-e^{-2t} \\ -2e^{-t}+2e^{-2t}, & -e^{-t}+2e^{-2t} \end{bmatrix}$

해설 $[sI-A] = \begin{bmatrix} s & 0 \\ 0 & s \end{bmatrix} - \begin{bmatrix} 0 & 1 \\ -2 & -3 \end{bmatrix} = \begin{bmatrix} s & -1 \\ 2 & s+3 \end{bmatrix}$

$\phi(s) = [sI-A]^{-1} = \dfrac{1}{\begin{bmatrix} s & -1 \\ 2 & s+3 \end{bmatrix}} \begin{bmatrix} s+3 & 1 \\ -2 & s \end{bmatrix}$

$= \dfrac{1}{s^2+3s+2} \begin{bmatrix} s+3 & 1 \\ -2 & s \end{bmatrix}$

$= \begin{bmatrix} \dfrac{s+3}{(s+1)(s+2)}, & \dfrac{1}{(s+1)(s+2)} \\ \dfrac{-2}{(s+1)(s+2)}, & \dfrac{s}{(s+1)(s+2)} \end{bmatrix}$

$\therefore \phi(t) = \mathcal{L}^{-1}\{[sI-A]^{-1}\}$

$= \begin{bmatrix} 2e^{-t}-e^{-2t}, & e^{-t}-e^{-2t} \\ -2e^{-t}+2e^{-2t}, & -e^{-t}+2e^{-2t} \end{bmatrix}$

Answer ○ 21 ② 22 ④

23 어떤 시불변계의 상태방정식이 다음과 같다. 상태천이행렬 $\phi(t)$는?(단, $A = \begin{pmatrix} 0 & 0 \\ -1 & -2 \end{pmatrix}$, $B = \begin{pmatrix} 1 \\ 1 \end{pmatrix}$, $\dot{x}(t) = Ax(t) + Bu(t)$)

① $\begin{bmatrix} 1 & 0 \\ (e^{-2t}-1) & 1 \end{bmatrix}$ ② $\begin{bmatrix} 1 & 0 \\ (e^{-2t}-1) & e^{-2t} \end{bmatrix}$

③ $\begin{bmatrix} 1 & 0 \\ 2(e^{-2t}-1) & e^{-2t} \end{bmatrix}$ ④ $\begin{bmatrix} 1 & 0 \\ (e^{-2t}-1)/2 & e^{-2t} \end{bmatrix}$

해설 $[sI-A] = \begin{bmatrix} s & 0 \\ 0 & s \end{bmatrix} - \begin{bmatrix} 0 & 0 \\ -1 & -2 \end{bmatrix} = \begin{bmatrix} s & 0 \\ 1 & s+2 \end{bmatrix}$

$\phi(s) = [sI-A]^{-1} = \dfrac{1}{\begin{bmatrix} s & 0 \\ 1 & s+2 \end{bmatrix}} \begin{bmatrix} s+2 & 0 \\ -1 & s \end{bmatrix}$

$= \dfrac{1}{s(s+2)} \begin{bmatrix} s+2 & 0 \\ -1 & s \end{bmatrix} = \begin{bmatrix} \dfrac{1}{s} & 0 \\ \dfrac{-1}{s(s+2)} & \dfrac{1}{(s+2)} \end{bmatrix}$

$\therefore \phi(t) = \mathcal{L}^{-1}\{[sI-A]^{-1}\} = \begin{bmatrix} 1 & 0 \\ (e^{-2t}-1)/2 & e^{-2t} \end{bmatrix}$

24 $\begin{bmatrix} X_1 \\ X_2 \end{bmatrix} = \begin{bmatrix} 0 & 1 \\ -2 & -3 \end{bmatrix} \begin{bmatrix} X_1 \\ X_2 \end{bmatrix}$ 로 표현되는 시스템의 상태천이행렬(state-transition matrix) $\phi(t)$를 구하면?

① $\begin{bmatrix} -2e^{-t}+2e^{-2t} & e^{-t}+2e^{-2t} \\ 2e^{-t}-e^{-2t} & e^{-t}-e^{-2t} \end{bmatrix}$ ② $\begin{bmatrix} 2e^{t}+e^{2t} & -e^{-t}+e^{2t} \\ 2e^{-t}-2e^{2t} & e^{-t}-2e^{-2t} \end{bmatrix}$

③ $\begin{bmatrix} -2e^{-t}+e^{-2t} & -e^{-t}-e^{-2t} \\ -2e^{-t}-2e^{-2t} & -e^{-t}-2e^{-2t} \end{bmatrix}$ ④ $\begin{bmatrix} 2e^{-t}-e^{-2t} & e^{-t}-e^{-2t} \\ -2e^{-t}+2e^{-2t} & -e^{-t}+2e^{-2t} \end{bmatrix}$

해설 $[sI-A] = \begin{bmatrix} s & 0 \\ 0 & s \end{bmatrix} - \begin{bmatrix} 0 & 1 \\ -2 & -3 \end{bmatrix} = \begin{bmatrix} s & -1 \\ 2 & s+3 \end{bmatrix}$

$\phi(s) = [sI-A]^{-1} = \dfrac{1}{\begin{bmatrix} s & -1 \\ 2 & s+3 \end{bmatrix}} \begin{bmatrix} s+3 & 1 \\ -2 & s \end{bmatrix} = \dfrac{1}{s^2+3s+2} \begin{bmatrix} s+3 & 1 \\ -2 & s \end{bmatrix}$

$= \begin{bmatrix} \dfrac{s+3}{(s+1)(s+2)} & \dfrac{1}{(s+1)(s+2)} \\ \dfrac{-2}{(s+1)(s+2)} & \dfrac{s}{(s+1)(s+2)} \end{bmatrix}$

$\therefore \phi(t) = \mathcal{L}^{-1}\{[sI-A]^{-1}\} = \begin{bmatrix} 2e^{-t}-e^{-2t} & e^{-t}-e^{-2t} \\ -2e^{-t}+2e^{-2t} & -e^{-t}+2e^{-2t} \end{bmatrix}$

23 ④   24 ④   Answer

25 T를 샘플 주기라고 할 때 z변환은 라플라스 변환 함수의 s 대신 다음의 어느 것을 대입하여야 하는가?

① $\dfrac{1}{T}\ln\dfrac{1}{z}$ ② $\dfrac{1}{T}\ln z$

③ $T\ln z$ ④ $T\ln\dfrac{1}{z}$

해설
- 라플라스 : s
- Z 변환 : $\dfrac{1}{T}\ln z$

26 라플라스 변환값과 Z 변환값이 같은 함수는?

① t^2 ② t ③ $u_s(t)$ ④ $\delta(t)$

해설

$f(t)$	$F(s)$	$F(z)$
$\delta(t)$	1	1
$u(t)$	$\dfrac{1}{s}$	$\dfrac{z}{z-1}$
t	$\dfrac{1}{s^2}$	$\dfrac{Tz}{(z-1)^2}$
e^{-at}	$\dfrac{1}{s+a}$	$\dfrac{z}{z-e^{-at}}$

27 다음과 같이 정의된 신호를 z변환하면?

$$\delta(k)=\begin{cases}1, & k=0\\ 0, & k\neq 0\end{cases}$$

① 1 ② $\dfrac{1}{1+z^{-1}}$

③ $\dfrac{1}{1-z^{-1}}$ ④ $\dfrac{1}{z}$

해설 문제 2번 해설 참고

Answer ▶ 25 ② 26 ④ 27 ①

06 제어공학

28 $\dfrac{Z}{Z-1}$ 에 대응되는 라플라스 변환 함수는?

① $\dfrac{1}{S+1}$
② $\dfrac{1}{S}$
③ $\dfrac{1}{(S+1)^2}$
④ $\dfrac{1}{S^2}$

해설 문제 26번 해설 참고

29 신호 $x(t)$가 다음과 같을 때의 z변환 함수는 어느 것인가?
(단, 신호 $x(t)$는 $\begin{array}{ll} x(t)=0 & t<0 \\ x(t)=e^{-at} & t \geq 0 \end{array}$ 이며 이상 샘플러의 샘플 주기는 $T[\text{s}]$이다.)

① $(1-e^{-aT})z/(z-1)(z-e^{-aT})$
② $z/z-1$
③ $z/(z-e^{-aT})$
④ $Tz/(z-1)^2$

해설 문제 2번 해설 참고

30 z변환 함수 $z/(z-e^{-at})$에 대응되는 라플라스 변환과 이에 대응되는 시간함수는?

① $1/(s+a)^2$, te^{-at}
② $1/(1-e^{-as})$, $\displaystyle\sum_{n=0}^{\infty}\delta(t-nT)$
③ $a/s(s+a)$, $1-e^{-at}$
④ $1/(s+a)$, e^{-at}

해설 문제 2번 해설 참고

28 ② 29 ③ 30 ④ Answer

31 단위계단함수 $u(t)$의 z변환을 나타내는 것은?

① $F(z) = \dfrac{1}{z+1}$
② $F(z) = \dfrac{z}{z-1}$
③ $F(z) = \dfrac{1}{z-1}$
④ $F(z) = \dfrac{z}{z+1}$

해설 문제 2번 해설 참고

32 z변환함수 $\dfrac{Tz}{(z-1)^2}$ 에 대응되는 라플라스 변환함수는?(단, T는 이상적인 샘플 주기이다.)

① $\dfrac{1}{s^2}$
② $\dfrac{2}{s^2}$
③ $\dfrac{1}{(s-3)^2}$
④ $\dfrac{2}{(s-3)^2}$

해설 문제 2번 해설 참고

33 $R(z) = \dfrac{z - ze^{-aT} + z^2 - z^2}{(z-1)(z-e^{-aT})}$ 의 역변환은?

① $1 - e^{-aT}$
② $1 + e^{-aT}$
③ te^{-aT}
④ te^{aT}

해설 $R(z) = \dfrac{z(z-e^{-aT}) - z(z-1)}{(z-1)(z-e^{-aT})} = \dfrac{z}{z-1} - \dfrac{z}{z-e^{-aT}}$

따라서, $f(t)$는 $1 - e^{-aT}$ 가 된다.

Answer ● 31 ② 32 ① 33 ①

34
샘플러의 주기를 T라 할 때 s평면 상의 모든 점은 식 $z = e^{sT}$에 의하여 z평면 상에서 사상된다. s평면의 좌반평면 상의 모든 점은 z평면상 단위원의 어느 부분으로 mapping되는가?

① 내점
② 외점
③ 원주상의 점
④ z평면 전체

해설
- s평면의 허수축은 z평면의 원점을 중심으로 한 단위원에 사상
- s평면의 우반면은 z평면의 원점을 중심으로 한 단위원 외부에 사상
- s평면의 좌반면은 z평면의 원점을 중심으로 한 단위원 내부에 사상

35
s평면의 허수축은 z평면의 어느 부분에 사상되는가?

① 원점을 중심으로 한 무한소 원주상
② 원점을 중심으로 한 단위원 사상
③ 원점을 중심으로 한 단위원 내부
④ 원점을 중심으로 한 단위원 외부

해설 z평면 상 음의 좌평면상은 s평면의 내점에 사상된다.
- s평면의 허수축은 z평면의 원점을 중심으로 한 단위원에 사상
- s평면의 우반면은 z평면의 원점을 중심으로 한 단위원 외부에 사상
- s평면의 좌반면은 z평면의 원점을 중심으로 한 단위원 내부에 사상

36
z변환법을 사용한 샘플치 제어계가 안정되려면 $1 + GH(Z) = 0$의 근의 위치는?

① z평면의 좌반면에 존재하여야 한다.
② z평면의 우반면에 존재하여야 한다.
③ $|Z| = 1$인 단위원 내에 존재하여야 한다.
④ $|Z| = 1$인 단위원 밖에 존재하여야 한다.

해설 안정조건
전체 전달함수의 모든 극점이 z평면의 원점에 중심을 둔 단위원 내부에 위치해야 한다.

37 z변환법을 사용한 샘플치 제어계의 안정을 옳게 설명한 것은?

① 폐루프 전달함수의 모든 극이 z평면 상의 원점에 중심을 둔 단위 원 안쪽에 위치하여야 한다.
② 특성방정식의 모든 특성근의 절대값이 1보다 커야 한다.
③ 폐루프 전달함수의 모든 극이 z평면 상의 원점에 중심을 둔 단위 원 외부에 위치하고 특성근의 절대값이 1보다 커야 한다.
④ 폐루프 전달함수의 모든 극이 z평면 상의 원점에 중심을 둔 단위 외부에 위치하고 특성근의 절대값이 1보다 적어야 한다.

해설 특성방정식의 근이 모두 s평면의 좌반부에 있으면 이 계는 안정하다 할 수 있으며, s평면의 좌반부는 z평면의 원점을 중심으로 한 단위원 내부에 사상된다.

38 다음 설명 중 옳지 않은 것은?

① s평면의 우반측면은 z평면의 원점에 중심을 둔 단위원 내부로 사상된다.
② $\dfrac{Z}{Z-1}$에 대응되는 라플라스 변환함수는 $\dfrac{1}{s}$이다.
③ $\dfrac{Z}{Z-e^{-at}}$에 대응되는 시간함수는 e^{-at}이다.
④ $e(t)$의 초기값은 $e(t)$의 z변환을 $E(z)$라 할 때 $\lim\limits_{z \to \infty} E(z)$이다.

해설 s평면의 우측면은 z평면의 원점에 중심을 둔 단위원 외부로 사상된다.

39 이산 시스템(discrete data system)에서의 안정도 해석에 대한 아래의 설명 중 맞는 것은?

① 특성방정식의 모든 근이 z평면의 음의 반평면에 있으며 안정하다.
② 특성방정식의 모든 근이 z평면의 양의 반평면에 있으며 안정하다.
③ 특성방정식의 모든 근이 z평면의 단위원 내부에 있으며 안정하다.
④ 특성방정식의 모든 근이 z평면의 단위원 외부에 있으며 안정하다.

해설
- s평면의 허수축은 z평면의 원점을 중심으로 한 단위원에 사상
- s평면의 우반면은 z평면의 원점을 중심으로 한 단위원 외부에 사상
- s평면의 좌반면은 z평면의 원점을 중심으로 한 단위원 내부에 사상

Answer ○ 37 ① 38 ① 39 ③

40 다음 그림의 전달함수 $\dfrac{Y(z)}{R(z)}$ 는 다음 중 어느 것인가?

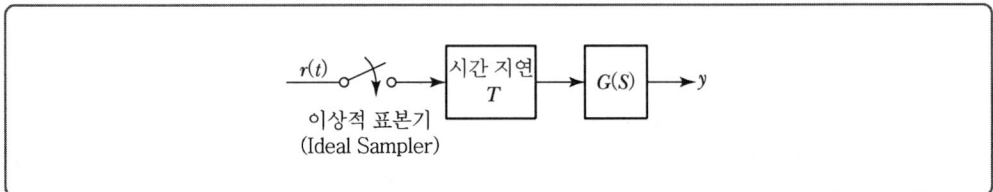

① $G(z)\,Tz^{-1}$ 　　　　　　　② $G(z)\,Tz$
③ $G(z)\,z^{-1}$ 　　　　　　　④ $G(z)\,z$

해설 $\dfrac{Y(z)}{R(z)} = G(z)\,z^{-1}$

41 $Y(z) = \dfrac{2z}{(z-1)(z-2)}$ 의 함수를 z역변환하면?

① $y(t) = -2u(t) - 2u(2t)$
② $y(t) = -2u(t) + 2u(2t)$
③ $y(t) = -3\delta(t) - 3\delta(2t)$
④ $y(t) = -3\delta(t) + 3\delta(2t)$

해설 $\dfrac{Y(z)}{z} = \dfrac{2}{(z-1)(z-2)} = \dfrac{k_1}{z-1} + \dfrac{k_2}{z-2}$

$k_1 = \dfrac{2}{z-2}\bigg|_{z=1} = \dfrac{2}{-1} = -2$

$k_2 = \dfrac{2}{z-1}\bigg|_{z=2} = \dfrac{2}{1} = 2$

$\therefore \dfrac{Y(z)}{z} = \dfrac{-2}{z-1} + \dfrac{2}{z-2}$

$Y(z) = \dfrac{-2z}{z-1} + \dfrac{2z}{z-2}$

$y(t) = -2u(t) + 2u(2t)$

40 ③　41 ②　Answer

42 다음 중 z변환에서 최종치 정리를 나타낸 것은?

① $x(0) = \lim_{z \to \infty} X(z)$

② $x(0) = \lim_{z \to 0} X(z)$

③ $x(\infty) = \lim_{z \to 1} (1-z) X(z)$

④ $x(\infty) = \lim_{z \to 1} (1-z^{-1}) X(z)$

해설

항목	초기값 정리	최종값 정리
z 변환	$e(0) = \lim_{z \to \infty} E(z)$	$e(\infty) = \lim_{z \to 1} \left(1 - \dfrac{1}{z}\right) E(z)$
라플라스 변환	$e(0) = \lim_{s \to \infty} s E(s)$	$e(\infty) = \lim_{s \to 0} s E(s)$

Answer ○ 42 ④

Chapter 11 시퀀스 제어

시퀀스 제어란 "미리 정해 놓은 순서 또는 일정한 논리에 의하여 정해진 순서에 따라 제어의 각 단체를 순서적으로 진행하는 제어"를 말한다. 활용하는 "예"로서는 전기세탁기, 자동판매기, 엘리베이터, 교통신호기, 무인발전소가 있다.

1 논리 시퀀스 회로

1) AND GATE (논리적인 회로)

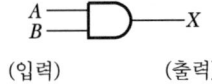

(a) 논리기호

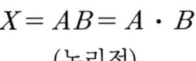

(b) 논리식

$X = AB = A \cdot B$
(논리적)

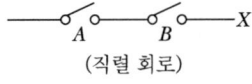

(c) 스위치 회로
(직렬 회로)

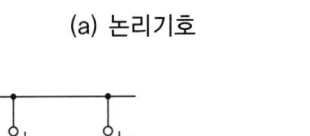

접점 A, B가 닫히면 릴레이 X가 동작하고, 접점 X가 닫혀 전등 L이 점등된다.

(d) 릴레이 시퀀스

입력		출력
A	B	X
0	0	0
1	0	0
0	1	0
1	1	1

(e) 진리표

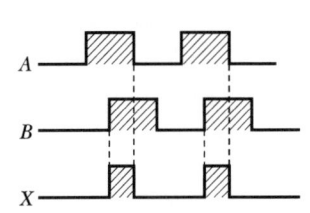

입력 A, B가 동시에 주어질 때에만 출력 X가 나타난다.

(f) 동작 시간표

2) NAND GATE (AND 논리적인 부정회로)

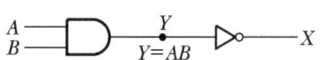

$Y = AB, \quad X = \overline{Y}$

$X = \overline{AB}$

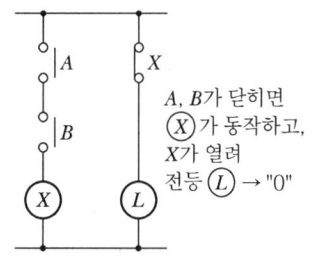

A, B가 닫히면 X가 동작하고, X가 열려 전등 L → "0"

(a) 논리기호   (b) 논리식   (c) 릴레이 시퀀스

A	B	X
0	0	1
0	1	1
1	0	1
1	1	0

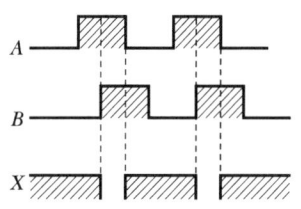

(d) 진리표   (e) 동작 시간표

3) OR GATE (논리화 회로)

$Y = A + B$(논리합)

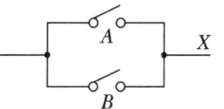

(a) 논리기호   (b) 논리식   (c) 스위치 회로

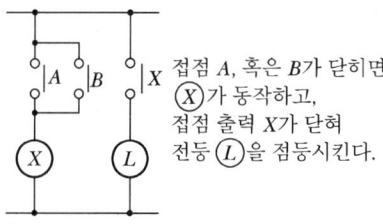

접점 A, 혹은 B가 닫히면 X가 동작하고, 접점 출력 X가 닫혀 전등 L을 점등시킨다.

A	B	X
0	0	0
0	1	1
1	0	1
1	1	1

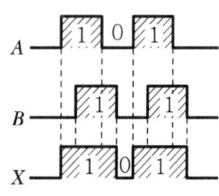

(d) 릴레이 시퀀스   (e) 진리표   (f) 동작 시간표

4) NOR GATE (OR 논리화 부정회로)

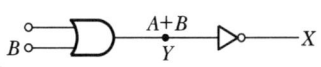

$Y = A + B,$
$X = \overline{Y}$
$X = \overline{A + B}$

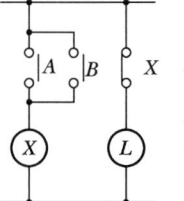

A 혹은 B가 닫히면 $\widehat{X}$가 동작, 접점 X가 열리고 전등 $\widehat{L}$은 소등

(a) 논리기호   (b) 논리식   (c) 릴레이 시퀀스

A	B	X
0	0	1
0	1	0
1	0	0
1	1	0

(d) 진리표   (e) 동작 시간표

5) NOT (부정회로)

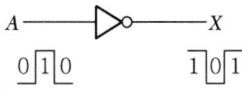 $X = \overline{A}$

(a) 논리기호   (b) 논리식   (c) 스위치 회로

A	X
1	0
0	1

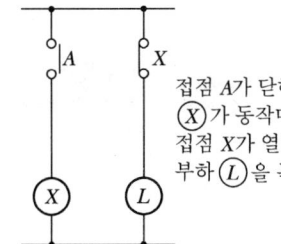

접점 A가 닫히면 $\widehat{X}$가 동작며 접점 X가 열려 부하 $\widehat{L}$을 복귀시킨다.

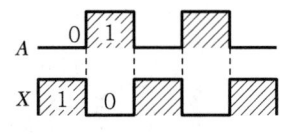

(d) 진리표   (e) 릴레이 시퀀스   (f) 동작 시간표

6) Exclusive OR Gate (배타적 논리합 회로)

$$X = A \cdot \overline{B} + \overline{A} \cdot B$$

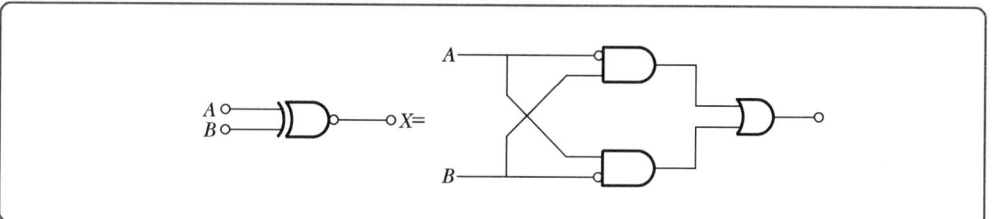

A	B	X
0	0	0
0	1	1
1	0	1
1	1	0

입력 A, B가 서로 같지 않을 때만 출력이 "1"이 되는 회로인데 A, B가 모두 "1"이어서는 안 되는 의미가 있다.

논리식은 $X = \overline{A}\, B + A\, \overline{B}$로 표시된다.

7) 한시회로

입력신호의 변화시간보다 정해진 시간만큼 뒤져서 출력신호가 변화하는 회로를 한시회로라 한다.

① 한시동작회로 : 입력신호가 0에서 1로 변화할 때에만 출력신호의 변화가 뒤지는 회로
② 한시복귀회로 : 입력신호가 1에서 0으로 변화 때 출력신호가 변화가 뒤지는 회로
③ 뒤진 회로 : 어느 때나 출력신호가 뒤지는 회로

2 논리대수 및 드모르간 정리

1) 논리대수

논리변수은 2진법의 "0"과 "1"만으로 나타낸다. 논리회로의 해석, 설계 및 응용 등에 이용되고 있다.

(1) 교환의 법칙
  ① $A + B = B + A$
  ② $A \cdot B = B \cdot A$

(2) 결합의 법칙
  ① $(A + B) + C = A + (B + C)$
  ② $(A \cdot B) \cdot C = A \cdot (B \cdot C)$

(3) 분배의 법칙
  ① $A \cdot (B + C) = A \cdot B + A \cdot C$
  ② $A + (B \cdot C) = (A + B)(A + C)$

(4) 동일 법칙
  ① $A + A = A$
  ② $A \cdot A = A$

(5) 부정의 법칙
  ① $A = \overline{\overline{A}}$
  ② $\overline{\overline{A}} = A$

(6) 흡수의 법칙
  ① $A + A \cdot B = A$
  ② $A \cdot (A + B) = A$

(7) 불대수의 정리

① $0 + A = A$

② $1 \cdot A = A$

③ $1 + A = 1$

④ $0 \cdot A = 0$

2) 드모르간(De Morgan) 정리

쌍대회로의 변환방법에 의해 직렬은 병렬로, 병렬은 직렬로 바꾸고 a접점은 b접점으로, b접점은 a접점으로 바꾸면 된다.

$$\overline{(X_1 + X_2 + X_3 \cdots X_n)} = \overline{X_1} \cdot \overline{X_2} \cdot \overline{X_3} \cdot \overline{X_4} \cdots \overline{X_n}$$

$$\overline{(X_1 \cdot X_2 \cdot X_3 \cdots X_n)} = \overline{X_1} + \overline{X_2} + \overline{X_3} \cdots \overline{X_n}$$

3 시퀀스 제어회로의 종류

① 조합회로 : 논리연산을 하는 회로요소 또는 시간지연이 없을 때 또는 무시할 수 있을 때 그 출력신호가 현재 입력신호의 값만으로 결정되는 논리회로를 말한다. 특징은 기억을 포함하지 않는 것이다.

② 순서회로 : 시간지연을 갖고 그 지연이 적극적인 역할을 하는 논리회로를 순서회로라고 한다. 특징은 기억을 가지고 있으며, 이 기억의 능력이 시퀀스 제어회로에서 대단히 유용하다.

4 시퀀스 제어계의 특징

① 입력신호에서 출력신호까지 정해진 순서에 따라 일방적으로 제어명령이 전해진다.

② 어떠한 조건을 만족하여도 제어신호가 전달된다.

③ 제어결과에 따라 조작이 자동적으로 이행한다.

Chapter 11 실·전·문·제

01 무접점 릴레이의 장점이 아닌 것은?

① 동작속도가 빠르다. ② 온도의 변화에 강하다.
③ 고빈도 사용에 견디며 수명이 길다. ④ 소형이고 가볍다.

[해설] 무접점 릴레이는 온도 변화에 약하다.

02 다음 회로는 무엇을 나타낸 것인가?

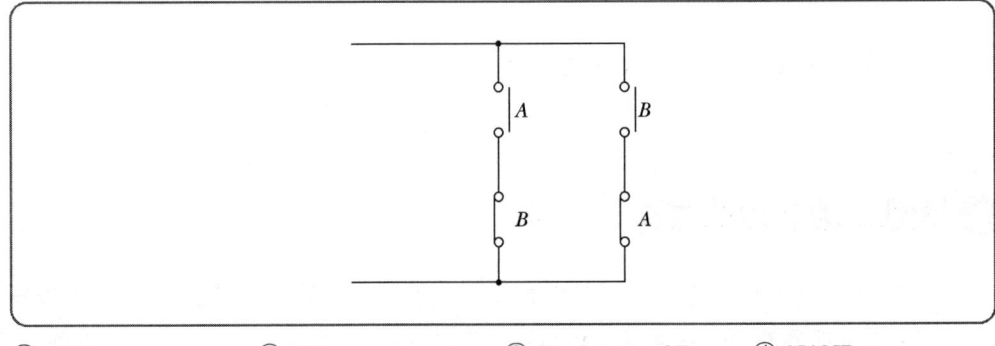

① AND   ② OR   ③ Exclusive OR   ④ NAND

[해설] $Y = A\overline{B} + \overline{A}B = A \oplus B$ 이므로 Exclusive OR 회로이다.

03 다음 논리회로의 출력은?

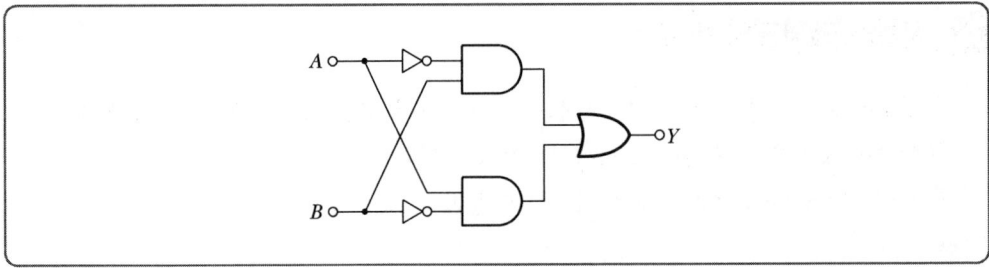

① $Y = A\overline{B} + \overline{A}B$
② $Y = \overline{A}\,\overline{B} + \overline{A}B$
③ $Y = A\overline{B} + \overline{A}\,\overline{B}$
④ $Y = \overline{A} + \overline{B}$

[해설] Exclusive OR 회로(배타적 논리합 회로)
($A \oplus B = A\overline{B} + \overline{A}B$의 논리회로)

01 ②   02 ③   03 ①   Answer

04 그림과 같은 계전기 접점회로의 논리식은?

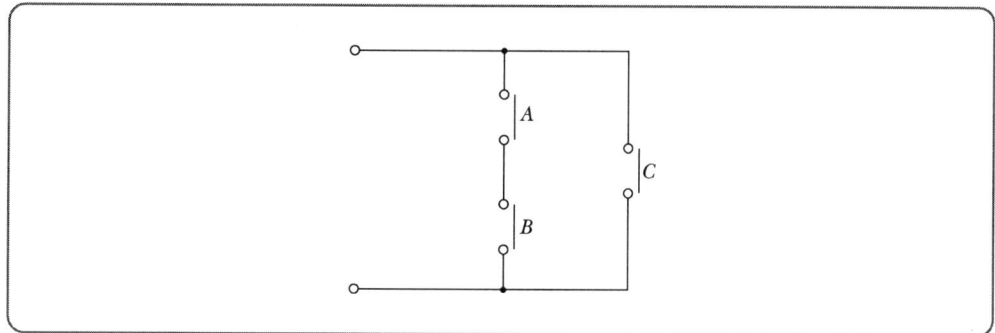

① $A+B+C$
② $(A+B)C$
③ $A \cdot B + C$
④ $A \cdot B \cdot C$

해설 AB(직렬)와 C(병렬), 즉 $AB+C$이다.

05 그림과 같은 논리회로는?

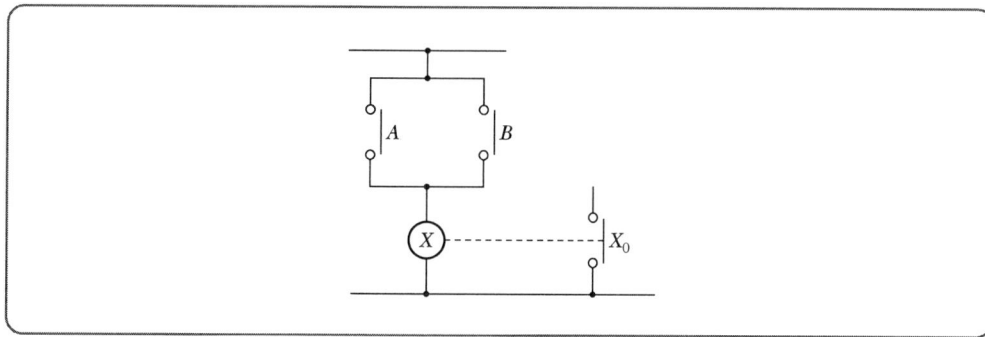

① OR 회로
② AND 회로
③ NOT 회로
④ NOR 회로

해설 OR 회로 : 입력 A, B 중 한 입력만 있어도 출력 X가 생기는 회로
$X = A + B$

Answer ○ 04 ③ 05 ①

06 제어공학

06 다음 진리표의 게이트(gate)는?

입력		출력
X	Y	A
0	0	1
1	0	1
0	1	1
1	1	0

① AND   ② OR   ③ NOR   ④ NAND

해설 AND 회로의 출력에 대한 부정하므로 NAND 회로가 된다.

07 그림의 회로는 어느 게이트(gate)에 해당하는가?

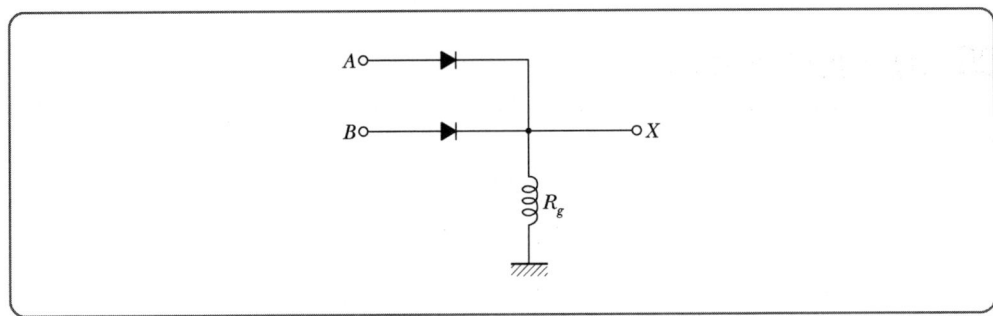

① OR   ② AND
③ NOT   ④ NOR

해설

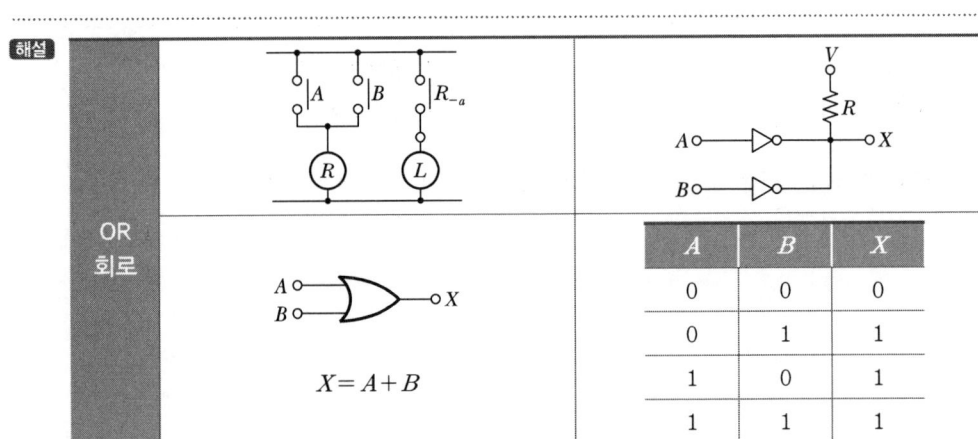

06 ④   07 ①   **Answer**

08 그림의 게이트(gate) 명칭은 어떻게 되는가?

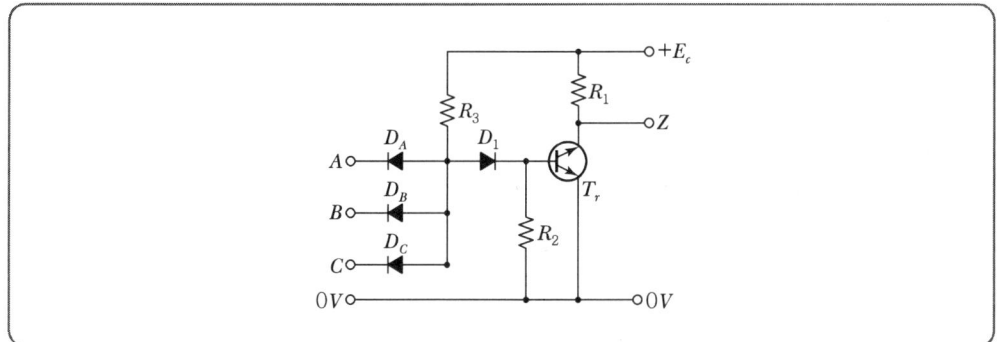

① AND gate
③ NAND gate
② OR gate
④ NOR gate

09 그림과 같은 회로는 어떤 논리회로인가?

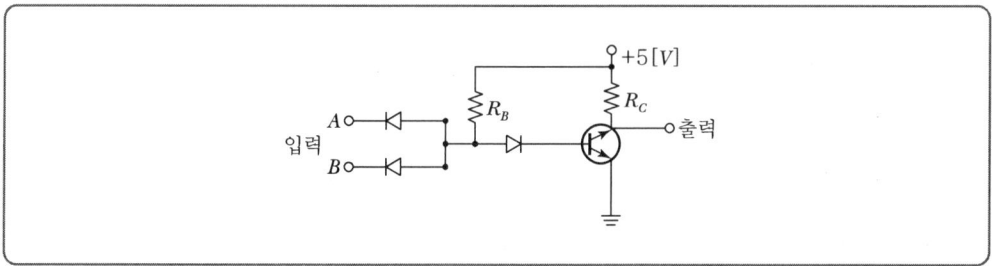

① AND 회로
③ OR 회로
② NAND 회로
④ NOR 회로

해설 AND 회로에 NOT 회로를 접속한 AND-NOT 회로로서 논리식은 $X = \overline{A \cdot B}$가 된다.

10 논리식 $A + AB$를 간단히 계산한 결과는?

① A
③ $A + \overline{B}$
② $\overline{A} + B$
④ $A + B$

해설 $A + AB = A(1+B) = A$

Answer ○ 08 ③　09 ②　10 ①

11 논리식 $L = \bar{x} \cdot \bar{y} + \bar{x} \cdot y + x \cdot y$ 를 간단히 한 것은?

① $x + y$
② $\bar{x} + y$
③ $x + \bar{y}$
④ $\bar{x} + \bar{y}$

해설 $L = \bar{x}\,\bar{y} + \bar{x}\,y + xy$
$= \bar{x}(\bar{y} + y) + xy = \bar{x} + xy = (\bar{x} + x)(\bar{x} + y)$
$= \bar{x} + y$

12 논리식 $\bar{x} \cdot y + \bar{x} \cdot \bar{y}$ 을 간단히 하면?

① $x \cdot y$
② $\bar{x}$
③ $\bar{y}$
④ $x + y$

해설 $\bar{x} \cdot y + \bar{x} \cdot \bar{y} = \bar{x}(y + \bar{y}) = \bar{x} \cdot 1 = \bar{x}$

13 다음 논리식 $[(AB + A\bar{B}) + AB] + \bar{A}B$ 를 간단히 하면?

① $A + B$
② $\bar{A} + B$
③ $A + \bar{B}$
④ $A + A \cdot B$

해설 $[(AB + A\bar{B}) + AB] + \bar{A}B = (AB + A\bar{B}) + (AB + \bar{A}B)$
$= A(B + \bar{B}) + B(A + \bar{A})$
$= A + B$

14 다음 논리식을 간단히 하면?

$$X = \bar{A}\bar{B}C + A\bar{B}\bar{C} + A\bar{B}C$$

① $\bar{B}(A + C)$
② $\bar{C}(A + B)$
③ $\bar{A}(B + C)$
④ $C(A + \bar{B})$

해설 $X = \bar{A}\bar{B}C + A\bar{B}\bar{C} + A\bar{B}C$
$= \bar{A}\bar{B}C + A\bar{B}\bar{C} + A\bar{B}C + A\bar{B}C$
$= \bar{B}C(\bar{A} + A) + A\bar{B}(\bar{C} + C) = \bar{B}C + A\bar{B}$
$= \bar{B}(A + C)$

11 ② 12 ② 13 ① 14 ① **Answer**

15 다음 논리식 중 다른 값을 나타내는 논리식은?

① $XY + X\overline{Y}$
② $(X+Y)(X+\overline{Y})$
③ $X(X+Y)$
④ $X(\overline{X}+Y)$

해설 ① $XY + X\overline{Y} = X(Y+\overline{Y}) = X \cdot 1 = X$
② $(X+Y)(X+\overline{Y}) = XX + X(Y+\overline{Y}) + Y\overline{Y}$
$= X + X \cdot 1 + 0 = X$
③ $X(X+Y) = XX + XY = X + XY = X(1+Y) = X$
④ $X(\overline{X}+Y) = X\overline{X} + XY = 0 + XY = XY$

16 논리식 $\overline{A} + \overline{B} \cdot \overline{C}$ 를 간단히 계산한 결과는?

① $\overline{A} + \overline{B}\,\overline{C}$
② $\overline{A(B+C)}$
③ $\overline{A} \cdot \overline{B} + \overline{C}$
④ $\overline{A \cdot B} + \overline{C}$

해설 드모르간 정리에서 $\overline{A} + \overline{B} \cdot \overline{C} = \overline{A + B + C} = \overline{A(B+C)}$

17 다음 논리회로의 출력 X_0는?

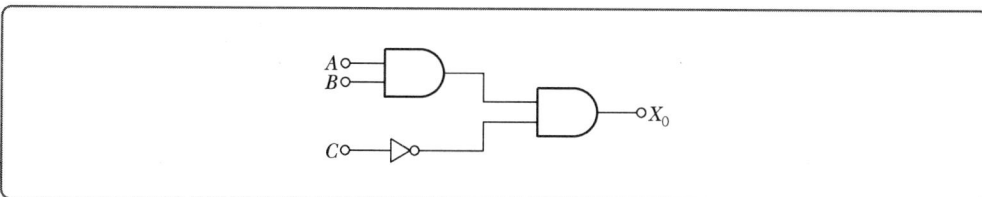

① $A \cdot B + \overline{C}$
② $(A+B)\overline{C}$
③ $A + B + \overline{C}$
④ $AB\overline{C}$

해설
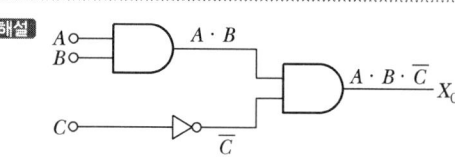

18 그림과 같은 논리회로에서 출력 f의 값은?

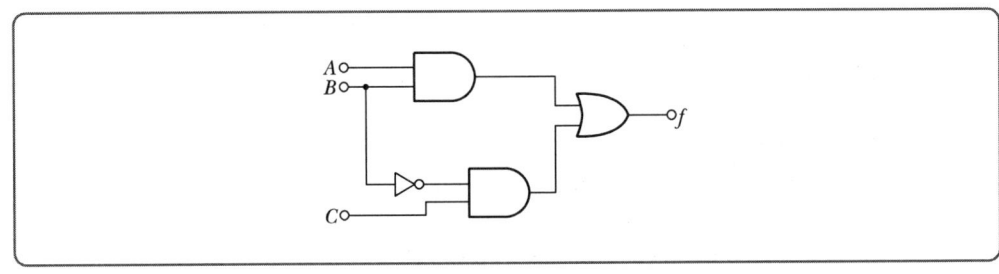

① A ② $\overline{A}BC$ ③ $AB+\overline{B}C$ ④ $(A+B)C$

해설 $f = AB + \overline{B}C$

19 다음의 논리기호가 나타내는 논리식은?

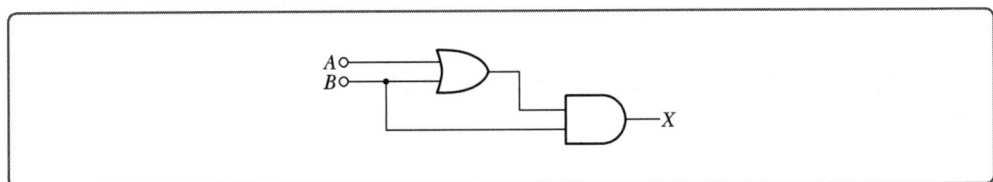

① $X = A + B$
② $X = (A+B) \cdot B$
③ $X = A \cdot B + A$
④ $X = \overline{A} \cdot B + A \cdot \overline{B}$

해설 OR 회로　　　　　　AND 회로

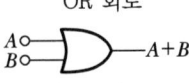　　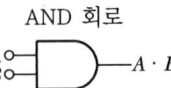

$X = (A+B) \cdot B$

20 다음의 논리 회로를 간단히 하면?

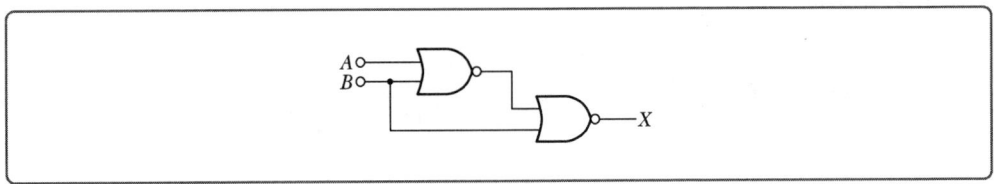

① AB ② $\overline{A}B$ ③ $A\overline{B}$ ④ $\overline{AB}$

해설 $\overline{(A+B)} + B = \overline{(\overline{A} \cdot \overline{B})} + B = \overline{(\overline{A}+B) \cdot (\overline{B}+B)} = A \cdot \overline{B}$

18 ③　19 ②　20 ③　Answer

21 그림과 같은 회로의 출력 Z는 어떻게 표현되는가?

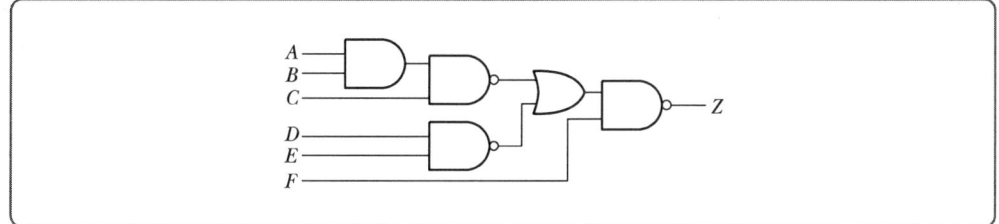

① $\overline{A}+\overline{B}+\overline{C}+\overline{D}+\overline{E}+F$
② $A+B+C+D+E+\overline{F}$
③ $\overline{A}\,\overline{B}\,\overline{C}\overline{D}\,\overline{E}+F$
④ $ABCDE+\overline{F}$

해설 $Z=\overline{(\overline{ABC}+\overline{DF})F}=\overline{\overline{ABC}}+\overline{\overline{DE}}+\overline{F}$
$=ABCDE+\overline{F}$

22 그림은 무엇을 나타낸 논리연산회로인가?

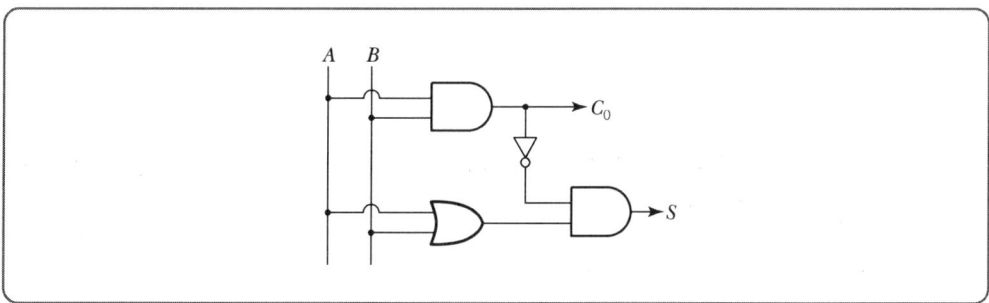

① NAND 회로
② Exclusive OR 회로
③ Half-adder 회로
④ Full-adder 회로

해설 반가산기(Half-adder) 회로
두 개의 2진수 A와 B를 더한 경우 그 합계 S와 자리올림수 C가 발생하는데, 이때 이 두 출력을 동시에 나타내는 회로를 반가산기 회로라 한다.

[반가산기의 진리표]

입 력		출 력	
A	B	S	C
0	0	0	0
0	1	1	0
1	0	1	0
1	1	0	1

Answer ● 21 ④ 22 ③

23 다음 카르노(Karnaugh)도를 간략히 하면?

구분	$\overline{C}\overline{D}$	$\overline{C}D$	CD	$C\overline{D}$
$\overline{A}\overline{B}$	0	0	0	0
$\overline{A}B$	1	0	0	1
AB	1	0	0	1
$A\overline{B}$	0	0	0	0

① $Y = \overline{C}\overline{D} + BC$
② $Y = B\overline{D}$
③ $Y = A + \overline{A}B$
④ $Y = A + B\overline{C}D$

해설

AB \ CD	00	01	11	10
00				
01	1			1
11	1			1
10				

24 8개 비트(bit)를 사용한 아날로그 디지털 변환기(Analog-to-Digital Converter)에 있어서 출력의 종류는 몇 가지가 되는가?

① 256   ② 128   ③ 64   ④ 8

해설 출력의 종류 : $2^8 = 256$개

23 ② 24 ① Answer

Chapter 12 제어기기

1 증폭기기

증폭기기의 종류에는 전기식, 공기식, 유압식이 있다.

구분	전기계	기계계
정지기	진공관, 트랜지스터, 사이리스터(SCR), 사이런트론, 자기증폭기	• 공기식 : 노즐플래퍼, 벨로스 • 유압식 : 안내밸브, 지렛대
회전기	앰플리다인, 로토트롤	

2 조절기기

조절부는 검출부에서 측정된 제어량을 기준 입력과 비교하여 그 차의 신호(동작신호)를 만들고 이것을 증폭하여, 또 P, PI, PD, PID 동작 등의 조작량으로 변환하여 조작부에 보내는 부분이다.

조절부의 제어동작은 공정 제어에 있어서 특히 중요하다. 지금 동작신호 x_i, 조작량을 x_0라 하면 제어동작에는 다음과 같은 것이 있다.

1) 연속동작

① 비례동작(P 동작) $x_0 = K_p x_i$ (단, K_p : 비례이득(비례감도))

② 적분동작(I 동작) $x_0 = \dfrac{1}{T_I} \int x_i dt$ (단, T_I : 적분시간)

③ 미분동작(D 동작) $x_0 = T_D \dfrac{dx_i}{dt}$ (단, T_D : 미분시간)

④ 비례+적분동작(PI 동작) $x_0 = K_p \left(x_i + \dfrac{1}{T_I} \int x_i dt \right)$

⑤ 비례+미분동작(PD 동작) $x_0 = K_p \left(x_i + T_D \dfrac{dx_i}{dt} \right)$

⑥ 비례＋적분＋미분 동작(PID 동작) $x_0 = K_p\left(x_i + \dfrac{1}{T_I}\int x_i dt + T_D \dfrac{dx_i}{dt}\right)$

2) 불연속동작

① 2위치 동작(온·오프 동작)
② 불연속동작
③ 단위치동작

[제어동작의 특징]

제어 동작	특 징	정상편차	속응도
2위치 동작	사이클링이 있음	있음	
P 동작	사이클링을 방지함	있음	늦음
I 동작		없음	늦음
PI 동작	뒤진 회로의 특성과 같음	없음	
D 동작	단독으로 사용하지 않음		빠름
PD 동작	앞선 회로의 특성과 같음	있음	늦음
PID 동작	뒤진-앞선 회로의 특성과 같음	최적	최적

3 조작기기(대표적인 조작기기 : 서보전동기)

조작기기는 직접 제어대상에 작용하는 장치이고 응답이 빠르며 조작력이 큰 것이 요구된다.

[조작기기의 종류]

전기식	기계식
전자밸브, 전동밸브, 2상 서보 전동기, 직류 서보 전동기, 펄스 전동기	클러치, 다이어프램 밸브, 밸브 포지셔너, 유압식 조작기(안내 밸브, 조작 실린더, 조작 피스톤, 분사관)

[조작기기의 특징]

구분	전기식	공기식	유압식
적응성	대단히 넓고, 특성의 변경이 쉽다.	PID 동작을 만들기 쉽다.	관성이 적고, 대출력을 얻기가 쉽다.
속응성	늦다.	장거리에서는 어렵다.	빠르다.
전 송	장거리의 전송이 가능하고, 늦음이 적다.	장거리가 되면, 늦음이 크게 된다.	늦음은 적으나, 배관에 장거리는 어렵다.
부피 무게에 대한 출력	감속장치가 필요하고, 출력은 작다.	출력은 크지 않다.	저속이고, 큰 출력을 얻을 수 있다.
안전성	방폭형이 필요하다.	안전하다.	인화성이 있다.

4 검출기기

온도, 압력, 유량 등의 물리량을 증폭 및 전송이 용이한 양으로 변환하는 검출기기를 변환기라 한다.

[검출기의 종류]

제어	검출기	비 고
자동조정용	• 전압 검출기 • 속도 검출기	전자관 및 트랜지스터 증폭기, 자기 증폭기 회전계 발전기, 주파수 검출법, 스피더
서보기구용	• 전위차계 • 차동 변압기 • 싱크로 • 마이크로신	권선형 저항을 이용하여 변위, 변각을 측정 변위를 자기 저항의 불균형으로 변환 변각을 검출
공정제어용	압력계	① 기계식 압력계(벨로스, 다이어프램, 부르동관) ② 전기식 압력계 (전기저항압력계, 피라니 전동계, 전리 진공계)
	유량계	① 조리개 유량계 ② 넓이식 유량계 ③ 전자 유량계
	액면계	① 차압식 액면계(노즐, 오리피스, 벤투리관) ② 플로트식 액면계

제어	검출기	비 고
공정제어용	온도계	① 저항 온도계(백금, 니켈, 구리, 서미스터) ② 열전 온도계 　　(백금-백금 로듐, 크로멜-알루멜, 철-콘스탄탄) ③ 압력형 온도계(부르동관) ④ 바이메탈 온도계 ⑤ 방사 온도계 ⑥ 광 온도계
	가스 성분계	① 열전도식 가스 성분계　② 연소식 가스 성분계 ③ 자기 산소계　　　　　④ 적외선 가스 성분계
	습도계	① 전기식 건습구 습도계 ② 광전관식 노점 습도계
	액체 성분계	① pH계　　　　　　　　② 액체 농도계

[변환요소의 종류]

변환량	변환요소
압력 → 변위	벨로즈, 다이어프램, 스프링
변위 → 압력	노즐 플래퍼, 유압 분사관, 스프링
변위 → 임피던스	가변 저항기, 용량형 변압기, 가변 저항 스프링
변위 → 전압	포텐셔미터, 차동변압기, 전위차계
전압 → 변위	전자석, 전자 코일
광 → 임피던스	광전관, 광전도 셀, 광전 트랜지스터
광 → 전압	광전지, 광전 다이오드
방사선 → 임피던스	GM관, 전리함
온도 → 임피던스	측온 저항(열선, 서미스터, 백금, 니켈)
온도 → 전압	열전대(백금-백금 로듐, 철-콘스탄탄, 구리-콘스탄탄, 크로멜-알루멜)

Chapter 12 실·전·문·제

01 다음 중 온도를 전압으로 변환시키는 요소는?

① 차동 변압기　② 열전대　③ 측온 저항　④ 광전기

해설 변환요소의 종류

변환량	변환요소
압력 → 변위	벨로즈, 다이어프램, 스프링
변위 → 압력	노즐 플래퍼, 유압 분사관, 스프링
변위 → 임피던스	가변 저항기, 용량형 변환기, 가변 저항 스프링
변위 → 전압	포텐셔미터, 차동변압기, 전위차계
전압 → 변위	전자석, 잔자 코일
광 → 임피던스	광전관, 광전도 셀, 광전 트랜지스터
광 → 전압	광전기, 광전 다이오드
방사선 → 임피던스	GM관, 전리함
온도 → 임피던스	측온 저항(열선, 서미스터, 백금, 니켈)
온도 → 전압	열전대(백금-백금 로듐, 철-콘스탄탄, 구리-콘스탄탄, 크로멜-알루엘)

02 변위 → 압력의 변환장치는?

① 벨로즈　　　　　　　② 가변 저항기
③ 다이어프램　　　　　④ 유압 분사관

해설 문제 1번 해설 참고

Answer ● 01 ②　02 ④

ENGINEER ELECTRICITY

과년도 기출문제

전기기사
2020년도 1·2회 시험
과년도 기출문제

01 특성방정식이 $s^3 + 2s^2 + Ks + 10 = 0$로 주어지는 제어시스템이 안정하기 위한 K의 범위는?

① $K > 0$
② $K > 5$
③ $K < 0$
④ $0 < K < 5$

해설 루스의 표는

$$\begin{array}{c|cc} s^3 & 1 & K \\ s^2 & 2 & 10 \\ s^1 & \dfrac{2K-10}{2} & 0 \\ s^0 & 10 & \end{array}$$

제1열의 부호 변화가 없으려면

$2K - 10 > 0 \quad K > \dfrac{10}{2} \quad \therefore K > 5$

02 제어시스템의 개루프 전달함수가 $G(s)H(s) = \dfrac{K(s+30)}{s^4 + s^3 + 2s^2 + s + 7}$로 주어질 때, 다음 중 $K > 0$인 경우 근궤적의 점근선이 실수축과 이루는 각[°]은?

① $20°$
② $60°$
③ $90°$
④ $120°$

해설 근궤적의 점근선의 각도

- $\alpha_K = \dfrac{(2K+1)\pi}{p-z}$
- $K = 0, 1, 2, \cdots (K = p-z$까지$)$
- $G(s)H(s) = \dfrac{K(s+30)}{s^4 + s^3 + 2s^2 + s + 7}$

극점 $p = 4$개, 영점 $z = 1$이므로

$\alpha_K = \dfrac{(2K+1)\pi}{p-z}$에서 $K = 0, \ \alpha_0 = \dfrac{(0+1)\pi}{4-1} = 60°$

$K = 1, \ \alpha_1 = \dfrac{3\pi}{4-1} = 180°$

$K = 2, \ \alpha_2 = \dfrac{5\pi}{4-1} = 300°$

Answer ○ 01 ② 02 ②

06 제어공학

03 z 변환된 함수 $F(z) = \dfrac{3z}{(z-e^{-3T})}$ 에 대응되는 라플라스 변환 함수는?

① $\dfrac{1}{(s+3)}$ ② $\dfrac{3}{(s-3)}$

③ $\dfrac{1}{(s-3)}$ ④ $\dfrac{3}{(s+3)}$

해설 $\dfrac{z}{z-e^{-aT}} \rightarrow \dfrac{1}{s+a}$ $\therefore \dfrac{3z}{z-e^{-3T}} \rightarrow \dfrac{3}{s+3}$

04 그림과 같은 제어시스템의 전달함수 $\dfrac{C(s)}{R(s)}$ 는?

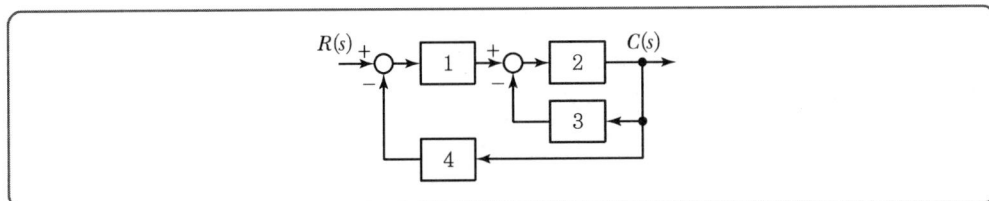

① $\dfrac{1}{15}$ ② $\dfrac{2}{15}$

③ $\dfrac{3}{15}$ ④ $\dfrac{4}{15}$

해설 전달함수

$G(s) = \dfrac{\text{전향경로}}{1-(\text{피드백})}$

$\therefore G(s) = \dfrac{2}{1-(-6-8)} = \dfrac{2}{15}$

05 전달함수가 $G_C(s) = \dfrac{2s+5}{7s}$ 인 제어기가 있다. 이 제어기는 어떤 제어기인가?

① 비례미분 제어기   ② 적분 제어기
③ 비례적분 제어기   ④ 비례적분미분 제어기

해설 $G(s) = \dfrac{2s+5}{7s} = \dfrac{2}{7} + \dfrac{5}{7s} = \dfrac{2}{7} + \dfrac{1}{\dfrac{7}{5}s} = \dfrac{2}{7}\left(1 + \dfrac{1}{\dfrac{2}{5}s}\right)$

비례적분 제어계 : $G(s) = K\left[1 + \dfrac{1}{Ts}\right]$

03 ④   04 ②   05 ③   **Answer**

06 단위 피드백제어계에서 개루프 전달함수 $G(s)$가 다음과 같이 주어졌을 때 단위계단입력에 대한 정상상태 편차는?

$$G(s) = \frac{5}{s(s+1)(s+2)}$$

① 0
② 1
③ 2
④ 3

[해설] 단위계단입력 $R(s) = \frac{1}{s}$

$$e_{ssp} = \lim_{s \to 0} \frac{1}{1+G(s)} = \frac{1}{1+\lim_{s \to 0} G(s)} = \frac{1}{1+\lim_{s \to 0} \frac{5}{s(s+1)(s+2)}} = \frac{1}{1+\infty} = 0$$

07 그림과 같은 논리회로의 출력 Y는?

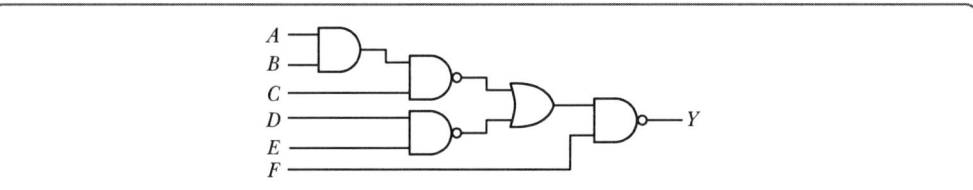

① $ABCDE + \overline{F}$
② $\overline{A}\,\overline{B}\,\overline{C}\,\overline{D}\,\overline{E} + F$
③ $\overline{A} + \overline{B} + \overline{C} + \overline{D} + \overline{E} + F$
④ $A + B + C + D + E + \overline{F}$

[해설] $Z = \overline{(\overline{ABC} + \overline{DF})F} = \overline{\overline{ABC} + \overline{DE}} + \overline{F}$
$= ABCDE + \overline{F}$

08 그림의 신호흐름선도에서 전달함수 $\dfrac{C(s)}{R(s)}$는?

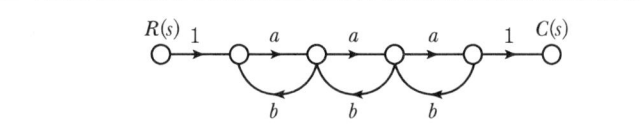

① $\dfrac{a^3}{(1-ab)^3}$
② $\dfrac{a^3}{(1-3ab+a^2b^2)}$
③ $\dfrac{a^3}{1-3ab}$
④ $\dfrac{a^3}{1-3ab+2a^2b^2}$

Answer ▸ 06 ① 07 ① 08 ②

해설 전달함수 $G = \dfrac{C(s)}{R(s)} = \dfrac{G_1 \Delta_1}{\Delta}$

- G_1 : 전방경로이득 $G_1 = 1 \times a \times a \times a \times 1 = a^3$
- Δ_1 : 전방경로와 접하지 않은 루프 $\Delta_1 = 1$
- $\Delta = 1 - $ (서로 다른 루프 이득의 합) + (서로 접촉하지 않은 두 개 루프 이득의 곱)

$\Delta = 1 - 3ab + a^2 b^2$

$\therefore G = \dfrac{a^3}{(1 - 3ab + a^2 b^2)}$

09 다음과 같은 미분방정식으로 표현되는 제어시스템의 시스템 행렬 A는?

$$\dfrac{d^2 c(t)}{dt^2} + 5 \dfrac{dc(t)}{dt} + 3c(t) = r(t)$$

① $\begin{bmatrix} -5 & -3 \\ 0 & 1 \end{bmatrix}$
② $\begin{bmatrix} -3 & -5 \\ 0 & 1 \end{bmatrix}$
③ $\begin{bmatrix} 0 & 1 \\ -3 & -5 \end{bmatrix}$
④ $\begin{bmatrix} 0 & 1 \\ -5 & -3 \end{bmatrix}$

해설 $\dot{x}_1(t) = x_2(t)$
$\dot{x}_2(t) = -3x_1(t) - 5x_2(t)$
$\begin{bmatrix} \dot{x}_1(t) \\ \dot{x}_2(t) \end{bmatrix} = \begin{bmatrix} 0 & 1 \\ -3 & -5 \end{bmatrix} \begin{bmatrix} x_1(t) \\ x_2(t) \end{bmatrix} + \begin{bmatrix} 0 \\ 1 \end{bmatrix} r(t)$

10 안정한 제어시스템의 보드 선도에서 이득여유는?

① $-20 \sim 20$[dB] 사이에 있는 크기[dB] 값이다.
② $0 \sim 20$[dB] 사이에 있는 크기 선도의 길이이다.
③ 위상이 $0°$가 되는 주파수에서 이득의 크기[dB]이다.
④ 위상이 $-180°$가 되는 주파수에서 이득의 크기[dB]이다.

해설 이득여유란 위상선도가 $-180°$선을 끊는 점의 이득의 크기[dB] 값이다.

09 ③ 10 ④ Answer

2020년도 3회 시험 과년도 기출문제

01 그림과 같은 피드백제어 시스템에서 입력이 단위계단함수일 때 정상상태 오차상수인 위치상수 (K_p)는?

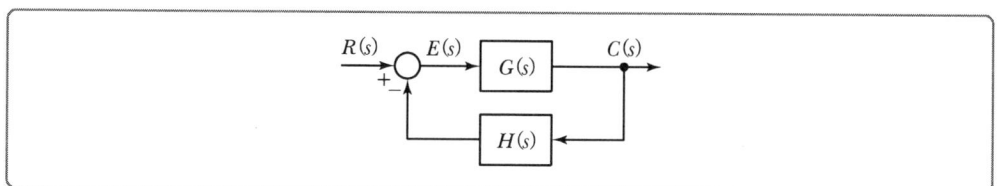

① $K_p = \lim_{s \to 0} G(s)H(s)$ ② $K_p = \lim_{s \to 0} \dfrac{G(s)}{H(s)}$

③ $K_p = \lim_{s \to \infty} G(s)H(s)$ ④ $K_p = \lim_{s \to \infty} \dfrac{G(s)}{H(s)}$

해설 정상위치편차 $R(s) = \dfrac{R}{S}$

$e_{ssp} = \lim_{s \to 0} \dfrac{S}{1+G(s)H(s)} R(s) = \lim_{s \to 0} \dfrac{R}{1+G(s)H(s)}$
$= \dfrac{R}{1+\lim_{s \to 0} G(s)H(s)}$

$K_p = \lim_{s \to 0} G(s)H(s)$

02 적분 시간 4[sec], 비례 감도가 4인 비례적분동작을 하는 제어 요소에 동작신호 $z(t) = 2t$를 주었을 때 이 제어 요소의 조작량은?(단, 조작량의 초깃값은 0이다.)

① $t^2 + 8t$ ② $t^2 + 2t$
③ $t^2 - 8t$ ④ $t^2 - 2t$

해설 조작량

$y(t) = K_p \left[Z(t) + \dfrac{1}{T_i} \int Z(t)dt \right]$

$K_p = 4, \ Z(t) = 2t, \ T_i = 4[\text{sec}]$

$y(t) = 4\left[2(t) + \dfrac{1}{4} \int 2(t)dt \right] = 8t + t^2$

Answer ● 01 ① 02 ①

03 시간함수 $f(t) = \sin\omega t$의 z 변환은?(단, T는 샘플링 주기이다.)

① $\dfrac{z\sin\omega T}{z^2 + 2z\cos\omega T + 1}$ 　　② $\dfrac{z\sin\omega T}{z^2 - 2z\cos\omega T + 1}$

③ $\dfrac{z\cos\omega T}{z^2 - 2z\sin\omega T + 1}$ 　　④ $\dfrac{z\cos\omega T}{z^2 + 2z\sin\omega T + 1}$

[해설] $f(t) = \sin\omega t$

오일러 공식을 적용 $\sin\omega t = \dfrac{e^{j\omega t} - e^{-j\omega t}}{2j}$

$$F(z) = \sum_{K=0}^{\infty}(x(K) \times z^{-K})$$
$$= \sum_{K=0}^{\infty}\left[\dfrac{e^{j\omega t} - e^{-j\omega t}}{2j} \times z^{-K}\right]$$
$$= \dfrac{1}{2j}\left[\dfrac{1}{1-e^{j\omega t} \cdot z^{-1}} - \dfrac{1}{1-e^{-j\omega t} \cdot z^{-1}}\right]$$
$$= \dfrac{1}{2j}\left[\dfrac{(e^{j\omega t} - e^{-j\omega t})z^{-1}}{(1-e^{j\omega t}\cdot z^{-1})(1-e^{-j\omega t}\cdot z^{-1})}\right]$$
$$= \dfrac{1}{2j}\left[\dfrac{(e^{j\omega t} - e^{-j\omega t})z^{-1}}{1 - z^{-1}(e^{j\omega t} + e^{-j\omega t}) + z^{-2}}\right]$$

$\therefore F(z) = \dfrac{z^{-1}\sin\omega t}{1 - 2z^{-1}\cos\omega t + z^{-2}} = \dfrac{z\sin\omega t}{z^2 - 2z\cos\omega t + 1}$

04 다음과 같은 신호흐름선도에서 $\dfrac{C(s)}{R(s)}$의 값은?

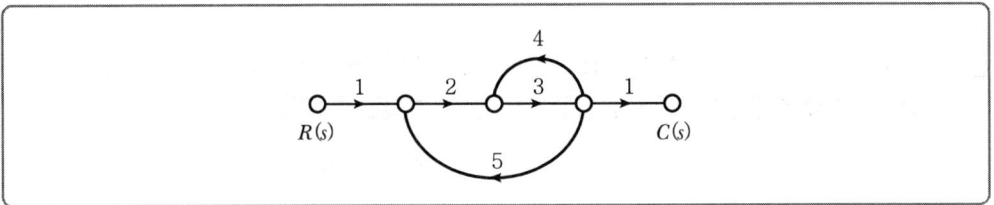

① $-\dfrac{1}{41}$ 　　② $-\dfrac{3}{41}$

③ $-\dfrac{6}{41}$ 　　④ $-\dfrac{8}{41}$

03 ② 04 ③ **Answer**

[해설] 신호흐름선도(Mason 정리)

$$G = \frac{\sum G_K \Delta_K}{\Delta}$$

$\Delta = 1 - $(서로 다른 루프이득의 합)
$= 1 - (L_{11} + L_{21}) = 1 - ((3 \times 4) + (2 \times 3 \times 5)) = -41$

$G_1 = 1 \times 2 \times 3 \times 1 = 6$

여기서, G_1 : 전방경로의 이득

$\Delta_1 = 1$

$G = \dfrac{6 \times 1}{-41} = -\dfrac{6}{41}$

05 Routh–Hurwitz 방법으로 특성방정식이 $s^4 + 2s^3 + s^2 + 4s + 2 = 0$인 시스템의 안정도를 판별하면?

① 안정
② 불안정
③ 임계안정
④ 조건부 안정

[해설] 루스의 수열

s^4	1	1	2
s^3	2	4	0
s^2	$\dfrac{2-4}{2}$	2	
s^1	$\dfrac{-4-4}{-1}$	0	
s^0	2		

제1열의 부호가 2번 변화되었으므로 불안정

06 제어시스템의 상태방정식이 $\dfrac{dx(t)}{dt} = Ax(t) + Bu(t)$, $A = \begin{bmatrix} 0 & 1 \\ -3 & 4 \end{bmatrix}$, $B = \begin{bmatrix} 1 \\ 1 \end{bmatrix}$일 때, 특성방정식을 구하면?

① $s^2 - 4s - 3 = 0$
② $s^2 - 4s + 3 = 0$
③ $s^2 + 4s + 3 = 0$
④ $s^2 + 4s - 3 = 0$

[해설] $|SI - A|$의 행렬식

$|SI - A| = \begin{bmatrix} S & 0 \\ 0 & S \end{bmatrix} - \begin{bmatrix} 0 & 1 \\ -3 & 4 \end{bmatrix}$

$= \begin{bmatrix} S & -1 \\ 3 & S-4 \end{bmatrix} = s(s-4) - (3) = 0$

특성방정식은 $s^2 - 4s + 3 = 0$

Answer ▶ 05 ② 06 ②

07 어떤 제어시스템의 개루프 이득이 $G(s)H(s) = \dfrac{K(s+2)}{s(s+1)(s+3)(s+4)}$ 일 때 이 시스템이 가지는 근궤적의 가지(Branch) 수는?

① 1
② 3
③ 4
④ 5

해설 근궤적의 가짓수
영점 수와 극점 수의 개수를 비교하여 큰 값이 근궤적의 가짓수이다.
• 영점 수 : $Z = 1$
• 극점 수 : $P = 4$
∴ 근궤적 가짓수는 4개

08 다음 회로에서 입력전압 $v_1(t)$에 대한 출력전압 $v_2(t)$의 전달함수 $G(s)$는?

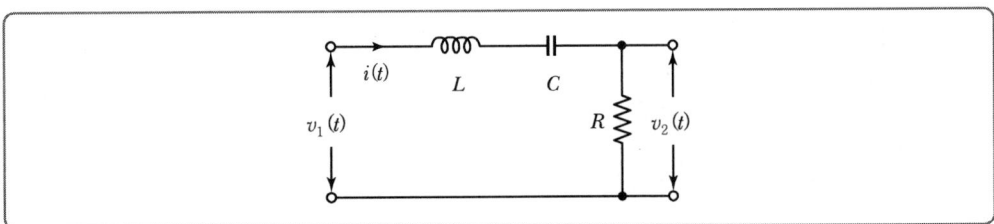

① $\dfrac{RCs}{LCs^2 + RCs + 1}$
② $\dfrac{RCs}{LCs^2 - RCs - 1}$
③ $\dfrac{Cs}{LCs^2 + RCs + 1}$
④ $\dfrac{Cs}{LCs^2 - RCs - 1}$

해설 전달함수 $G(s) = \dfrac{V_2(s)}{V_1(s)} = \dfrac{R\,I(s)}{\left(Ls + \dfrac{1}{Cs} + R\right)I(s)} = \dfrac{RCs}{LCs^2 + RCs + 1}$

09 특성방정식의 모든 근이 s 평면(복소평면)의 $j\omega$ 축(허수 축)에 있을 때 이 제어시스템의 안정도는?

① 알 수 없다.
② 안정하다.
③ 불안정하다.
④ 임계안정이다.

해설 S평면(복도평면)
• 특성근이 좌반부 : 안정
• 특성근이 우반부 : 불안정
• 특성근이 허수 축 : 임계안정

07 ③ 08 ① 09 ④ **Answer**

10 논리식 $((AB+A\overline{B})+AB)+\overline{A}B$를 간단히 하면?

① $A+B$
② $\overline{A}+B$
③ $A+\overline{B}$
④ $A+A\cdot B$

해설 $[(AB+A\overline{B})+AB]+\overline{A}B = A(B+\overline{B})+B(A+\overline{A}) = A+B$

Answer ▶ 10 ①

2020년도 4회 시험 과년도 기출문제

01 그림과 같은 블록선도의 제어시스템에서 속도 편차 상수 K_v는 얼마인가?

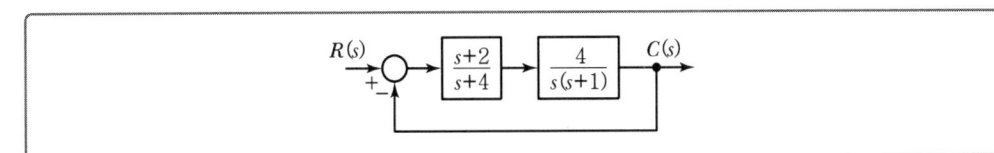

① 0
② 0.5
③ 2
④ ∞

[해설] 정상속도 편차

$$e_{ssu} = \lim_{s \to 0} \frac{1}{s + sG(s)} = \frac{1}{\lim_{s \to 0} sG(s)}$$

$$G(s)H(s) = \frac{4(s+2)}{s(s+1)(s+4)} \quad (H(s) = 1)$$

$$e_{ssu} = \frac{1}{\lim_{s \to 0} \frac{4(s+2)}{(s+1)(s+4)}} = \frac{4}{8} = 0.5$$

$$K_v = \lim_{s \to 0} = \frac{4(s+2)}{(s+1)(s+4)} = 2$$

02 근궤적의 성질 중 틀린 것은?

① 근궤적은 실수축을 기준으로 대칭이다.
② 점근선은 허수축 상에서 교차한다.
③ 근궤적의 가짓 수는 특성방정식의 차수와 같다.
④ 근궤적은 개루프 전달함수의 극점으로부터 출발한다.

[해설] 점근선의 교차점은 실수축에서만 교차한다.

03 Routh-Hurwitz 안정도 판별법을 이용하여 특성방정식이 $s^3 + 3s^2 + 3s + 1 + K = 0$으로 주어진 제어시스템이 안정하기 위한 K의 범위를 구하면?

① $-1 \leq K < 8$
② $-1 < K \leq 8$
③ $-1 < K < 8$
④ $K < -1$ 또는 $K > 8$

01 ③ 02 ② 03 ③ **Answer**

해설 루스판별법

s^3	1, 3
s^2	3, $1+K$
s	$\dfrac{9-(1+K)}{3}$, 0
s^0	$1+K$

$K > -1$, $8-K > 0$, $K < 8$
$-1 < K < 8$

04 $e(t)$의 z변환을 $E(z)$라고 했을 때 $e(t)$의 초깃값 $e(0)$는?

① $\lim\limits_{z \to 1} E(z)$
② $\lim\limits_{z \to \infty} E(z)$
③ $\lim\limits_{z \to 1}(1-z^{-1})E(z)$
④ $\lim\limits_{z \to \infty}(1-z^{-1})E(z)$

해설 z변환
- 초깃값 $e(0) = \lim\limits_{z \to \infty} E(z)$
- 최종값 $e(\infty) = \lim\limits_{z \to 1}(1-z^{-1})E(z)$

05 그림의 신호 흐름 선도에서 $\dfrac{C(s)}{R(s)}$는?

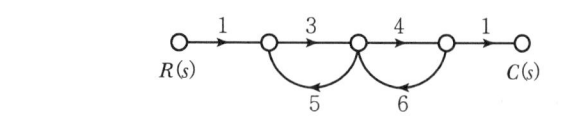

① $-\dfrac{2}{5}$
② $-\dfrac{6}{19}$
③ $-\dfrac{12}{29}$
④ $-\dfrac{12}{37}$

해설 $\dfrac{C(s)}{R(s)} = \dfrac{\text{전향경로이득의 합}}{1-(\text{루프이득})}$
$= \dfrac{12}{1-(24+15)} = \dfrac{12}{-38}$
$= -\dfrac{6}{19}$

Answer ○ 04 ② 05 ②

06 전달함수가 $G(s) = \dfrac{10}{s^2+3s+2}$ 으로 표현되는 제어시스템에서 직류 이득은 얼마인가?

① 1　　　　　　　　　　　② 2
③ 3　　　　　　　　　　　④ 5

[해설] 직류이득 $G(s) = \dfrac{10}{s^2+3s+2}\bigg|_{s=0} = \dfrac{10}{2} = 5$

07 전달함수가 $\dfrac{C(s)}{R(s)} = \dfrac{25}{s^2+6s+25}$ 인 2차 제어시스템의 감쇠 진동 주파수(ω_d)는 몇 [rad/sec]인가?

① 3　　　　　　　　　　　② 4
③ 5　　　　　　　　　　　④ 6

[해설] 2차 제어계의 전달함수
- $G(s) = \dfrac{25}{s^2+6s+25}$

　$G(s) = \dfrac{\omega_n^2}{s^2+2\delta\omega_n s+\omega_n^2}$

- $\omega_n^2 = 25$　　∴ $\omega_n = 5$

　$2\delta\omega_n = 6$　　$\delta = \dfrac{6}{2\omega_n} = \dfrac{6}{2\times 5} = 0.6$

- 감쇠진동주파수 $\omega_d = \omega_n\sqrt{1-\delta^2} = 5\sqrt{1-0.6^2} = 4$

08 다음 논리식을 간단히 한 것은?

$$Y = \overline{A}BC\overline{D} + \overline{A}BCD + \overline{A}\overline{B}C\overline{D} + \overline{A}\overline{B}CD$$

① $Y = \overline{A}C$　　　　　　② $Y = A\overline{C}$
③ $Y = AB$　　　　　　　④ $Y = BC$

[해설] $Y = \overline{A}BC\overline{D} + \overline{A}BCD + \overline{A}\overline{B}C\overline{D} + \overline{A}\overline{B}CD$
　　$= \overline{A}BC(\overline{D}+D) + \overline{A}\overline{B}C(\overline{D}+D)$
　　$= \overline{A}BC + \overline{A}\overline{B}C$
　　$= \overline{A}C(B+\overline{B})$
　　$= \overline{A}C$

06 ④　07 ②　08 ①　Answer

09 폐루프 시스템에서 응답의 잔류 편차 또는 정상상태오차를 제거하기 위한 제어 기법은?

① 비례 제어
② 적분 제어
③ 미분 제어
④ On−Off 제어

해설
① 비례제어 : 정상오차 수반, 잔류편차 발생
② 적분제어 : 잔류편차 제어
③ 미분동작 : 진동억제하여 응답속도(속응성) 개선
④ On-Off 동작 : 2위치제어(가정용 냉장고 온도조절)

10 시스템행렬 A가 다음과 같을 때 상태천이행렬을 구하면?

$$A = \begin{bmatrix} 0 & 1 \\ -2 & -3 \end{bmatrix}$$

① $\begin{bmatrix} 2e^t - e^{2t} & -e^t + e^{2t} \\ 2e^t - 2e^{2t} & -e^t - 2e^{2t} \end{bmatrix}$

② $\begin{bmatrix} 2e^{-t} - e^{-2t} & e^{-t} - e^{-2t} \\ -2e^{-t} + 2e^{-2t} & -e^{-t} - 2e^{-2t} \end{bmatrix}$

③ $\begin{bmatrix} 2e^{-t} - e^{-2t} & -e^{-t} + e^{-2t} \\ 2e^{-t} - 2e^{-2t} & -e^{-t} - 2e^{-2t} \end{bmatrix}$

④ $\begin{bmatrix} 2e^{-t} - e^{-2t} & e^{-t} - e^{-2t} \\ -2e^{-t} + 2e^{-2t} & -e^{-t} + 2e^{-2t} \end{bmatrix}$

해설
$[sI-A] = \begin{bmatrix} s & 0 \\ 0 & s \end{bmatrix} - \begin{bmatrix} 0 & 1 \\ -2 & -3 \end{bmatrix} = \begin{bmatrix} s & -1 \\ 2 & s+3 \end{bmatrix}$

$\phi(s) = [sI-A]^{-1} = \dfrac{1}{\begin{bmatrix} s & -1 \\ 2 & s+3 \end{bmatrix}} \begin{bmatrix} s+3 & 1 \\ -2 & s \end{bmatrix} = \dfrac{1}{s^2+3s+2} \begin{bmatrix} s+3 & 1 \\ -2 & s \end{bmatrix}$

$= \begin{bmatrix} \dfrac{s+3}{(s+1)(s+2)} & \dfrac{1}{(s+1)(s+2)} \\ \dfrac{-2}{(s+1)(s+2)} & \dfrac{s}{(s+1)(s+2)} \end{bmatrix}$

$\therefore \phi(t) = \mathcal{L}^{-1}\{[sI-A]^{-1}\} = \begin{bmatrix} 2e^{-t} - e^{-2t} & e^{-t} - e^{-2t} \\ -2e^{-t} + 2e^{-2t} & -e^{-t} + 2e^{-2t} \end{bmatrix}$

Answer ▶ 09 ② 10 ④

2021년도 1회 시험 과년도 기출문제

01 개루프 전달함수 $G(s)H(s)$로부터 근궤적을 작성할 때 실수축에서의 점근선의 교차점은?

$$G(s)H(s) = \frac{K(s-2)(s-3)}{s(s+1)(s+2)(s+4)}$$

① 2 ② 5 ③ -4 ④ -6

해설 점근선의 교차점 : 극점수 $p=4$, 영점수 $z=2$

$$\sigma = \frac{\sum p - \sum z}{p-z} = \frac{(-1-2-4)-(2+3)}{4-2} = \frac{-12}{2} = -6$$

02 특성 방정식이 $2s^4 + 10s^3 + 11s^2 + 5s + K = 0$으로 주어진 제어시스템이 안정하기 위한 조건은?

① $0 < K < 2$ ② $0 < K < 5$ ③ $0 < K < 6$ ④ $0 < K < 10$

해설 루스 판별법

s^4	2	11	K
s^3	10	5	0
s^2	10	K	0
s	$\frac{50-10K}{10}$	0	
s^0	K		

$\frac{50-10K}{10} > 0$, $K > 0$

$0 < K < 5$

03 신호흐름선도에서 전달함수 $\left(\frac{C(s)}{R(s)}\right)$는?

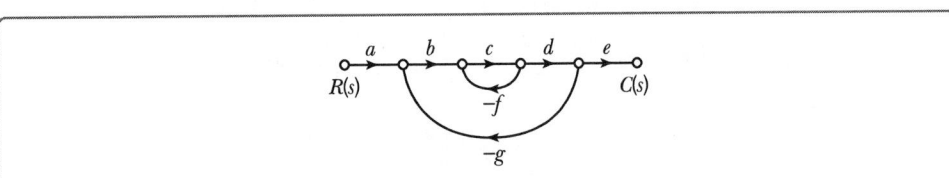

① $\dfrac{abcde}{1-cg-bcdg}$ ② $\dfrac{abcde}{1-cf+bcdg}$

③ $\dfrac{abcde}{1+cf-bcdg}$ ④ $\dfrac{abcde}{1+cf+bcdg}$

01 ④ 02 ② 03 ④ **Answer**

해설 메이슨 정리 $G = \dfrac{G_1 \Delta_1}{\Delta}$

$\Delta = 1 - (\text{서로 다른 루프이득의 합}) = 1 - (-cf - bcdg) = 1 + cf + bcdg$
$G_1 = abcde$
$\Delta_1 = 1$ (전방이득과 서로 접촉하지 않은 신호흐름선도)
$\therefore G = \dfrac{abcde}{1 + cf + bcdg}$

04 적분시간이 3[sec], 비례감도가 3인 비례적분동작을 하는 제어 요소가 있다. 이 제어 요소에 동작신호 $x(t) = 2t$를 주었을 때 조작량은 얼마인가?(단, 초기 조작량 $y(t)$는 0으로 한다.)

① $t^2 + 2t$ ② $t^2 + 4t$ ③ $t^2 + 6t$ ④ $t^2 + 8t$

해설 비례적분동작 조작량
$$y(t) = K_p\left(x(t) + \dfrac{1}{T_i}\int x(t)dt\right) = 3\left(2t + \dfrac{1}{3}\int 2t \cdot dt\right) = 3\left(2t + \dfrac{1}{3}t^2\right) = t^2 + 6t$$

05 $\overline{A} + \overline{B} \cdot \overline{C}$와 등가인 논리식은?

① $\overline{A \cdot (B+C)}$ ② $\overline{A + B \cdot C}$
③ $\overline{A \cdot B + C}$ ④ $\overline{A \cdot B} + C$

해설 드모르간 정리 적용
$\overline{A} + \overline{B} \cdot \overline{C} = \overline{A} + \overline{B+C} = \overline{A \cdot (B+C)}$

06 블록선도와 같은 단위 피드백 제어시스템의 상태방정식은?(단, 상태변수는 $x_1(t) = c(t)$, $x_2(t) = \dfrac{d}{dt}c(t)$로 한다.)

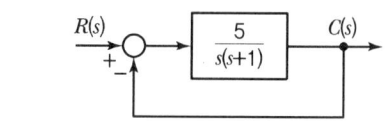

① $\dot{x_1}(t) = x_2(t)$, $\dot{x_2}(t) = -5x_1(t) - x_2(t) + 5r(t)$
② $\dot{x_1}(t) = x_2(t)$, $\dot{x_2}(t) = -5x_1(t) - x_2(t) - 5r(t)$
③ $\dot{x_1}(t) = -x_2(t)$, $\dot{x_2}(t) = 5x_1(t) + x_2(t) - 5r(t)$
④ $\dot{x_1}(t) = -x_2(t)$, $\dot{x_2}(t) = -5x_1(t) + x_2(t) + 5r(t)$

Answer ▶ 04 ③ 05 ① 06 ①

해설 전달함수 $\dfrac{C(s)}{R(s)} = \dfrac{\dfrac{5}{s(s+1)}}{1+\dfrac{5}{s(s+1)}} = \dfrac{5}{s(s+1)+5} = \dfrac{5}{s^2+s+5}$

$\dfrac{C(s)}{R(s)} = \dfrac{5}{s^2+s+5}$

$s^2 C(s) + s C(s) + 5 C(s) = 5 R(s)$

$\dfrac{d^2}{dt^2} C(t) + \dfrac{d}{dt} C(t) + 5 C(t) = 5 r(t)$

$\begin{cases} \dot{x}_1(t) = x_2(t),\ x_1(t) = C(t) \\ \dot{x}_2(t) = -5 x_1(t) - x_2(t) + 5 r(t) \end{cases}$

07 2차 제어시스템의 감쇠율(Damping Ratio, ζ)이 $\zeta < 0$인 경우 제어시스템의 과도응답 특성은?

① 발산
② 무제동
③ 임계제동
④ 과제동

해설 제동계수
- $\delta < 1$: 부족제동(발산)
- $\delta = 1$: 임계제동
- $\delta > 1$: 과제동
- $\delta = 0$: 무제동

08 $e(t)$의 z변환을 $E(z)$라고 했을 때 $e(t)$의 최종값 $e(\infty)$은?

① $\lim\limits_{z \to 1} E(z)$
② $\lim\limits_{z \to \infty} E(z)$
③ $\lim\limits_{z \to 1} (1-z^{-1}) E(z)$
④ $\lim\limits_{z \to \infty} (1-z^{-1}) E(z)$

해설

	초기값	최종값
z변환	$e(0) = \lim\limits_{z \to \infty} E(z)$	$e(\infty) = \lim\limits_{z \to 1}\left(1-\dfrac{1}{z}\right) E(z)$

07 ① 08 ③ Answer

09
블록선도의 제어시스템은 단위 램프 입력에 대한 정상상태 오차(정상편차)가 0.01이다. 이 제어시스템의 제어요소인 $G_{C1}(s)$의 k는?

$$G_{C1}(s) = k, \ G_{C2}(s) = \frac{1+0.1s}{1+0.2s}$$

$$G_P(s) = \frac{200}{s(s+1)(s+2)}$$

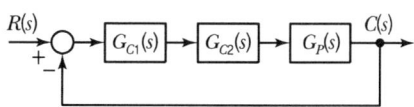

① 0.1 ② 1
③ 10   ④ 100

해설
- 속도편차상수 $k_v = \lim\limits_{s \to 0} sG(s) = \lim\limits_{s \to 0} s \cdot \frac{200k(1+0.1s)}{s(s+1)(s+2)(1+0.2s)} = 100k$
- 정상편차 $e_{ssv} = \frac{1}{k_v} = \frac{1}{100k} = 0.01$

  ∴ $k = 1$

10
블록선도의 전달함수 $\left(\dfrac{C(s)}{R(s)}\right)$는?

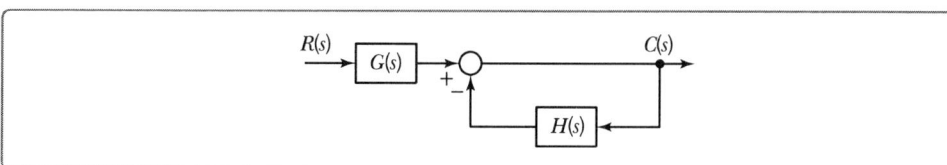

① $\dfrac{G(s)}{1+H(s)}$
② $\dfrac{G(s)}{1+G(s)H(s)}$
③ $\dfrac{1}{1+H(s)}$
④ $\dfrac{1}{1+G(s)H(s)}$

해설 전달함수 $\left(\dfrac{C(s)}{R(s)}\right) = G(s) \times \dfrac{1}{1+H(s)} = \dfrac{G(s)}{1+H(s)}$

Answer ◐ 09 ② 10 ①

2021년도 2회 시험 — 과년도 기출문제

01 전달함수가 $G_c(s) = \dfrac{s^2 + 3s + 5}{2s}$ 인 제어기가 있다. 이 제어기는 어떤 제어기인가?

① 비례미분 제어기
② 적분 제어기
③ 비례적분 제어기
④ 비례미분적분 제어기

[해설] $G_c(s) = \dfrac{s^2 + 3s + 5}{2s} = \dfrac{s^2}{2s} + \dfrac{3s}{2s} + \dfrac{5}{2s} = \dfrac{3}{2} + \dfrac{1}{2}s + \dfrac{5}{2s} = \dfrac{3}{2}\left(1 + \dfrac{1}{3}s + \dfrac{1}{\frac{3}{5}s}\right)$
$= k_p\left(1 + T_d s + \dfrac{1}{T_i s}\right)$

02 다음 논리회로의 출력 Y는?

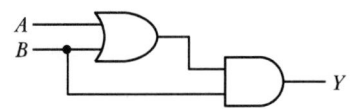

① A
② B
③ $A + B$
④ $A \cdot B$

[해설] 출력 $Y = (A + B) \cdot B = AB + BB = AB + B = B(A + 1) = B$

01 ④ 02 ② Answer

03 그림과 같은 제어시스템이 안정하기 위한 k의 범위는?

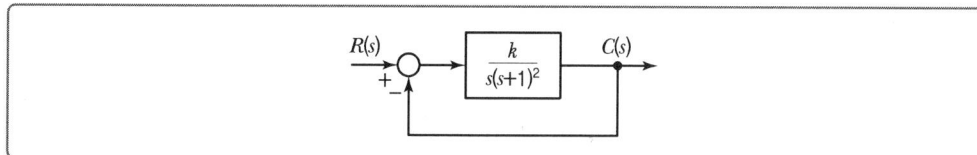

① $k > 0$
② $k > 1$
③ $0 < k < 1$
④ $0 < k < 2$

해설 특성방정식 $1 + G(s)H(s) = 0$

$1 + \dfrac{k}{s(s+1)^2} = 0$

$s(s+1)^2 + k = 0$

$s^3 + 2s^2 + s + k = 0$

s^3	1	1
s^2	2	k
s	$\dfrac{2-k}{2}$	0
s^0	k	

$2 - k > 0 \quad k < 2$
$k > 0$
$\therefore \ 0 < k < 2$

04 다음과 같은 상태방정식으로 표현되는 제어시스템의 특성방정식의 근$(s_1,\ s_2)$은?

$$\begin{bmatrix} \dot{x_1} \\ \dot{x_2} \end{bmatrix} = \begin{bmatrix} 0 & 1 \\ -2 & -3 \end{bmatrix} \begin{bmatrix} x_1 \\ x_2 \end{bmatrix} + \begin{bmatrix} 1 \\ 0 \end{bmatrix} u$$

① 1, -3
② -1, -2
③ -2, -3
④ -1, -3

해설 특성방정식 $|sI - A| = 0$

$\begin{bmatrix} s & 0 \\ 0 & s \end{bmatrix} - \begin{bmatrix} 0 & 1 \\ -2 & -3 \end{bmatrix} = \begin{bmatrix} s & -1 \\ 2 & s+3 \end{bmatrix}$

$s(s+3) + (-2) = 0$

$s^2 + 3s + 2 = 0$

$(s+1)(s+2) = 0$

$s = -1,\ -2$

Answer ▶ 03 ④ 04 ②

05 그림의 블록선도와 같이 표현되는 제어시스템에서 $A=1$, $B=1$일 때, 블록선도의 출력 C는 약 얼마인가?

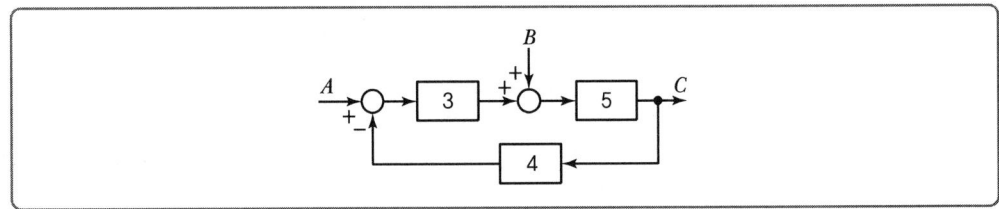

① 0.22　　　　　　　　　② 0.33
③ 1.22　　　　　　　　　④ 3.1

해설
- $\dfrac{C_1}{A} = \dfrac{15}{1+60}$

  $C_1 = \dfrac{15}{61}A = \dfrac{15}{61} \times 1 = \dfrac{15}{61}$

- $\dfrac{C_2}{B} = \dfrac{5}{1+60}$

  $C_2 = \dfrac{5}{61}B = \dfrac{5}{61} \times 1 = \dfrac{5}{61}$

- $C = C_1 + C_2 = \dfrac{15}{61} + \dfrac{5}{61} = \dfrac{20}{61} ≒ 0.3$

06 제어요소가 제어대상에 주는 양은?

① 동작신호　　　　　　　② 조작량
③ 제어량　　　　　　　　④ 궤환량

해설
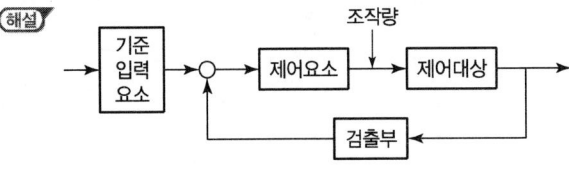

05 ②　06 ②　**Answer**

07 전달함수가 $\dfrac{C(s)}{R(s)} = \dfrac{1}{3s^2+4s+1}$ 인 제어시스템의 과도응답 특성은?

① 무제동
② 부족제동
③ 임계제동
④ 과제동

[해설] $G = \dfrac{\omega_n^2}{s^2+2\delta\omega_n s+\omega_n^2} = \dfrac{1}{3s^2+4s+1} = \dfrac{\frac{1}{3}}{s^2+\frac{4}{3}s+\frac{1}{3}}$

$\omega_n^2 = \dfrac{1}{3}$, $\omega_n = \dfrac{1}{\sqrt{3}}$

$2\delta\omega_n = \dfrac{4}{3}$, $\delta = \dfrac{4}{3} \times \dfrac{1}{2} \times \sqrt{3} = 1.15$

∴ 감쇠비(제동비)가 1.15이므로 과제동

08 함수 $f(t) = e^{-at}$의 z변환 함수 $F(z)$는?

① $\dfrac{2z}{z-e^{aT}}$
② $\dfrac{1}{z+e^{aT}}$
③ $\dfrac{z}{z+e^{-aT}}$
④ $\dfrac{z}{z-e^{-aT}}$

[해설]

	$\lim_{t \to 0} e(t) = \lim_{s \to \infty} E(z)$	
$f(t)$	$F(s)$	$F(z)$
$\delta(t)$	1	1
$u(t)$	$\dfrac{1}{s}$	$\dfrac{z}{z-1}$
t	$\dfrac{1}{s^2}$	$\dfrac{Tz}{(z-1)^2}$
e^{-at}	$\dfrac{1}{s+a}$	$\dfrac{z}{z-e^{-at}}$

Answer ○ 07 ④ 08 ④

09 제어시스템의 주파수 전달함수가 $G(j\omega) = j5\omega$ 이고, 주파수가 $\omega = 0.02$[rad/sec]일 때 이 제어시스템의 이득[dB]은?

① 20
② 10
③ -10
④ -20

[해설] 제어시스템의 이득 $g[\text{dB}] = 20\log_{10}|G(j\omega)|$
$|G(j\omega)| = 5\omega|_{\omega=0.02} = 0.1 = 10^{-1}$
$g[\text{dB}] = 20\log_{10}10^{-1} = -20[\text{dB}]$

10 그림과 같은 제어시스템의 폐루프 전달함수 $T(s) = \dfrac{C(s)}{R(s)}$에 대한 감도 S_K^T는?

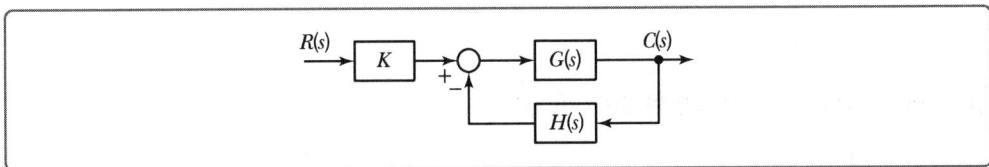

① 0.5
② 1
③ $\dfrac{G}{1+GH}$
④ $\dfrac{-GH}{1+GH}$

[해설] 전달함수 $T(s) = \dfrac{G(s)K}{1+G(s)H(s)}$

감도 $S_K^T = \dfrac{K}{T(s)} \cdot \dfrac{dT(s)}{dK}$

$= \dfrac{K}{\dfrac{G(s) \cdot K}{1+G(s)H(s)}} \cdot \dfrac{d}{dK} \cdot \dfrac{G(s)K}{1+G(s)H(s)}$

$= \dfrac{1+G(s)H(s)}{G(s)} \cdot \dfrac{G(s)}{1+G(s)H(s)} = 1$

09 ④ 10 ② **Answer**

2021년도 3회 시험 과년도 기출문제

01 블록선도의 전달함수가 $\dfrac{C(s)}{R(s)} = 10$과 같이 되기 위한 조건은?

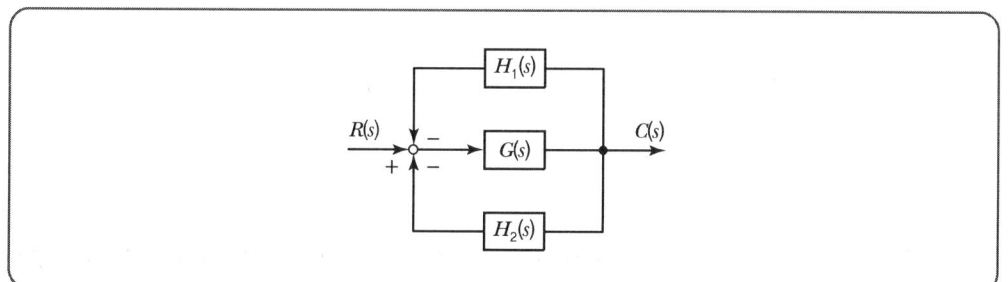

① $G(s) = \dfrac{1}{1 - H_1(s) - H_2(s)}$

② $G(s) = \dfrac{10}{1 - H_1(s) - H_2(s)}$

③ $G(s) = \dfrac{1}{1 - 10H_1(s) - 10H_2(s)}$

④ $G(s) = \dfrac{10}{1 - 10H_1(s) - 10H_2(s)}$

[해설] 전향경로이득 : $G(s)$, 루프이득 : $-H_1(s)G(s)$, $-H_2(s)G(s)$

$$\dfrac{C(s)}{R(s)} = \dfrac{\sum \text{전향경로이득}}{1 - \sum \text{루프이득}} = \dfrac{G(s)}{1 - [-H_1(s) - H_2(s)]G(s)}$$

$$= \dfrac{G(s)}{1 + [H_1(s) + H_2(s)]G(s)} = 10$$

$G(s) = 10 + 10[H_1(s) + H_2(s)]G(s)$

$G(s)(1 - 10H_1(s) - 10H_2(s)) = 10$

$\therefore G(s) = \dfrac{10}{1 - 10H_1(s) - 10H_2(s)}$

02 그림의 제어시스템이 안정하기 위한 K의 범위는?

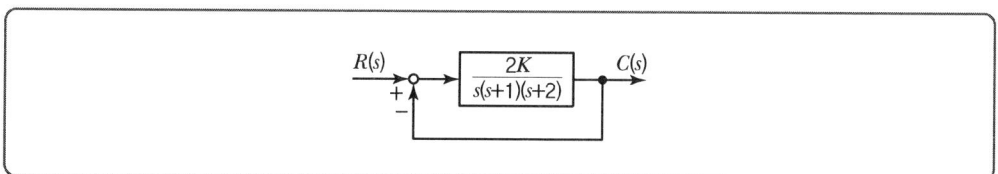

① $0 < K < 3$
② $0 < K < 4$
③ $0 < K < 5$
④ $0 < K < 6$

Answer ▶ 01 ④ 02 ①

[해설] 특성방정식 $1+G(s)H(s)=0$

$1+\dfrac{2K}{s(s+1)(s+2)}=0$

$s^3+3s^2+2s+2K=0$

루스법

s^3	1	2
s^2	3	$2K$
s	$\dfrac{6-2K}{3}$	0
s^0	$2K$	

$2K>0 \qquad K>0$
$6-2K>0 \qquad K<3$
$\therefore\ 0<K<3$

03 개루프 전달함수가 다음과 같은 제어시스템의 근궤적이 $j\omega$(허수)축과 교차할 때 K는 얼마인가?

$$G(s)H(s)=\dfrac{K}{s(s+3)(s+4)}$$

① 30 ② 48 ③ 84 ④ 180

[해설] 특성방정식 $1+G(s)H(s)=0$

$1+\dfrac{K}{s(s+3)(s+4)}=0$

$s(s+3)(s+4)+K=0$

$s^3+7s^2+12s+K=0$

위 식의 루스배열

s^3	1	12
s^2	7	K
s	$\dfrac{84-K}{7}$	0
s^0	K	

K의 임계값은 s^1의 제1열 요소를 0으로 놓아 얻을 수 있다.

$\dfrac{84-K}{7}=0$

$\therefore\ K=84$

04 제어요소의 표준 형식인 적분요소에 대한 전달함수는?(단, K는 상수이다.)

① Ks
② $\dfrac{K}{s}$
③ K
④ $\dfrac{K}{1+Ts}$

해설 ① Ks : 미분요소
② $\dfrac{K}{s}$: 적분요소
③ K : 비례요소
④ $\dfrac{K}{1+Ts}$: 1차 지연요소

05 블록선도의 제어시스템은 단위 램프 입력에 대한 정상상태 오차(정상편차)가 0.01이다. 이 제어시스템의 제어요소인 $G_{C1}(s)$의 k는?

$$G_{C1}(s) = k,\ G_{C2}(s) = \dfrac{1+0.1s}{1+0.2s},\ G_P(s) = \dfrac{20}{s(s+1)(s+2)}$$

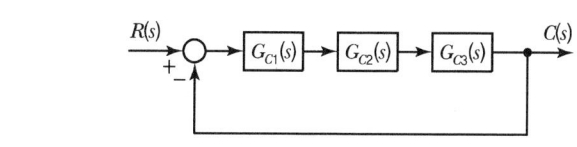

① 0.1
② 1
③ 10
④ 100

해설 단위 램프 입력이므로

속도편차 상수 $k_a = \lim\limits_{s \to 0} sG(s)$

$G(s) = G_{C1}(s) \cdot G_{C2}(s) \cdot G_{C3}(s)$

$k_a = \lim\limits_{s \to 0} s \dfrac{20(1+0.1s)}{s(s+1)(s+2)(1+0.2s)} = \dfrac{20}{2} = 10$

Answer ◯ 04 ② 05 ③

06 그림과 같은 신호흐름선도에서 $\dfrac{C(s)}{R(s)}$ 는?

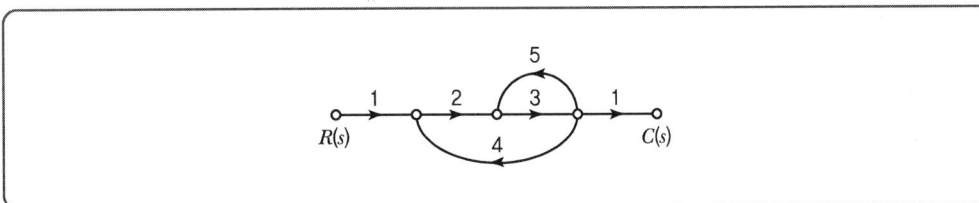

① $-\dfrac{6}{38}$ ② $\dfrac{6}{38}$ ③ $-\dfrac{6}{41}$ ④ $\dfrac{6}{41}$

해설 $\dfrac{C(s)}{R(s)} = \dfrac{\text{전향경로이득}}{1-\text{루프이득}} = \dfrac{6}{1-(15+24)} = -\dfrac{6}{38}$

07 단위계단 함수 $u(t)$ 를 z 변환하면?

① $\dfrac{1}{z-1}$ ② $\dfrac{z}{z-1}$

③ $\dfrac{1}{Tz-1}$ ④ $\dfrac{Tz}{Tz-1}$

해설 p.173 문제 26번 해설 참조

08 그림의 논리회로와 등가인 논리식은?

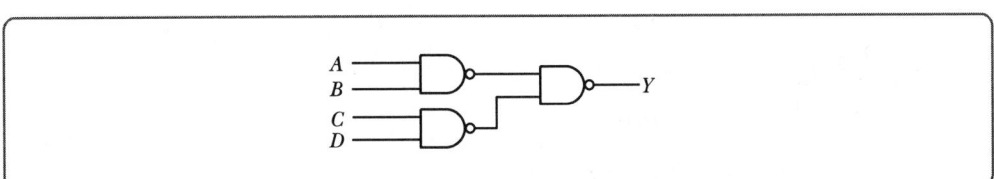

① $Y = A \cdot B \cdot C \cdot D$ ② $Y = A \cdot B + C \cdot D$
③ $Y = \overline{A \cdot B} + \overline{C \cdot D}$ ④ $Y = (\overline{A}+\overline{B}) \cdot (\overline{C}+\overline{D})$

해설 드모르간 정리
$Y = \overline{\overline{AB} \cdot \overline{CD}} = \overline{\overline{AB}} + \overline{\overline{CD}} = AB + CD$

06 ① 07 ② 08 ② Answer

09 다음과 같은 상태방정식으로 표현되는 제어시스템에 대한 특성방정식의 근(s_1, s_2)은?

$$\begin{bmatrix} \dot{x_1} \\ \dot{x_2} \end{bmatrix} = \begin{bmatrix} 0 & -3 \\ 2 & -5 \end{bmatrix} \begin{bmatrix} x_1 \\ x_2 \end{bmatrix} + \begin{bmatrix} 1 \\ 0 \end{bmatrix} u$$

① 1, −3
② −1, −2
③ −2, −3
④ −1, −3

해설 $|sI - A| = 0 \quad A = \begin{bmatrix} 0 & -3 \\ 2 & -5 \end{bmatrix}$

$\begin{bmatrix} s & 0 \\ 0 & s \end{bmatrix} - \begin{bmatrix} 0 & -3 \\ 2 & -5 \end{bmatrix} = \begin{bmatrix} s & 3 \\ -2 & s+5 \end{bmatrix}$

특성방정식 $s(s+5) - (-6) = 0$
$s^2 + 5s + 6 = 0$
$(s+2)(s+3) = 0$
특성방정식의 근 $s = -2, -3$

10 주파수 전달함수가 $G(j\omega) = \dfrac{1}{j100\omega}$ 인 제어시스템에서 $\omega = 1.0[\text{rad/s}]$ 일 때의 이득[dB]과 위상각[°]은 각각 얼마인가?

① 20[dB], 90[°]
② 40[dB], 90[°]
③ −20[dB], −90[°]
④ −40[dB], −90[°]

해설 $G(j\omega) = \dfrac{1}{j100\omega}\bigg|_{\omega=1.0} = \dfrac{1}{j100}$

• 크기 $|G(j1)| = \dfrac{1}{100} = 10^{-2}$

• 위상각 $\theta = \dfrac{\angle 0°}{\angle 90°} = -90°$

• 이득[dB] $= 20\log 10^{-2} = -40[\text{dB}]$

Answer 09 ③   10 ④

전기기사 2022년도 1회 시험 — 과년도 기출문제

01 $F(z) = \dfrac{(1-e^{-aT})z}{(z-1)(z-e^{-aT})}$ 의 역 z변환은?

① $1-e^{-aT}$
② $1+e^{-aT}$
③ $t \cdot e^{-aT}$
④ $t \cdot e^{aT}$

해설 $R(z) = \dfrac{z(z-e^{-aT})-z(z-1)}{(z-1)(z-e^{-aT})} = \dfrac{z}{z-1} - \dfrac{z}{z-e^{-aT}}$

따라서, $f(t)$는 $1-e^{-aT}$가 된다.

02 다음의 특성방정식 중 안정한 제어시스템은?

① $s^3 + 3s^2 + 4s + 5 = 0$
② $s^4 + 3s^3 - s^2 + s + 10 = 0$
③ $s^5 + s^3 + 2s^2 + 4s + 3 = 0$
④ $s^4 - 2s^3 - 3s^2 + 4s + 5 = 0$

해설 안정도 판정기준
- 모든 차수항이 존재한다.
- 각 계수의 부호가 모두 같다.
- s평면 좌반부에 근이 있고 s평면 우반부에 근이 없다.

03 그림의 신호흐름선도에서 전달함수 $\dfrac{C(s)}{R(s)}$는?

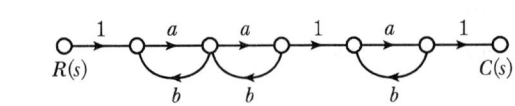

① $\dfrac{a^3}{(1-ab)^3}$
② $\dfrac{a^3}{1-3ab+a^2b^2}$
③ $\dfrac{a^3}{1-3ab}$
④ $\dfrac{a^3}{1-3ab+2a^2b^2}$

해설 $\dfrac{C(s)}{R(s)} = \dfrac{a^3}{1-ab-ab-ab+a^2b^2+a^2b^2} = \dfrac{a^3}{1-3ab+2a^2b^2}$

Answer 01 ① 02 ① 03 ④

04 그림과 같은 블록선도의 제어시스템에 단위계단함수가 입력되었을 때 정상상태오차가 0.01이 되는 a의 값은?

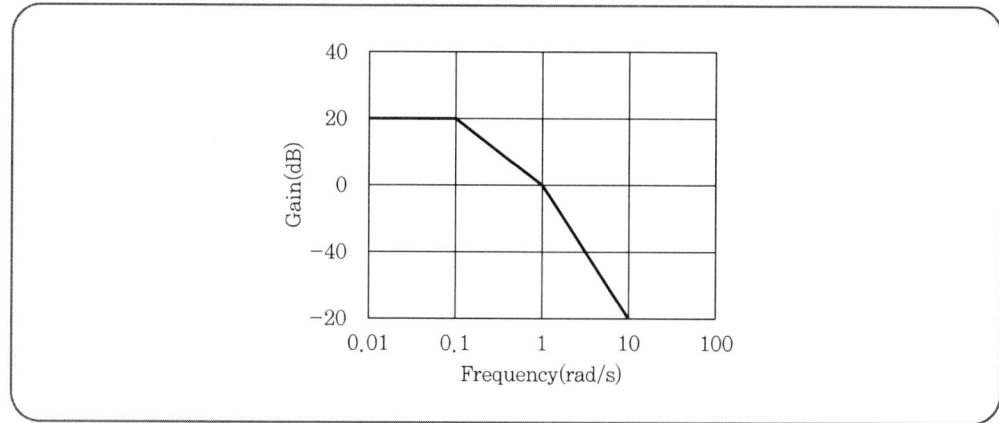

① 0.2
② 0.6
③ 0.8
④ 1.0

[해설] 정상오차 $e_{ss} = \lim_{s \to 0} \dfrac{s}{1+G(s)} R(s)$

단위계단입력 : $R(s) = \dfrac{1}{s}$

$e_{ssp} = \lim_{s \to 0} \dfrac{s}{1+G(s)} \cdot \dfrac{1}{s} = \lim_{s \to 0} \dfrac{1}{1+G(s)}$

$= \lim_{s \to 0} \dfrac{1}{1+\dfrac{19.8}{s+a}} = 0.01$

$\dfrac{1}{1+\dfrac{19.8}{a}} = 0.01$ 에서 $1 + \dfrac{19.8}{a} = \dfrac{1}{0.01} = 100$

$\dfrac{19.8}{a} = 99$ ∴ $a = \dfrac{19.8}{99} = 0.2$

05 그림과 같은 보드선도의 이득선도를 갖는 제어시스템의 전달함수는?

① $G(s) = \dfrac{10}{(s+1)(s+10)}$

② $G(s) = \dfrac{10}{(s+1)(10s+1)}$

Answer ● 04 ① 05 ②

③ $G(s) = \dfrac{20}{(s+1)(s+10)}$ ④ $G(s) = \dfrac{20}{(s+1)(10s+1)}$

[해설] $g = 20\log|G(j\omega)| = 20\log\left|\dfrac{10}{(j\omega+1)(j10\omega+1)}\right|$

$= 20\log\dfrac{10}{(\sqrt{\omega^2+1})(\sqrt{10\omega^2+1})}$

$= 20\log 10 - 20\log\sqrt{\omega^2+1} - 20\log\sqrt{(10\omega)^2+1}$

- $\omega < 0.1$ 일 때
  $g = 20 - 20\log 1 - 20\log 1 = 20[\text{dB}]$
- $0.1 < \omega < 1$ 일 때
  $g = 20 - 20\log 1 - 20\log 10\omega$
  $= 20 - 20\log 10 - 20\log\omega$
  $= -20\log\omega = -20[\text{dB/dec}]$
- $\omega > 1$ 일 때
  $g = 20 - 20\log\omega - 20\log 10\omega$
  $= 20 - 20\log\omega - 20\log 10 - 20\log\omega$
  $= -40\log\omega = -40[\text{dB/dec}]$

06 그림과 같은 블록선도의 전달함수 $\dfrac{C(s)}{R(s)}$ 는?

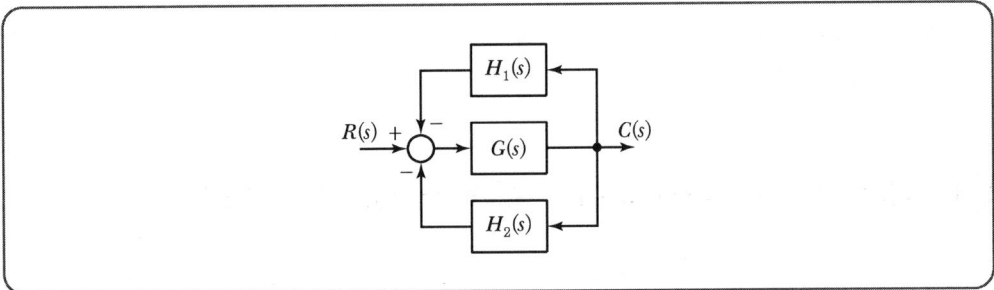

① $\dfrac{G(s)H_1(s)H_2(s)}{1+G(s)H_1(s)H_2(s)}$ ② $\dfrac{G(s)}{1+G(s)H_1(s)H_2(s)}$

③ $\dfrac{G(s)}{1-G(s)(H_1(s)+H_2(s))}$ ④ $\dfrac{G(s)}{1+G(s)(H_1(s)+H_2(s))}$

[해설] 전향경로이득 : $G(s)$
루프이득 : $-H_1(s)G(s),\ -H_2(s)G(s)$

$\dfrac{G(s)}{R(s)} = \dfrac{G(s)}{1+H_1(s)G(s)+H_2(s)G(s)}$

$= \dfrac{G(s)}{1+G(s)(H_1(s)+H_2(s))}$

06 ④

07 그림과 같은 논리회로와 등가인 것은?

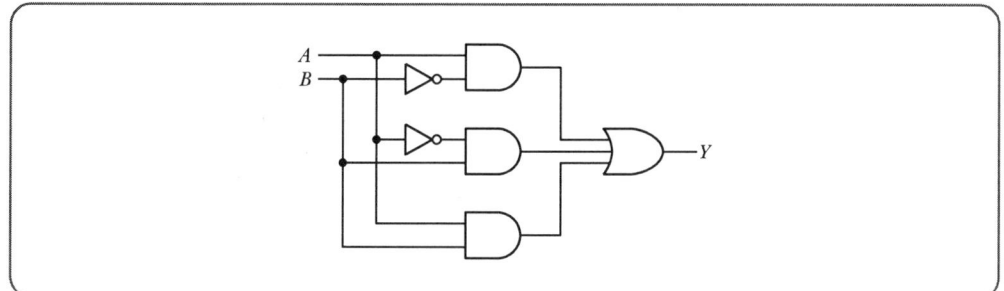

① $A\!-\!\!\bigcirc\!\!-Y$ (AND) B

② $A\!-\!\!\bigcirc\!\!-Y$ (OR) B

③ $A\!-\!\!\bigcirc\!\!-Y$ (NAND) B

④ $A\!-\!\!\bigcirc\!\!-Y$ (NOR) B

[해설] $Y = A\overline{B} + \overline{A}B + AB = A\overline{B} + B(\overline{A}+A) = A\overline{B} + B$
$= (A+B)(\overline{A}+A) = A+B$

$Y = A+B$와 등가인 것은 $\genfrac{}{}{0pt}{}{A}{B}\!\!-\!\!\bigcirc\!\!-Y$

08 다음의 개루프전달함수에 대한 근궤적의 점근선이 실수축과 만나는 교차점은?

$$G(s)H(s) = \frac{K(s+3)}{s^2(s+1)(s+3)(s+4)}$$

① $\dfrac{5}{3}$ ② $-\dfrac{5}{3}$

③ $\dfrac{5}{4}$ ④ $-\dfrac{5}{4}$

[해설] 점근선의 교차점(σ)

$$\sigma = \frac{\sum G(s)H(s)\text{의 극점} - \sum G(s)H(s)\text{영점}}{P-Z}$$

(P : 극점수=5, Z : 영점수=1)

$$= \frac{-8-(-3)}{5-1} = -\frac{5}{4}$$

Answer ○ 07 ② 08 ④

09 블록선도에서 ⓐ에 해당하는 신호는?

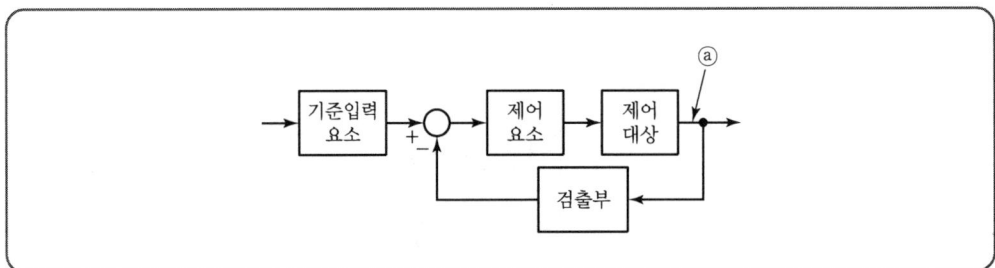

① 조작량 ② 제어량
③ 기준입력 ④ 동작신호

해설 ⓐ : 출력량은 제어량이다.

10 다음의 미분방정식과 같이 표현되는 제어시스템이 있다. 이 제어시스템을 상태방정식 $\dot{x} = Ax + Bu$로 나타내었을 때 시스템행렬 A는?

$$\frac{d^3C(t)}{dt^3} + 5\frac{d^2C(t)}{dt^2} + \frac{dC(t)}{dt} + 2C(t) = r(t)$$

① $\begin{bmatrix} 0 & 1 & 0 \\ 0 & 0 & 1 \\ -2 & -1 & -5 \end{bmatrix}$ ② $\begin{bmatrix} 1 & 0 & 0 \\ 0 & 1 & 0 \\ -2 & -1 & -5 \end{bmatrix}$

③ $\begin{bmatrix} 0 & 1 & 0 \\ 0 & 0 & 1 \\ 2 & 1 & 5 \end{bmatrix}$ ④ $\begin{bmatrix} 1 & 0 & 0 \\ 0 & 1 & 0 \\ 2 & 1 & 5 \end{bmatrix}$

해설 $x_1(t) = c(t)$, $x_2(t) = \dot{c}(t) = \dot{x}_1(t)$,
$x_3(t) = \ddot{c}(t) = \dot{x}_2(t)$라 놓으면
$\dot{x}_3(t) = -2x_1(t) - x_2(t) - 5x_3(t) + r(t)$

$\therefore \begin{bmatrix} \dot{x}_1(t) \\ \dot{x}_2(t) \\ \dot{x}_3(t) \end{bmatrix} = \begin{bmatrix} 0 & 1 & 0 \\ 0 & 0 & 1 \\ -2 & -1 & -5 \end{bmatrix} \begin{bmatrix} x_1(t) \\ x_2(t) \\ x_3(t) \end{bmatrix} + \begin{bmatrix} 0 \\ 0 \\ 1 \end{bmatrix} r(t)$

09 ② 10 ①

2022년도 2회 시험 과년도 기출문제

01 다음 블록선도의 전달함수 $\left(\dfrac{C(s)}{R(s)}\right)$는?

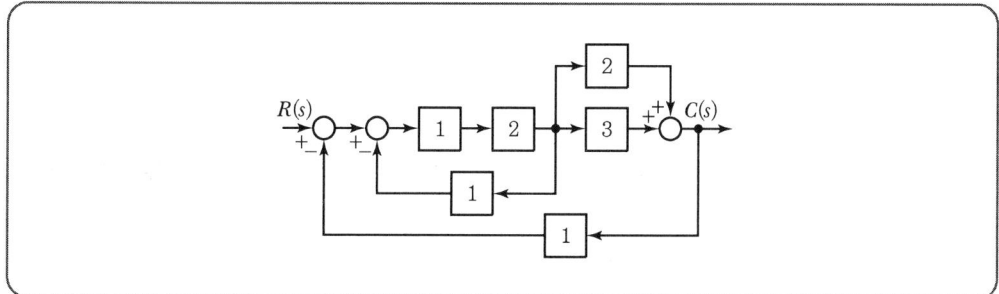

① $\dfrac{10}{9}$ ② $\dfrac{10}{13}$

③ $\dfrac{12}{9}$ ④ $\dfrac{12}{13}$

[해설] 전달함수 $\dfrac{C(s)}{R(s)} = \dfrac{\text{전향이득}}{1-(\text{루프이득})} = \dfrac{6+4}{1-(-2-4-6)}$
$= \dfrac{10}{13}$

02 전달함수가 $G(s) = \dfrac{1}{0.1s(0.01s+1)}$ 과 같은 제어시스템에서 $\omega = 0.1\,[\text{rad/s}]$일 때의 이득 [dB]과 위상각[°]은 약 얼마인가?

① $40[\text{dB}]$, $-90°$ ② $-40[\text{dB}]$, $90°$
③ $40[\text{dB}]$, $-180°$ ④ $-40[\text{dB}]$, $-180°$

[해설] $\left|G(\omega)\right| = \dfrac{1}{0.1\omega\sqrt{(0.01\omega)^2+1^2}}\bigg|_{\omega=0.1} = \dfrac{1}{0.1\times 0.1} = 10^2$

- 이득 $g = 20\log_{10}10^2 = 40[\text{dB}]$
- 위상각 $\phi = \dfrac{1}{90°} = -90°$

Answer ○ 01 ②   02 ①

03 다음의 논리식과 등가인 것은?

$$Y=(A+B)(\overline{A}+B)$$

① $Y=A$
② $Y=B$
③ $Y=\overline{A}$
④ $Y=\overline{B}$

해설 $Y=(A+B)(\overline{A}+B)=A\overline{A}+AB+\overline{A}B+BB$
$=B(A+\overline{A})+B=B+B=B$

04 다음의 개루프전달함수에 대한 근궤적이 실수축에서 이탈하게 되는 분리점은 약 얼마인가?

$$G(s)H(s)=\frac{K}{s(s+3)(s+8)},\ K\geq 0$$

① -0.93
② -5.74
③ -6.0
④ -1.33

해설 $1+G(s)H(s)=1+\dfrac{K}{s(s+3)(s+8)}=0$

$K=-s(s+3)(s+8)$
$K(\sigma)=-\sigma(\sigma+3)(\sigma+8)=-\sigma^3-11\sigma^2-24\sigma$
$\dfrac{d}{d\sigma}K(\sigma)=-3\sigma^2-22\sigma-24=0$

근의 공식 $\sigma=\dfrac{22\pm\sqrt{196}}{2(-3)}$ $\sigma_1=-1.33,\ \sigma_2=-6$

$K\geq 0$에 대한 실수축의 상의 구간은 $(0\sim -3,\ -8\sim\infty)$이므로 $\sigma_2=-6$은 근궤적점이 될 수 없으므로 버리고 분리점은 $\sigma_1=-1.33$이다.

05 $F(z)=\dfrac{(1-e^{-aT})z}{(z-1)(z-e^{-aT})}$의 역 z변환은?

① $t\cdot e^{-at}$
② $a^t\cdot e^{-at}$
③ $1+e^{-at}$
④ $1-e^{-at}$

해설 $F(z)=\dfrac{(1-e^{-aT})z}{(z-1)(z-e^{-aT})}=\dfrac{z-ze^{-aT}+z^2-z^2}{(z-1)(z-e^{-aT})}$
$=\dfrac{z(z-e^{-aT})-z(z-1)}{(z-1)(z-e^{-aT})}=\dfrac{z}{z-1}-\dfrac{z}{z-e^{-aT}}$

$\therefore f(t)=1-e^{-aT}$

03 ② 04 ④ 05 ④ Answer

06 기본 제어요소인 비례요소의 전달함수는?(단, K는 상수이다.)

① $G(s) = K$
② $G(s) = Ks$
③ $G(s) = \dfrac{K}{s}$
④ $G(s) = \dfrac{K}{s+K}$

[해설]
- 비례요소 $G(s) = K$
- 미분요소 $G(s) = Ks$
- 적분요소 $G(s) = \dfrac{K}{s}$
- 1차 지연요소 $G(s) = \dfrac{K}{Ts+1}$

07 다음의 상태방정식으로 표현되는 시스템의 상태천이행렬은?

$$\begin{bmatrix} \dfrac{d}{dt}x_1 \\ \dfrac{d}{dt}x_2 \end{bmatrix} = \begin{bmatrix} 0 & 1 \\ -3 & -4 \end{bmatrix} \begin{bmatrix} x_1 \\ x_2 \end{bmatrix}$$

① $\begin{bmatrix} 1.5e^{-t} - 0.5e^{-3t} & -1.5e^{-t} + 1.5e^{-3t} \\ 0.5e^{-t} - 0.5e^{-3t} & -0.5e^{-t} + 1.5e^{-3t} \end{bmatrix}$

② $\begin{bmatrix} 1.5e^{-t} - 0.5e^{-3t} & 0.5e^{-t} - 0.5e^{-3t} \\ -1.5e^{-t} + 1.5e^{-3t} & -0.5e^{-t} + 1.5e^{-3t} \end{bmatrix}$

③ $\begin{bmatrix} 1.5e^{-t} - 0.5e^{-4t} & 0.5e^{-t} - 0.5e^{-4t} \\ -1.5e^{-t} + 1.5e^{-4t} & -0.5e^{-t} + 1.5e^{-4t} \end{bmatrix}$

④ $\begin{bmatrix} 1.5e^{-t} - 0.5e^{-4t} & -1.5e^{-t} + 1.5e^{-4t} \\ 0.5e^{-t} - 0.5e^{-4t} & -0.5e^{-t} + 1.5e^{-4t} \end{bmatrix}$

[해설] 상태천이행렬 $\phi(t) = \mathcal{L}^{-1}[sI - A]^{-1}$

$A = \begin{bmatrix} 0 & 1 \\ -3 & -4 \end{bmatrix}$

$[sI - A] = \begin{bmatrix} s & 0 \\ 0 & s \end{bmatrix} - \begin{bmatrix} 0 & 1 \\ -3 & -4 \end{bmatrix} = \begin{bmatrix} s & -1 \\ 3 & s+4 \end{bmatrix}$

$[sI - A]^{-1} = \dfrac{1}{\begin{bmatrix} s & -1 \\ 3 & s+4 \end{bmatrix}} \begin{bmatrix} s+4 & 1 \\ -3 & s \end{bmatrix}$

$= \begin{bmatrix} \dfrac{s+4}{(s+1)(s+3)} & \dfrac{1}{(s+1)(s+3)} \\ \dfrac{-3}{(s+1)(s+3)} & \dfrac{s}{(s+1)(s+3)} \end{bmatrix}$

$\phi(t) = \begin{bmatrix} 1.5e^{-t} - 0.5e^{-3t} & 0.5e^{-t} - 0.5e^{-3t} \\ -1.5e^{-t} + 1.5e^{-3t} & -0.5e^{-t} + 1.5e^{-3t} \end{bmatrix}$

Answer ➲ 06 ① 07 ②

08 제어시스템의 전달함수가 $T(s) = \dfrac{1}{4s^2+s+1}$ 과 같이 표현될 때 이 시스템의 고유주파수 (ω_n[rad/s])와 감쇠율(ζ)은?

① $\omega_n = 0.25$, $\zeta = 1.0$
② $\omega_n = 0.5$, $\zeta = 0.25$
③ $\omega_n = 0.5$, $\zeta = 0.5$
④ $\omega_n = 1.0$, $\zeta = 0.5$

해설 2차계 전달함수 $T(s) = \dfrac{\omega_n^2}{s^2 + 2\zeta\omega_n s + \omega_n^2}$

$T(s) = \dfrac{1}{4s^2+s+1} = \dfrac{\dfrac{1}{4}}{s^2 + \dfrac{1}{4}s + \dfrac{1}{4}}$

$\omega_n^2 = \dfrac{1}{4}$ $\omega_n = \dfrac{1}{2} = 0.5$

$2\zeta\omega_n = \dfrac{1}{4}$ $\zeta = \dfrac{1}{2\omega_n}\dfrac{1}{4} = \dfrac{1}{2 \times \dfrac{1}{2} \times 4} = \dfrac{1}{4} = 0.25$

09 그림의 신호흐름선도를 미분방정식으로 표현한 것으로 옳은 것은?(단, 모든 초기 값은 0이다.)

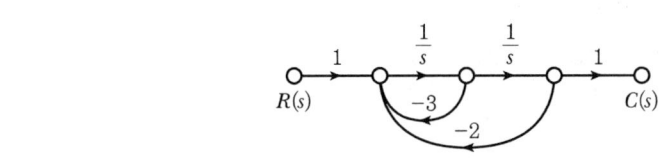

① $\dfrac{d^2 c(t)}{dt^2} + 3\dfrac{dc(t)}{dt} + 2c(t) = r(t)$
② $\dfrac{d^2 c(t)}{dt^2} + 2\dfrac{dc(t)}{dt} + 3c(t) = r(t)$
③ $\dfrac{d^2 c(t)}{dt^2} - 3\dfrac{dc(t)}{dt} - 2c(t) = r(t)$
④ $\dfrac{d^2 c(t)}{dt^2} - 2\dfrac{dc(t)}{dt} - 3c(t) = r(t)$

해설 $\dfrac{C(s)}{R(s)} = \dfrac{\dfrac{1}{s} \times \dfrac{1}{s}}{1 + \dfrac{3}{s} + \dfrac{2}{s^2}} = \dfrac{1}{s^2 + 3s + 2}$

$s^2 C(s) + 3s\, C(s) + 2C(s) = R(s)$

미분방정식 $\dfrac{d^2}{dt^2} C(t) + 3\dfrac{d}{dt} C(t) + 2C(t) = r(t)$

08 ②   09 ①   ● Answer

10 제어시스템의 특성방정식이 $s^4+s^3-3s^2-s+2=0$와 같을 때, 이 특성방정식에서 s 평면의 오른쪽에 위치하는 근은 몇 개인가?

① 0
② 1
③ 2
④ 3

해설 루스판별법

s^4	1, −3, 2
s^3	1, −1, 0
s^2	−2, 2, 0
s	0, 0
s^0	2

1열 부호가 2번 변화되므로 불안정근이 2개이다.

Answer ○ 10 ③

2022년도 3회 시험 과년도 기출문제

01 $G(s)H(s) = \dfrac{K(s+1)}{s(s+2)(s+3)}$ 에서 근궤적의 수는?

① 1
② 2
③ 3
④ 4

해설 근궤적의 수(N)는
- z(영점의 수) $>$ p(극의 수)이면 $N = z$
- $z < p$, $N = p$

문제에서 $z = 1$, $P = 3$이므로, 근궤적의 수 $N = p$
즉 $N = 3$

02 3차인 이산치시스템의 특성방정식의 근이 -0.3, -0.2, $+0.5$로 주어져 있다. 이 시스템의 안정도는?

① 이 시스템은 안정한 시스템이다.
② 이 시스템은 불안정한 시스템이다.
③ 이 시스템은 임계안정한 시스템이다.
④ 위 정보로서는 이 시스템의 안정도를 알 수 없다.

해설 근의 위치(-0.3, -0.2, $+0.5$)가 원점을 중심으로 한 단위원 내부에 있으므로 안정한 시스템이다.

03 $\overline{A}BC + \overline{A}\overline{B}C + \overline{A}B\overline{C} + AB\overline{C} + \overline{A}BC + \overline{A}\overline{B}\overline{C}$의 논리식을 간략화하면?

① $A + AC$
② $A + C$
③ $\overline{A} + A\overline{B}$
④ $\overline{A} + A\overline{C}$

해설 $\overline{A}BC + \overline{A}\overline{B}C + \overline{A}B\overline{C} + AB\overline{C} + \overline{A}BC + \overline{A}\overline{B}\overline{C}$
$= \overline{A}B(C + \overline{C}) + A\overline{C}(\overline{B} + B) + \overline{A}\overline{B}(C + \overline{C})$
$= \overline{A}B + A\overline{C} + \overline{A}\overline{B}$
$= \overline{A}(B + \overline{B}) + A\overline{C}$
$= \overline{A} + A\overline{C}$

Answer: 01 ③ 02 ① 03 ④

04 블록선도의 전달함수가 $\dfrac{C(s)}{R(s)} = 10$과 같이 되기 위한 조건은?

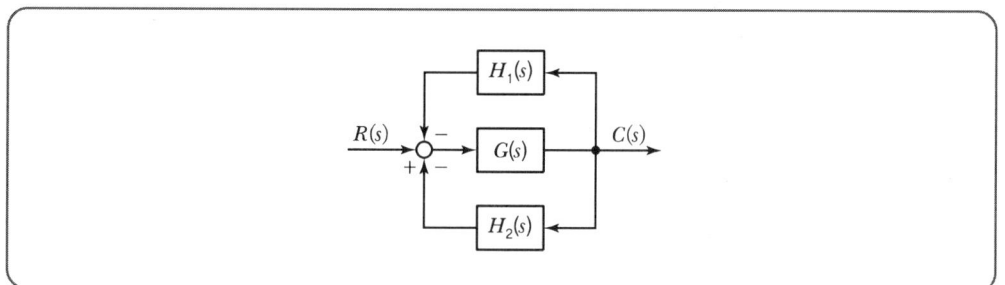

① $G(s) = \dfrac{1}{1 - H_1(s) - H_2(s)}$ ② $G(s) = \dfrac{10}{1 - H_1(s) - H_2(s)}$

③ $G(s) = \dfrac{1}{1 - 10H_1(s) - 10H_2(s)}$ ④ $G(s) = \dfrac{10}{1 - 10H_1(s) - 10H_2(s)}$

해설
$$\dfrac{C(s)}{R(s)} = \dfrac{G(s)}{1 + G(s)H_1(s) + G(s)H_2(s)} = 10$$
$$= \dfrac{G(s)}{1 + G(s)[H_1(s) + H_2(s)]} = 10$$
$$G(s) = 10 + 10G(s)[H_1(s) + H_2(s)]$$
$$G(s)[1 - 10(H_1(s) + H_2(s))] = 10$$
$$\therefore G(s) = \dfrac{10}{1 - 10H_1(s) - 10H_2(s)}$$

05 그림과 같은 보드선도의 이득선도를 갖는 제어시스템의 전달함수는?

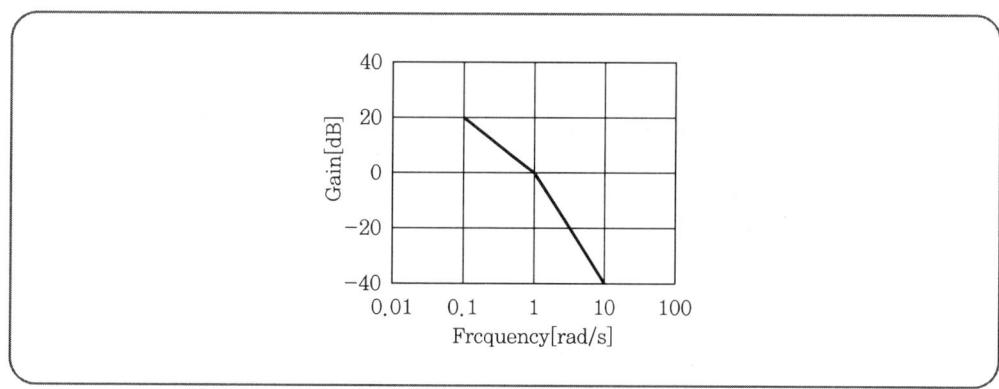

Answer ○ 04 ④ 05 ②

① $G(s) = \dfrac{10}{(s+1)(s+10)}$ ② $G(s) = \dfrac{10}{(s+1)(10s+1)}$

③ $G(s) = \dfrac{20}{(s+1)(s+10)}$ ④ $G(s) = \dfrac{20}{(s+1)(10s+1)}$

해설 $g = 20\log|G(j\omega)| = 20\log\left|\dfrac{10}{(j\omega+1)(j10\omega+1)}\right|$

$= 20\log\dfrac{10}{(\sqrt{\omega^2+1})(\sqrt{10\omega^2+1})}$

$= 20\log 10 - 20\log\sqrt{\omega^2+1} - 20\log\sqrt{(10\omega)^2+1}$

- $\omega < 0.1$ 일 때
  $g = 20 - 20\log 1 - 20\log 1 = 20\,[\text{dB}]$
- $0.1 < \omega < 1$ 일 때
  $g = 20 - 20\log 1 - 20\log 10\omega$
  $= 20 - 20\log 10 - 20\log\omega$
  $= -20\log\omega = -20\,[\text{dB/dec}]$
- $\omega > 1$ 일 때
  $g = 20 - 20\log\omega - 20\log 10\omega$
  $= 20 - 20\log\omega - 20\log 10 - 20\log\omega$
  $= -40\log\omega = -40\,[\text{dB/dec}]$

06 그림과 같은 신호흐름선도의 전달함수는?

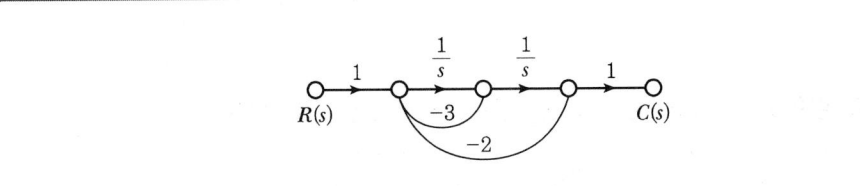

① $\dfrac{d^2c(t)}{dt^2} + 3\dfrac{dc(t)}{dt} + 2c(t) = r(t)$ ② $\dfrac{d^2c(t)}{dt^2} + 2\dfrac{dc(t)}{dt} + 3c(t) = r(t)$

③ $\dfrac{d^2c(t)}{dt^2} - 3\dfrac{dc(t)}{dt} - 2c(t) = r(t)$ ④ $\dfrac{d^2c(t)}{dt^2} - 2\dfrac{dc(t)}{dt} - 3c(t) = r(t)$

해설 $\dfrac{c(s)}{R(s)} = \dfrac{\dfrac{1}{s^2}}{1 + \dfrac{3}{s} + \dfrac{2}{s^2}} = \dfrac{1}{s^2 + 3s + 2}$

$s^2 c(s) + 3s c(s) + 2c(s) = R(s)$

$\dfrac{d^2}{dt^2}c(t) + 3\dfrac{d}{dt}c(t) + 2c(t) = r(t)$

06 ① **Answer**

07 그림의 제어시스템이 안정하기 위한 K의 범위는?

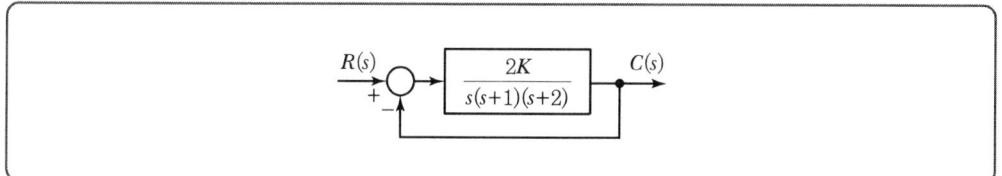

① $0 < K < 3$
② $0 < K < 4$
③ $0 < K < 5$
④ $0 < K < 6$

[해설] 특성방정식 : $s^3 + 3s^2 + 2s + 2K = 0$

s^3	1	2
s^2	3	$2K$
s	$\dfrac{6-2K}{3}$	0
s	$2K$	

제1열 부호 변화가 없어야 하므로 $6 - 2K > 0$, $K < 3$
$2K > 0$, $K > 0$
∴ $0 < K < 3$

08 다음 회로망에서 입력전압을 $V_1(t)$, 출력전압을 $V_2(t)$라 할 때, $\dfrac{V_2(s)}{V_1(s)}$에 대한 고유주파수 ω_n과 제동비 ζ의 값은?(단, $R = 100[\Omega]$, $L = 2[H]$, $C = 200[\mu F]$이고, 모든 초기 전하는 0이다.)

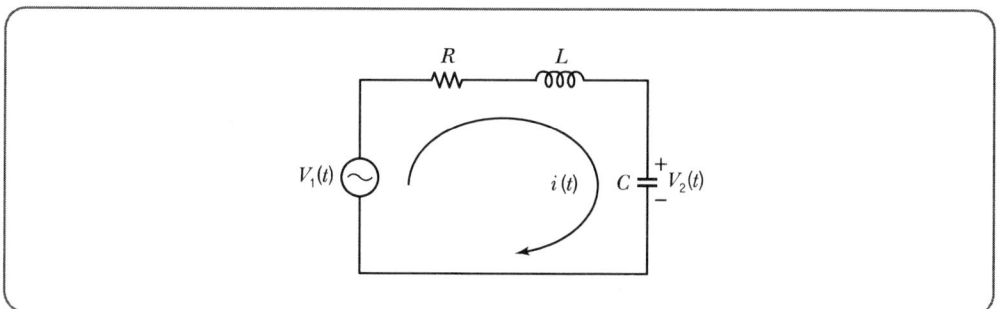

① $\omega_n = 50$, $\zeta = 0.5$
② $\omega_n = 50$, $\zeta = 0.7$
③ $\omega_n = 250$, $\zeta = 0.5$
④ $\omega_n = 250$, $\zeta = 0.7$

Answer ● 07 ① 08 ①

해설 ㉠ 전달함수 $\dfrac{V_2(s)}{V_1(s)} = \dfrac{\dfrac{1}{Cs}}{R+Ls+\dfrac{1}{Cs}}$

$= \dfrac{1}{LCs^2+RCs+1} = \dfrac{\dfrac{1}{LC}}{s^2+\dfrac{R}{L}s+\dfrac{1}{LC}}$

㉡ 2차계 전달함수 $G(s) = \dfrac{\omega_n^2}{s^2+2s\omega_n s+\omega_n^2}$

- $\omega_n^2 = \dfrac{1}{LC} = \dfrac{1}{2\times 200\times 10^{-6}} = 2,500$

  $\therefore \omega_n = 50$

- $2\delta\omega_n = \dfrac{R}{L} = \dfrac{100}{2} = 50$

  $\therefore \delta = \dfrac{50}{2\omega_n} = \dfrac{50}{2\times 50} = 0.5$

09 다음의 신호선도에서 $\dfrac{Y(s)}{D(s)}$ 를 구하면?

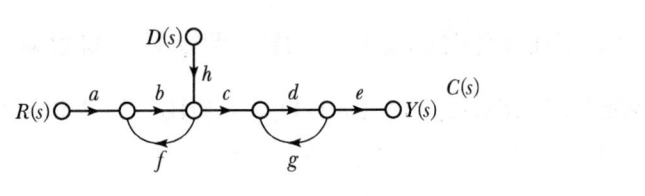

① $\dfrac{cdeh}{1-bf-dg+bdfg}$ 　② $\dfrac{abcde+hcde}{1-bf-dg+bfdg}$

③ $\dfrac{cdeh}{1-dg}$ 　④ $\dfrac{abcde+hcde}{1-dg}$

해설 $G(s) = \dfrac{Y(s)}{D(s)} = \dfrac{cdeh}{1-bf-dg+bdfg}$

09 ① Answer

10 단위 부궤한 제어시스템의 개루프전달함수 $G(s)$가 다음과 같이 주어져 있다. 이때 다음 설명 중 틀린 것은?

$$G(s) = \frac{\omega_n^2}{s(s+2\zeta\omega_n)}$$

① 이 시스템은 $\zeta = 1.2$일 때 과제동된 상태에 있게 된다.
② 이 폐루프시스템의 특성방정식은 $s^2 + 2\zeta\omega_n s + \omega_n^2 = 0$이다.
③ ζ값이 작게 될수록 제동이 많이 걸리게 된다.
④ ζ값이 음의 값이면 불안정하게 된다.

[해설] 제동계수가 작게 되면 제동이 적게 걸린다.

Answer ▶ 10 ③

전기기사
2023년도 1회 시험
과년도 기출문제

01 개루프 전달함수가 다음과 같을 때 이 계의 이탈점(Break Away Point)은?

$$G(s)H(s) = \frac{K(s+4)}{s(s+2)}$$

① $s = -1.172$
② $s = -6.828$
③ $s = -1.172, -6.828$
④ $s = 0, -2$

해설 이 계의 특성방정식은 $G(s)H(s) = \frac{K(s+4)}{s(s+2)}$ 이므로

$1 + G(s)H(s) = \frac{s(s+2) + K(s+4)}{s(s+2)} = 0$

또는 $s(s+2) + K(s+4) = 0$

위 식을 고쳐 쓰면 $K = -\frac{s(s+2)}{s+4}$

s에 관하여 미분하면 $\frac{dK}{ds} = \frac{-(2s+2)(s+4) + s(s+2)}{(s+4)^2} = 0$

$s^2 + 8s + 8 = 0$

2차 방정식을 풀면 $s_1 = -1.172$, $s_2 = -6.828$

따라서 분지점은 $s = -1.172$, $s = -6.828$이다.

02 논리식 $\overline{A} + \overline{B} \cdot \overline{C}$를 간단히 계산한 결과는?

① $\overline{A} + \overline{B}\,\overline{C}$
② $\overline{A(B+C)}$
③ $\overline{A} \cdot \overline{B} + \overline{C}$
④ $\overline{A \cdot B} + \overline{C}$

해설 드모르간 정리에서
$\overline{A} + \overline{B} \cdot \overline{C} = \overline{A} + \overline{B+C} = \overline{A(B+C)}$

03 2차 제어계에서 공진주파수 ω_m와 고유주파수 ω_n, 감쇠비 α 사이의 관계가 옳은 것은?

① $\omega_m = \omega_n \sqrt{1-\alpha^2}$
② $\omega_m = \omega_n \sqrt{1+\alpha^2}$
③ $\omega_m = \omega_n \sqrt{1-2\alpha^2}$
④ $\omega_m = \omega_n \sqrt{1+2\alpha^2}$

해설 $\omega_m = \omega_n \sqrt{1-2\alpha^2}$
여기서, ω_m : 공진주파수, ω_n : 고유주파수, α : 감쇠비

01 ③ 02 ② 03 ③ **Answer**

04 $G(j\omega) = j0.1\omega$에서 $\omega = 0.01$[rad/s]일 때, 계의 이득[dB]은 얼마인가?

① -100
② -80
③ -60
④ -40

해설 $g = 20\log|G(j\omega)| = 20\log|0.001| = 20\log10^{-3} = -60$[dB]

05 응답이 최종값의 10[%]에서 90[%]까지 되는 데 필요한 시간은?

① 상승시간(Rise Time)
② 지연시간(Delay Time)
③ 응답시간(Response Time)
④ 정정시간(Settling Time)

해설 상승(입상)시간
응답이 최종값의 10[%]에서 90[%]까지 되는 데 필요한 시간

06 상태방정식 $\dfrac{d}{dt}x(t) = Ax(t) + Bu(t)$, 출력방정식 $y(t) = Cx(t)$에서 $A = \begin{bmatrix} -1 & 2 & 3 \\ 0 & -4 & 0 \\ 0 & 1 & -5 \end{bmatrix}$, $B = \begin{bmatrix} 0 \\ 0 \\ 1 \end{bmatrix}$, $C = [1\ 0\ 0]$일 때, 다음 설명 중 맞는 것은?

① 이 시스템은 가제어하나(controllable), 가관측하다(observable).
② 이 시스템은 가제어하나(controllable), 가관측하지 않다(unobservable).
③ 이 시스템은 가제어하지 않으나(uncontrollable), 가관측하다(observable).
④ 이 시스템은 가제어하지 않고(uncontrollable), 가관측하지 않다(unobservable).

해설 $A = \begin{bmatrix} -1 & 2 & 3 \\ 0 & -4 & 0 \\ 0 & 1 & -5 \end{bmatrix}$, $B = \begin{bmatrix} 0 \\ 0 \\ 1 \end{bmatrix}$, $C = [1\ 0\ 0]$

$A^2 = \begin{bmatrix} -1 & 2 & 3 \\ 0 & -4 & 0 \\ 0 & 1 & -5 \end{bmatrix}\begin{bmatrix} -1 & 2 & 3 \\ 0 & -4 & 0 \\ 0 & 1 & -5 \end{bmatrix} = \begin{bmatrix} 1 & -7 & -18 \\ 0 & 16 & 0 \\ 0 & -9 & 25 \end{bmatrix}$

- 가제어 : $[B, AB, A^2B] = \begin{bmatrix} 0 & 3 & -18 \\ 0 & 0 & 0 \\ 1 & -5 & 25 \end{bmatrix}$에서 행렬식이 0이므로 가제어가 성립하지 않는다.

- 가관측 : $\begin{bmatrix} C \\ CA \\ CA^2 \end{bmatrix} = \begin{bmatrix} 1 & 0 & 0 \\ -1 & 2 & 3 \\ 1 & -7 & -18 \end{bmatrix}$에서 행렬식이 -15, 즉 0이 아니므로 가관측이 성립한다.

Answer ◯ 04 ③ 05 ① 06 ③

07 $R-C$ 저역 필터 회로의 전달함수 $G(j\omega)$는 $\omega = 0$에서 얼마인가?

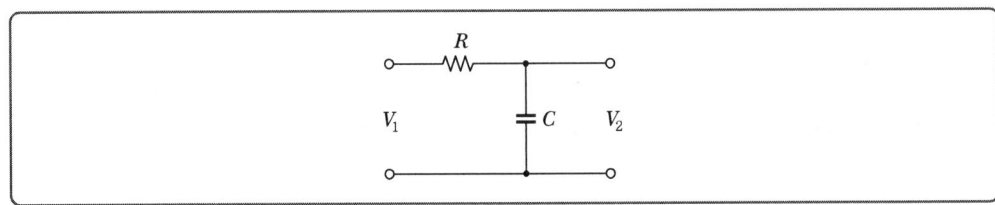

① 0　　　② 0.5　　　③ 1　　　④ 0.707

해설 $G(j\omega) = \dfrac{V_2(j\omega)}{V_1(j\omega)} = \dfrac{1}{RC(j\omega)+1}$

$\omega = 0$이므로 $G(j\omega) = 1$

08 $F(s) = \dfrac{s+2}{s^2+4s+13}$ 에 대한 역변환 함수 $f(t)$는?

① $e^{-2t}\cos 3t$　　② $e^{-3t}\cos 2t$　　③ $e^{3t}\cos 2t$　　④ $e^{2t}\cos 3t$

해설 인수분해가 불가능한 경우는 다음과 같은 완전제곱식 형태를 사용한다.

$F(s) = \dfrac{s+2}{s^2+4s+13} = \dfrac{s+2}{(s+2)^2+3^2}$

이때, $\mathcal{L}^{-1}[\cos\omega t] = \dfrac{s}{s^2+\omega^2}$ 과 복소추이 정리를 이용하면

$f(t) = e^{-2t} \cdot \cos 3t$

09 제어시스템의 개루프 전달함수 $G(s)H(s) = \dfrac{K(s+30)}{s^4+s^3+2s^2+s+7}$ 로 주어질 때 다음 중 $K > 0$인 경우 근궤적의 점근선이 실수축과 이루는 각도는?

① 20°　　　　　　　　② 60°
③ 90°　　　　　　　　④ 120°

해설 점근선의 각도 $\alpha_k = \dfrac{(2k+1)\pi}{p-z}$ (단, $k = 0, 1, 2, \cdots$)

극점 $p=4$개, 영점 $z=1$개이므로

- $\alpha_0 = \dfrac{(2\times 0+1)\pi}{4-1} = \dfrac{\pi}{3} = 60°$
- $\alpha_1 = \dfrac{(2\times 1+1)\pi}{4-1} = \dfrac{3\pi}{3} = 180°$
- $\alpha_2 = \dfrac{(2\times 2+1)\pi}{4-1} = \dfrac{5\pi}{3} = 300°$

07 ③　08 ①　09 ②　**Answer**

10 그림의 회로와 동일한 논리소자는?

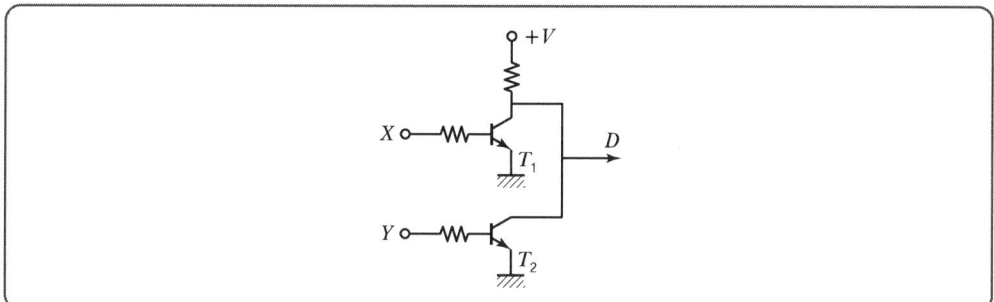

①  X, Y → D (NOR)

② 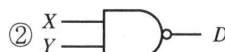 X, Y → D (NAND)

③ X, Y → D (AND)

④ X, Y → D (OR)

[해설] X 또는 Y에 입력신호가 들어가면 T_1이나 T_2로 전류가 흘려 출력 D가 발생할 수 없다.

Answer ▶ 10 ①

2023년도 2회 시험 과년도 기출문제

01 $I(s) = \dfrac{12}{2s(s+6)}$ 일 때 초깃값 $i(0^+)$은?

① 0　　　　② -2
③ 2　　　　④ 1

해설 초깃값 정리에 의해서
$$\lim_{s\to\infty} s \cdot F(s) = \lim_{s\to\infty} s \cdot \dfrac{12}{2s(s+6)}$$
$$= \lim_{s\to\infty} \dfrac{12}{2(s+6)} = \dfrac{12}{\infty} = 0$$

02 자동제어의 추치제어에 속하지 않는 것은?

① 추종제어　　　　② 비율제어
③ 프로그램 제어　　④ 프로세스 제어

해설 목푯값에 의한 분류(입력기준)
- 정치제어 : 목표값이 시간에 관계없이 항상 일정한 제어(프로세스제어, 자동조정제어)
- 추치제어 : 목표값의 크기나 위치가 시간에 따라 변하는 것을 제어(추종제어, 프로그램제어, 비율제어)

03 다음 신호흐름선도에서 $\dfrac{C}{R}$는?

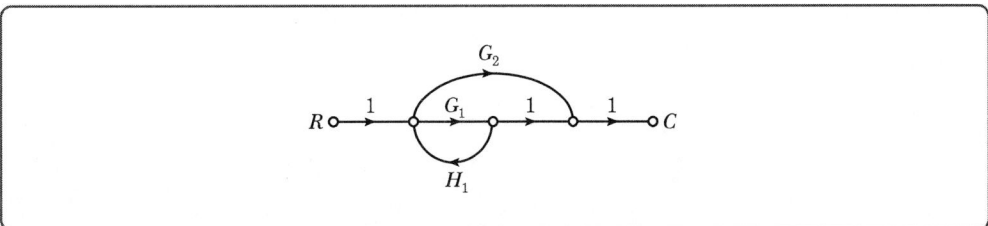

① $\dfrac{G_1 + G_2}{1 - G_1 H_1}$　② $\dfrac{G_1 G_2}{1 - G_1 H_1}$　③ $\dfrac{G_1 + G_2}{1 + G_1 H_1}$　④ $\dfrac{G_1 G_2}{1 + G_1 H_1}$

해설 $\dfrac{C}{R} = 1 \times \dfrac{G_1 \times 1 + G_2}{1 - G_1 H_1} \times 1 = \dfrac{G_1 + G_2}{1 - G_1 H_1}$

01 ①　02 ④　03 ①　**Answer**

04 $G(s)H(s) = \dfrac{K}{s(s+4)(s+5)}$ 에서 근궤적의 수는?

① 1 　　　　② 2 　　　　③ 3 　　　　④ 4

[해설] 근궤적의 수 N은
영점수 z와 극점수 p 중에서 큰 수와 같다.
- 영점 : 분자가 0이 되는 s값 없음. $z=0$
- 극점 : 분모가 0이 되는 s값 0, -4, -5. $p=3$

$z<p$이므로 $N=p=3$

05 전달함수가 $\dfrac{C(s)}{R(s)} = \dfrac{1}{3s^2+4s+1}$ 인 제어시스템의 과도응답특성은?

① 무제동　　　　　　② 부족제동
③ 임계제동　　　　　　④ 과제동

[해설] $\dfrac{C(s)}{R(s)} = \dfrac{\omega_n^2}{s^2+2\delta\omega_n s+\omega_n^2} = \dfrac{1}{3s^2+4s+1} = \dfrac{\dfrac{1}{3}}{s^2+\dfrac{4}{3}s+\dfrac{1}{3}}$

$\omega_n^2 = \dfrac{1}{3}$, $\omega_n = \dfrac{1}{\sqrt{3}}$, $2\delta\omega_n = \dfrac{4}{3}$

제동비 $\delta = \dfrac{4}{3} \times \dfrac{1}{2} \times \sqrt{3} = 1.15 > 1$, 과제동

06 어떤 제어계의 전달함수가 $G(s) = \dfrac{2s+1}{s^2+s+1}$ 로 표시될 때, 이 계에 입력 $x(t)$를 가했을 때 출력 $y(t)$를 구하는 미분방정식으로 알맞은 것은?

① $\dfrac{d^2y(t)}{dt^2} + \dfrac{dy(t)}{dt} + y(t) = 2\dfrac{dy(t)}{dx} + x(t)$

② $\dfrac{d^2y(t)}{dt^2} + \dfrac{dy(t)}{dt} + y(t) = 2\dfrac{dy(t)}{dt} + x(t)$

③ $\dfrac{d^2x(t)}{dt^2} + \dfrac{dy(t)}{dt} + y(t) = 2\dfrac{dx(t)}{dt} + x(t)$

④ $\dfrac{d^2y(t)}{dt^2} + \dfrac{dy(t)}{dx} + y(t) = 2\dfrac{dx(t)}{dt} + x(t)$

Answer ● 04 ③　05 ④　06 ②

해설 $G(s) = \dfrac{Y(s)}{X(s)} = \dfrac{2s+1}{s^2+s+1}$

$Y(s)(s^2+s+1) = X(s)(2s+1)$

$s^2 Y(s) + s Y(s) + Y(s) = 2sX(s) + X(s)$

양변을 역라플라스 변환하면

$\dfrac{d^2 y(t)}{dt^2} + \dfrac{dy(t)}{dt} + y(t) = 2\dfrac{dy(t)}{dt} + x(t)$

07 선형 자동제어계에서 특성방정식의 정의는?

① 폐루프 전달함수가 0을 만족하는 방정식
② 폐루프 전달함수가 1을 만족하는 방정식
③ 개루프 전달함수가 −1을 만족하는 방정식
④ 폐루프 전달함수가 −1을 만족하는 방정식

해설 특성방정식
- 개루프 전달함수가 −1을 만족하는 방정식
- 폐루프 전달함수 $\dfrac{G(s)}{1+G(s)H(s)}$ 에서
$1+G(s)H(s) = 0$, 분모가 0이 되는 방정식

08 전달함수가 $G(s) = \dfrac{10}{s^2+3s+2}$ 으로 표현되는 제어시스템에서 직류 이득은 얼마인가?

① 1 ② 2 ③ 3 ④ 5

해설 직류에서 $s=0$이므로

$G(s) = \dfrac{10}{0^2+3\times 0+2}\bigg|_{s=0} = \dfrac{10}{2} = 5$

09 보드 선도에서 두 점근선이 만나는 점을 무엇이라 하는가?

① 절점주파수 ② 공진주파수
③ 영주파수   ④ 대역폭

해설 절점주파수
보드선도가 경사를 이루는 실수부와 허수부가 같아지는 주파수, 즉 두 점근선이 만나는 점(굴곡점)을 의미한다.

07 ③ 08 ④ 09 ① Answer

10 그림의 게이트(Gate) 명칭은 어떻게 되는가?

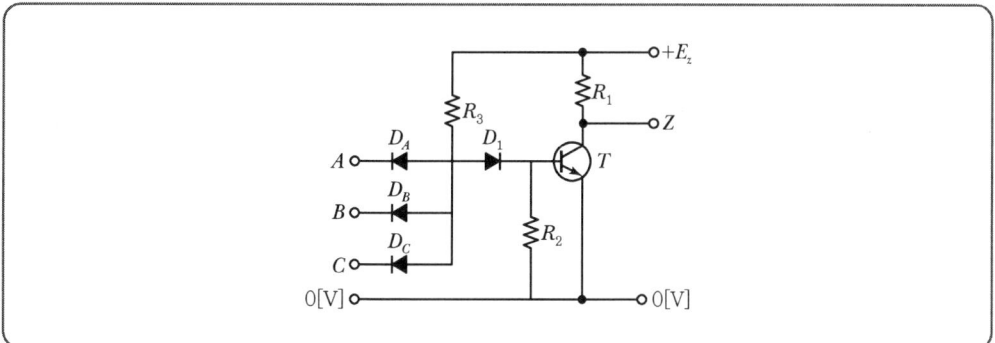

① AND Gate
② OR Gate
③ NAND Gate
④ NOR Gate

해설 NAND 게이트
- AND Gate의 부정
- 무접점 회로에서 입력과 출력 사이에 트랜지스터가 있고 입력 측에 역방향 다이오드(AND)가 있으면 NAND 회로이다.
- $Z = \overline{A \cdot B \cdot C}$
- 진리표

입력			출력
A	B	C	Z
0	0	0	1
0	0	1	1
0	1	0	1
0	1	1	1
1	0	0	1
1	0	1	1
1	1	0	1
1	1	1	0

Answer ◯ 10 ③

2023년도 3회 시험 — 과년도 기출문제

전기기사

01 어느 시퀀스 제어시스템의 내부 상태가 9가지로 바뀐다면 이를 설계할 때 필요한 플립플롭의 최소 개수는?

① 3
② 4
③ 5
④ 9

[해설] n개의 플립플롭이 셀 수 있는 가지수는 $2^n - 1$이므로
$9 \leq 2^n - 1$을 만족하는 조건은 $n \geq 4$이다.

02 $G(s)H(s) = \dfrac{K(s+1)}{s^2(s+2)(s+3)}$ 에서 점근선의 교차점은 얼마인가?

① $-\dfrac{5}{6}$ ② $-\dfrac{1}{5}$ ③ $-\dfrac{4}{3}$ ④ $-\dfrac{1}{3}$

[해설]
- 영점 : 분자가 0이 되기 위한 s값 -1
  영점의 수 $z = 1$
- 극점 : 분모가 0이 되기 위한 s값 $0, 0, -2, -3$
  극점의 수 $p = 4$
- 교차점 $\sigma = \dfrac{\sum 극점 - \sum 영점}{p - z} = \dfrac{(-2-3)-(-1)}{4-3} = -\dfrac{4}{3}$

03 다음과 같은 상태방정식으로 표현되는 제어시스템에 대한 특성방정식의 근 (s_1, s_2)은?

$$\begin{bmatrix} \dot{x_1} \\ \dot{x_2} \end{bmatrix} = \begin{bmatrix} 0 & -3 \\ 2 & -5 \end{bmatrix} \begin{bmatrix} x_1 \\ x_2 \end{bmatrix} + \begin{bmatrix} 1 \\ 0 \end{bmatrix} u$$

① $1, -3$
② $-1, -2$
③ $-2, -3$
④ $-1, -3$

[해설] $|sI - A| = \begin{bmatrix} s & 0 \\ 0 & s \end{bmatrix} - \begin{bmatrix} 0 & -3 \\ 2 & -5 \end{bmatrix} = \begin{bmatrix} s & 3 \\ -2 & s+5 \end{bmatrix}$
$= s(s+5) - (-2) \times 3 = s^2 + 5s + 6$
$= (s+2)(s+3) = 0$
$\therefore s = -2, -3$

01 ② 02 ③ 03 ③ **Answer**

04 다음과 같은 시스템에 단위계단입력 신호가 가해졌을 때 지연시간에 가장 가까운 값[sec]은?

$$\frac{C(s)}{R(s)} \frac{1}{s+1}$$

① 0.5
② 0.7
③ 0.9
④ 1.2

해설 단위계단입력을 라플라스 변환하면

$$R(s) = \mathcal{L}[u(t)] = \frac{1}{s}$$

출력 $C(s) = R(s)G(s) = \frac{1}{s} \cdot \frac{1}{s+1} = \frac{1}{s(s+1)}$

출력을 역라플라스 변환하면

$$c(t) = \mathcal{L}^{-1}[C(s)] = \mathcal{L}^{-1}\left[\frac{1}{s(s+1)}\right]$$

$$= \mathcal{L}^{-1}\left[\frac{A}{s} + \frac{B}{s+1}\right] = \mathcal{L}^{-1}\left[\frac{1}{s} - \frac{1}{s+1}\right] = 1 - e^{-t}$$

- $A = \left.\frac{1}{s+1}\right|_{s=0} = 1$
- $B = \left.\frac{1}{s}\right|_{s=-1} = -1$

출력의 최종값 $\lim_{t \to \infty} c(t) = 1 - e^{-\infty} = 1 - 0 = 1$

지연시간 T_d는 최종값의 50[%]에 도달하는 데 소요되는 시간이므로 $1 - e^{-T_d} = 1 \times 0.5$, $e^{T_d} = 2$

∴ $T_d = \log_e 2 = \ln 2 = 0.7 [\text{sec}]$

05 라플라스 변환값과 z 변환값이 같은 함수는?

① t^2
② t
③ $u(t)$
④ $\delta(t)$

해설

시간함수	Laplace 변환	z 변환
$\delta(t)$	1	1
$\delta(t-nt)$	e^{-nTs}	z^{-n}
$u(t)$	$\frac{1}{s}$	$\frac{z}{z-1}$
t	$\frac{1}{s^2}$	$\frac{Tz}{(z-1)^2}$
$\frac{1}{2}t^2$	$\frac{1}{s^3}$	$\frac{T^2 z(z+1)}{2(z-1)^3}$

Answer ○ 04 ② 05 ④

06 제어공학

시간함수	Laplace 변환	z 변환
e^{-at}	$\dfrac{1}{s+a}$	$\dfrac{z}{z-e^{-aT}}$
te^{-at}	$\dfrac{1}{(s+a)^2}$	$\dfrac{Tze^{-aT}}{(z-e^{-aT})^2}$
$\sin\omega t$	$\dfrac{\omega}{s^2+\omega^2}$	$\dfrac{z\sin\omega T}{z^2-2z\cos\omega T+1}$
$\cos\omega t$	$\dfrac{s}{s^2+\omega^2}$	$\dfrac{z(z-\cos\omega T)}{z^2-2z\cos\omega T+1}$

06 전달함수가 $\dfrac{C(s)}{R(s)} = \dfrac{1}{3s^2+4s+1}$ 인 제어시스템의 과도응답특성은?

① 무제동 ② 부족제동 ③ 임계제동 ④ 과제동

해설 $\dfrac{C(s)}{R(s)} = \dfrac{\omega_n^2}{s^2+2\delta\omega_n s+\omega_n^2} = \dfrac{1}{3s^2+4s+1} = \dfrac{\frac{1}{3}}{s^2+\frac{4}{3}s+\frac{1}{3}}$

$\omega_n^2 = \dfrac{1}{3}$, $\omega_n = \dfrac{1}{\sqrt{3}}$, $2\delta\omega_n = \dfrac{4}{3}$

제동비 $\delta = \dfrac{4}{3} \times \dfrac{1}{2} \times \sqrt{3} = 1.15 > 1$, 과제동

07 전달함수가 $G_C(s) = \dfrac{s^2+3s+5}{2s}$ 인 제어기가 있다. 이 제어기는 어떤 제어기인가?

① 비례미분 제어기 ② 적분 제어기
③ 비례적분 제어기 ④ 비례미분적분 제어기

해설 $G_C(s) = \dfrac{s^2+3s+5}{2s} = \dfrac{s^2}{2s} + \dfrac{3s}{2s} + \dfrac{5}{2s} = \dfrac{s}{2} + \dfrac{3}{2} + \dfrac{5}{2s}$

$= \dfrac{3}{2}\left(1+\dfrac{5}{3s}+\dfrac{1}{3}s\right) = K_p\left(1+\dfrac{1}{T_I s}+T_D s\right)$

비례 제어 $K_p = \dfrac{3}{2}$

미분 제어 $T_D = \dfrac{1}{3}$

적분 제어 $T_I = \dfrac{3}{5}$

모두 포함하는 제어기이므로 비례미분적분 제어기이다.

06 ④ 07 ④ Answer

08 다음 블록선도의 전달함수는?

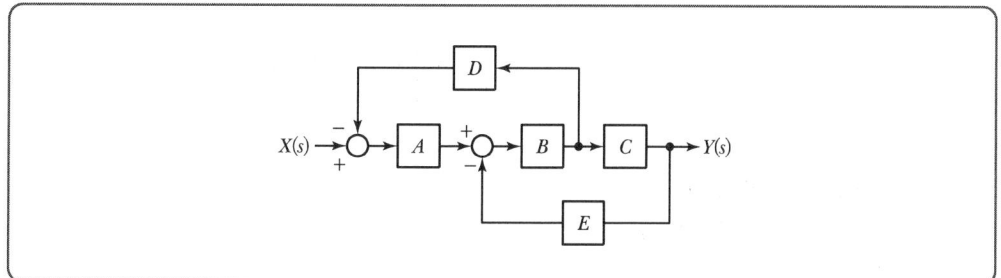

① $\dfrac{Y(s)}{X(s)} = \dfrac{ABC}{1+BCD+ABE}$

② $\dfrac{Y(s)}{X(s)} = \dfrac{ABC}{1+BCD+ABD}$

③ $\dfrac{Y(s)}{X(s)} = \dfrac{ABC}{1+BCE+ABD}$

④ $\dfrac{Y(s)}{X(s)} = \dfrac{ABC}{1+BCE+ABE}$

[해설] 전달함수 $G(s) = \dfrac{Y(s)}{X(s)} = \dfrac{\text{전향경로이득}}{1-(\text{루프이득})}$

$= \dfrac{ABC}{1-(-BCE)-(-ABD)}$

$= \dfrac{ABC}{1+BCE+ABD}$

09 Routh–Hurwitz 방법으로 특성방정식이 $s^4 + 2s^3 + s^2 + 4s + 2 = 0$인 시스템의 안정도를 판별하면?

① 안정 ② 불안정
③ 임계안정 ④ 조건부 안정

[해설] Routh–Hurwitz 표

s^4	1	1	2
s^3	2	4	0
s^2	$\dfrac{2\times1-1\times4}{2}=-\dfrac{2}{2}=-1$	$\dfrac{4\times2-0\times1}{4}=\dfrac{8}{4}=2$	0
s^1	$\dfrac{-1\times4-2\times2}{-1}=\dfrac{-8}{-1}=8$	$\dfrac{2\times0-0\times4}{2}=0$	
s^0	$\dfrac{8\times2-0\times(-1)}{8}=\dfrac{16}{8}=2$	0	

제1열에서 s^3과 s^2, s^2과 s^1에서 부호가 바뀌었으므로 불안정하다.

Answer ○ 08 ③ 09 ②

10 다음의 상태방정식의 설명 중 옳은 것은?

$$\dot{x} = \begin{bmatrix} -1 & 1 & 0 \\ 0 & -1 & 0 \\ 0 & 0 & -2 \end{bmatrix} \cdot x + \begin{bmatrix} 0 \\ 1 \\ 1 \end{bmatrix} \cdot u$$

$$y = [1\ 0\ 0] \cdot x$$

① 이 시스템은 가제어이다.
② 이 시스템은 가제어가 아니다.
③ 이 시스템은 가제어가 아니고 가관측이다.
④ 가제어성 여부를 따질 수 없다.

해설 $A = \begin{bmatrix} -1 & 1 & 0 \\ 0 & -1 & 0 \\ 0 & 0 & -2 \end{bmatrix}$, $B = \begin{bmatrix} 0 \\ 1 \\ 1 \end{bmatrix}$, $C = [1\ 0\ 0]$

$A^2 = \begin{bmatrix} -1 & 1 & 0 \\ 0 & -1 & 0 \\ 0 & 0 & -2 \end{bmatrix} \begin{bmatrix} -1 & 1 & 0 \\ 0 & -1 & 0 \\ 0 & 0 & -2 \end{bmatrix} = \begin{bmatrix} 1 & -2 & 0 \\ 0 & 1 & 0 \\ 0 & 0 & 4 \end{bmatrix}$

• 가제어 판별식

$[B\ AB\ A^2B]$에서 행렬식이 0이 아니면 가제어 성립

$[B\ AB\ A^2B] = \begin{bmatrix} 0 & 1 & -2 \\ 1 & -1 & 1 \\ 1 & -2 & 4 \end{bmatrix}$에서 행렬식이 0이 아니므로 가제어 성립

• 가관측 판별식

$\begin{bmatrix} C \\ CA \\ CA^2 \\ \vdots \end{bmatrix}$에서 행렬식이 0이 아니면 가관측 성립

$\begin{bmatrix} C \\ CA \\ CA^2 \end{bmatrix} = \begin{bmatrix} 1 & 0 & 0 \\ -1 & 1 & 0 \\ 1 & -2 & 0 \end{bmatrix}$에서 행렬식이 0이므로 가관측 성립 안 함

10 ① Answer

2024년도 1회 시험 과년도 기출문제

01 다음 중 라플라스 변환값과 Z 변환값이 같은 함수는?

① t^2
② t
③ $u(t)$
④ $\delta(t)$

[해설]

$$\lim_{t \to 0} e(t) = \lim_{s \to \infty} E(z)$$

$f(t)$	$f(s)$	$f(z)$
$\delta(t)$	1	1
$u(t)$	$\dfrac{1}{s}$	$\dfrac{z}{z-1}$
t	$\dfrac{1}{s^2}$	$\dfrac{T_z}{(z-1)^2}$
e^{-at}	$\dfrac{1}{s+a}$	$\dfrac{z}{z-e^{-st}}$

02 전달함수가 $G(s) = \dfrac{s^2+3s+5}{2s}$ 인 제어기는 어떤 제어기인가?

① 비례 미분 제어기
② 적분 제어기
③ 비례 적분 제어기
④ 비례 미분 적분 제어기

[해설] 비례+적분+미분 동작(PID 동작)

$$x_0 = K_p\left(x_i + \frac{1}{T_I}\int x_i dt + T_D \frac{dx_i}{dt}\right)$$

$$G(s) = \frac{s^2+3s+5}{2s} = \frac{1}{2}s + \frac{3}{2} + \frac{3}{2s} = \frac{3}{2}\left(1 + \frac{5}{3s} + \frac{1}{3}s\right) = \frac{3}{2}\left(1 + \frac{1}{\frac{3}{5}s} + \frac{1}{3}s\right)$$

Answer ○ 01 ④ 02 ④

03 다음과 같은 상태방정식으로 표현되는 제어계에 대한 설명으로 틀린 것은?

$$\dot{x} = \begin{bmatrix} 0 & 1 \\ -2 & -3 \end{bmatrix} x + \begin{bmatrix} 1 & 1 \\ 0 & -2 \end{bmatrix} u$$

① 2차 제어계이다.
② x는 (2×1)의 벡터이다.
③ 특성방정식은 $(s+1)(s+2) = 0$이다.
④ 제어계는 부족제동(Under Damped)된 상태에 있다.

해설 $|sI - A| = \begin{bmatrix} s & 0 \\ 0 & s \end{bmatrix} - \begin{bmatrix} 0 & 1 \\ -2 & -3 \end{bmatrix} = \begin{bmatrix} s & -1 \\ 2 & s+3 \end{bmatrix} = s(s+3) + 2 = s^2 + 3s + 2$

특성방정식은 $s^2 + 3s + 2 = 0$이므로
$s^2 + 2\delta\omega_n s + \omega_n^2 = 0$과 비교하면 $2\delta\omega_n = 3$, $\omega_n^2 = 2$
$\therefore \omega_n = \sqrt{2}$, $2\sqrt{2}\delta = 3$

따라서, $\delta = \dfrac{3}{2\sqrt{2}}$은 1보다 크므로 과제동 상태이다.

$\delta > 1$	과제동(Over Damped)
$\delta = 1$	임계제동(Critical Damped)
$\delta < 1$	부족제동(Under Damped)

04 개루프 전달함수 $G(s) = \dfrac{s+2}{(s+1)(s+3)}$인 부궤환 제어계의 특성방정식은?

① $s^2 + 3s + 2 = 0$
② $s^2 + 4s + 3 = 0$
③ $s^2 + 4s + 6 = 0$
④ $s^2 + 5s + 5 = 0$

해설 부궤환 함수의 전달함수는 $\dfrac{G(s)}{1 + G(s)H(s)}$이고,
개루프 전달에서 시스템은 $H(s) = 1$이기 때문에
특성방정식 $F(s) = 1 + G(s) = 1 + \dfrac{s+2}{(s+1)(s+3)} = 0$이다.
$1 + \dfrac{s+2}{(s+1)(s+3)} = 0$
$(s+1)(s+3) + s + 2 = 0$
$s^2 + 5s + 5 = 0$

03 ④ 04 ④ Answer

05 어느 시퀀스 제어시스템의 내부 상태가 9가지로 바뀐다면 이를 설계할 때 필요한 플립 플롭의 최소 개수는?

① 3
② 4
③ 5
④ 9

[해설] n개의 플립플롭으로 셀 수 있는 가짓수 $= 2^n - 1$이므로 $9 \leq 2^n - 1$을 만족하는 조건은 $n \geq 4$이다.

06 블록선도 변환이 틀린 것은?

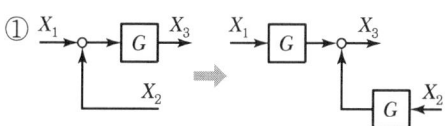

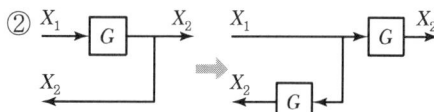

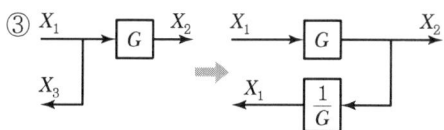

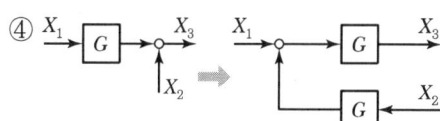

[해설] 블록선도의 변환

변환	본래의 선도	등가선도
직렬로 된 블록을 합하는 경우	$X_1 \to G_1 \to X_2 \to G_2 \to X_3$	$X_1 \to G_1G_2 \to X_3$ 또는 $X_1 \to G_2G_1 \to X_3$
합산점을 블록 앞으로 옮길 경우	$X_1 \to G_1 \to \pm \to X_3$, X_2	$X_1 \pm \to G_1 \to X_3$, $X_2 \to \frac{1}{G_1}$
합산점을 블록 뒤로 옮길 경우	$X_1 \pm \to G \to X_3$, X_2	$X_1 \to G \to \pm \to X_3$, $X_2 \to G$
합산점을 블록 앞으로 옮길 경우	$X_1 \to G \to X_3$, X_2	$X_1 \to G \to X_3$, $X_2 \to G$
합산점을 블록 뒤로 옮길 경우	$X_1 \to G \to X_2$, X_3	$X_1 \to G \to X_2$, $X_1 \to \frac{1}{G}$
피드백 루프를 제거하는 경우	$X_1 \pm \to G \to X_2$, H	$X_1 \to \frac{G}{1 \mp GH} \to X_2$

Answer ○ 05 ② 06 ④

07 다음과 같은 시스템에 단위계단입력 신호가 가해졌을 때 지연시간에 가장 가까운 값[sec]은?

$$\frac{C(s)}{R(s)} = \frac{1}{s+1}$$

① 0.5
② 0.7
③ 0.9
④ 1.2

[해설] 1) $R(s)$에 단위계단함수 라플라스 변환값을 넣어준다.

$G(s) = \frac{C(s)}{R(s)} = \frac{1}{s+1}$ 에서 입력에 단위 계산 $u(t)$

즉, $R(s) = \frac{1}{s}$ 일 때의 응답

$C(s) = \frac{1}{s+1} \cdot R(s) = \frac{1}{(s+1)} \cdot \frac{1}{s} = \frac{1}{s(s+1)}$

2) 헤비사이드 부분분수를 이용하여 쪼갠다.

$\frac{1}{s(s+1)} = \frac{1}{s} - \frac{1}{s+1}$

3) 라플라스 역변환을 한다.

∴ $C(t) = 1 - e^{-t}$

4) 최종값을 구한다.
출력의 최종값 $\lim_{t \to \infty} C(t) = 1$이 된다.

$0.5 = 1 - e^{Td}$, $e^{-Td} = \frac{1}{e^{Td}} = 0.5$에서 $e^{Td} = 2$

∴ $T_d = \log_e 2 = \ln 2 = 0.693 \fallingdotseq 0.7[\sec]$

5) 지연시간을 구한다.
지연시간 T_d는 최종값의 50[%]에 도달하는 데 소요되는 시간이므로,

$0.5 = 1 - e^{-Td}$, $e^{-Td} = \frac{1}{e^{Td}} = 0.5$에서 $e^{Td} = 2$

∴ $T_d = \log_e 2 = \ln 2 = 0.693 \fallingdotseq 0.7[\sec]$

[Tip]
지연시간(Delay Time, T_d)
최종값의 50[%]에 도달하는 시간

07 ② Answer

08 개루프 전달함수가 주어진 제어시스템에서, 근궤적이 $j\omega$(허수)축과 교차할 때의 K값은 얼마인가?

$$G(s)H(s) = \frac{K}{s(s+3)(s+4)}$$

① 84
② 48
③ 180
④ 30

[해설] 1) 특성 방정식

특성방정식 $1 + G(s)H(s) = 1 + \dfrac{K}{s(s+3)(s+4)} = 0$

$\to s^3 + 7s^2 + 12s + K = 0$

2) Routh-Hurwitz표(루스표)

s^3	1	12
s^2	7	K
s^1	$\dfrac{84-K}{7}$	0
s^0	K	

3) 보조방정식

임계안정조건 $\dfrac{84-K}{7} = 0$ 이므로

∴ $K = 84$

09 상태방정식 $\dfrac{d}{dt}x(t) = Ax(t) + Bu(t)$ 에서 $A = \begin{bmatrix} 3 & 1 \\ 1 & 3 \end{bmatrix}$ 라면 A의 고유값은?

① 1, -8
② 2, 4
③ 2, -8
④ 2, -5

[해설] 1) 특성 방정식

$|sI - A| = 0$ 에서

$sI - A = \begin{bmatrix} s & 0 \\ 0 & s \end{bmatrix} - \begin{bmatrix} 3 & 1 \\ 1 & 3 \end{bmatrix} = \begin{bmatrix} s-3 & -1 \\ -1 & s-3 \end{bmatrix}$

∴ $|sI - A| = (s-3)(s-3) - 1 = 0$

2) 특성 방정식 계산

$(s-3)(s-3) - 1 = s^2 - 6s + 8 = 0$

$\to (s-4)(s-2) = 0$ 이므로

∴ 고유값 $s = 2, 4$

Answer ○ 08 ① 09 ②

10 $G(j\omega)H(j\omega) = \dfrac{K}{(1+2j\omega)(1+j\omega)}$ 의 계의 이득여유가 20[dB]일 때 K값은?(단, $\omega = 0$ 이다.)

① $K = 0$
② $K = \dfrac{1}{10}$
③ $K = 1$
④ $K = 10$

해설 이득여유계산

이득여유 $GM = 20\log\left|\dfrac{1}{G(j\omega)H(j\omega)}\right|$ [dB]에서

$\left|\dfrac{1}{G(j\omega)}\right|_{w=0} = \dfrac{1}{K}$ 이므로

$GM = 20\log\dfrac{1}{K} = 20 \rightarrow \log\dfrac{1}{K} = 1$

$\therefore K = \dfrac{1}{10}$

10 ② Answer

2024년도 2회 시험 과년도 기출문제

01 그림과 같은 RLC회로에서 입력전압 $e_1(t)$, 출력전류가 $i(t)$인 경우 이 회로의 전달함수 $\dfrac{I(s)}{E_i(s)}$ 는?

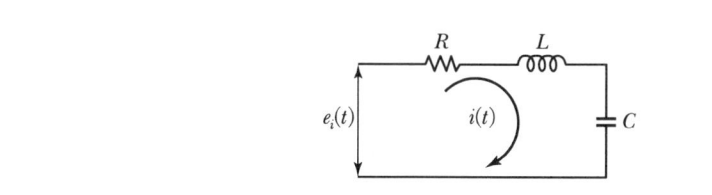

① $\dfrac{Cs}{RCs^2+LCs+1}$

② $\dfrac{1}{RCs^2+LCs+1}$

③ $\dfrac{Cs}{LCs^2+RCs+1}$

④ $\dfrac{1}{LCs^2+RCs+1}$

[해설] $e_i(t) = L\dfrac{d}{dt}i(t) + Ri(t) + \dfrac{1}{C}\int i(t)d$ 초깃값을 0으로 하고 라플라스 변환하면,

$E_i(s) = LsI(s) + RI(s) + \dfrac{1}{Cs}I(s) = \left(Ls+R+\dfrac{1}{Cs}\right)I(s)$

∴ $G(s) = \dfrac{I(s)}{E_i(s)} = \dfrac{1}{R+Ls+\dfrac{1}{Cs}} = \dfrac{Cs}{LCs^2+RCs+1}$

02 $G(s)H(s) = \dfrac{K}{(T_S+1)}$ 일 때 이 계통은 어떤 형인가?

① 0형 ② 1형
③ 2형 ④ 3형

[해설]
- 0형 : $\dfrac{1}{1+K_P}$ (위치 편차)
- 1형 : $\dfrac{1}{K_v}$ (속도 편차)
- 2형 : $\dfrac{1}{K_a}$ (가속도 편차)

Answer ● 01 ③ 02 ①

03 $G(s)H(s) = \dfrac{K(s+4)}{s(s+2)}$ 일 때, 이 계의 이탈점(Break-away Point)은?

① $s = -1.172$
② $s = -6.828$
③ $s = -1.172, -6.828$
④ $s = 0, -2$

해설 이 계의 특성방정식은 $G(s)H(s) = \dfrac{K(s+4)}{s(s+2)}$ 이므로

$$1 + G(s)H(s) = \dfrac{s(s+2) + K(s+4)}{s(s+2)} = 0$$

또는 $s(s+2) + K(s+4) = 0$ ·················· ㉠
㉠을 고쳐 쓰면
$$K = -\dfrac{s(s+2)}{s+4}$$ ·················· ㉡
㉡을 s에 관하여 미분하면
$$\dfrac{dK}{ds} = \dfrac{-(2s+2)(s+4) + s(s+2)}{(s+4)^2} = 0$$ ·················· ㉢
㉢을 간단히 하면
$s^2 + 8s + 8 = 0$ ·················· ㉣
㉣을 풀면 $s_1 = -1.172$, $s_2 = -6.828$
따라서 이탈점은 $s = -1.172$, $s = -6.828$이다.

04 $GH(jw) = \dfrac{K}{(1+2jw)(1+jw)}$ 의 이득 여유가 20[dB]일 때 K의 값은?

① $K = 0$
② $K = 1$
③ $K = 10$
④ $K = \dfrac{1}{10}$

해설 이득 여유 $20\log\left|\dfrac{1}{GH}\right| = 20$[dB]이므로

$|GH| = \left|\dfrac{K}{1 - 2\omega^2 + j3\omega}\right|_{\omega = 0} = K$ 에서

$20\log\dfrac{1}{K} = 20$

$\log\dfrac{1}{K} = 1, \quad \dfrac{1}{K} = 10$

$\therefore K = \dfrac{1}{10}$

05 단위 계단 입력 함수의 파형과 동일하나, 시간 늦음만 나타나는 제어 동작은 무엇인가?

① 비례 요소 ② 1차 지연 요소
③ 미분 요소 ④ 부동작 지연 요소

해설 부동작 시간 요소
계단 응답이 입력신호와 같은 파형이고 시간만 지연

06 아래 신호 흐름 선도의 전달함수 $\dfrac{C}{R}$를 구하면?

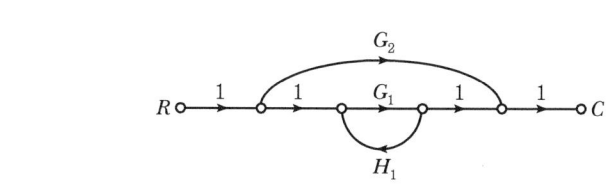

① $\dfrac{C}{R} = \dfrac{G_1 + G_2}{1 - G_1 H_1}$
② $\dfrac{C}{R} = \dfrac{G_1 + G_2}{1 - G_1 H_1 - G_2 H_2}$
③ $\dfrac{C}{R} = \dfrac{G_1 + G_2(1 - G_1 H_1)}{1 - G_1 H_1}$
④ $\dfrac{C}{R} = \dfrac{G_1 G_2}{1 - G_1 H_1}$

해설 $\Delta_1 = 1$, $\Delta_2 = 1 - G_1 H_1$

$\dfrac{C}{R} = \dfrac{G_1 \Delta_1 + G_2 \Delta_2}{\Delta} = \dfrac{G_1 + G_2(1 - G_1 H_1)}{1 - G_1 H_1}$

07 $F(s) = \dfrac{2s+3}{s^2 + 3s + 2}$의 라플라스 함수를 시간 함수로 고치면 어떻게 되는가?

① $F(t) = e^{-t} - 2e^{-2t}$
② $F(t) = e^{-t} - te^{-2t}$
③ $F(t) = e^{-t} + e^{-2t}$
④ $F(t) = 2t + e^{-t}$

해설 $F(s) = \dfrac{2s+3}{(s+1)(s+2)} = \dfrac{k_1}{s+1} + \dfrac{k_2}{s+2}$

$K_1 = \lim\limits_{s \to -1}(s+1)F(s) = \left.\dfrac{2s+3}{s+2}\right|_{s=-1} = 1$

$K_2 = \lim\limits_{s \to -2}(s+2)F(s) = \left.\dfrac{2s+3}{s+1}\right|_{s=-2} = 1$

$F(s) = \dfrac{1}{s+1} + \dfrac{1}{s+2}$

$f(t) = e^{-t} + e^{-2t}$

Answer ● 05 ④ 06 ③ 07 ③

08 $G_{c1}(s) = K$, $G_{c2}(s) = \dfrac{1+0.1s}{1+0.2s}$, $G_p(s) = \dfrac{200}{s(s+1)(s+2)}$ 인 그림과 같은 제어계에서 단위 램프 입력을 가할 때 정상 편차가 0.01이라면 K의 값은?

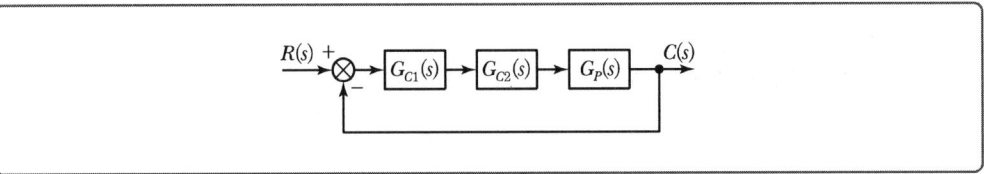

① 0.1
② 1
③ 10
④ 100

[해설] 램프입력은 속도편차상수이므로
$$K_v = \lim_{s \to 0} S \dfrac{200(1+0.1s)}{s(s+1)(s+2)(1+0.2s)} = 100k$$
속도편차 $e_{ssv} = \dfrac{1}{K_v} = \dfrac{1}{100K} = 0.01$
$\therefore K = 1$

09 다음 그림은 유접점 회로에서 나타내는 회로의 명칭은 무엇인가?

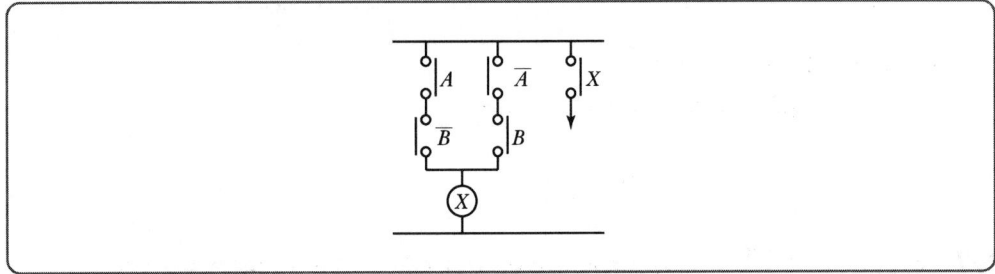

① OR 회로
② AND 회로
③ EX-OR 회로
④ NAND 회로

[해설] 출력 $X = A\overline{B} + \overline{A}B$ 이므로 EX-OR회로이다.

08 ② 09 ③ Answer

10 특성방정식이 $S^5+S^4+8S^3+6S^2+4S+2=0$으로 주어졌을 때 S평면의 우반평면의 근은 몇 개인가?

① 0
② 1
③ 2
④ 3

[해설] 루스 판별법

S^5	1	8	4
S^4	1	6	2
S^3	2	2	0
S^2	5	2	0
S	1.2	0	
S^0	2		

우반평면의 근의 수=불안전근수
1열의 부호가 +값으로 우반평면의 근의 수는 0이다.

Answer ◯ 10 ①

2024년도 3회 시험

전기기사

과년도 기출문제

01 PID 동작은 어느 것인가?

① 사이클링은 제거할 수 있으나 오프셋은 생긴다.
② 오프셋은 제거되나 제어동작에 큰 부동작 시간이 있으면 응답이 늦어진다.
③ 응답속도는 빨리 할 수 있으나 오프셋은 제거되지 않는다.
④ 사이클링과 오프셋이 제거되고 응답속도가 빠르며 안정성도 있다.

[해설] PID(비례, 적분, 미분) 제어
- 정상 특성 및 응답 속응성을 동시에 개선한다.
- 사이클링과 오프셋이 제거된다.
- 정정시간을 적게 하고 오버슈트를 감소시킨다.
- 연속선형 제어로서 최적제어이다.

02 다음과 같은 전류의 초깃값 $I(0_+)$를 구하면?

$$I(s) = \frac{12}{2s(s+6)}$$

① 6 ② 2 ③ 1 ④ 0

[해설] 초깃값

$$\lim_{s \to \infty} SI(s) = \lim_{s \to \infty} S \times \frac{12}{2s(s+6)} = \frac{12}{\infty} = 0$$

03 제어계의 미분 방정식이 $\dfrac{d^3c(t)}{dt^3} + 4\dfrac{d^2c(t)}{dt^2} + 5\dfrac{dc(t)}{dt} + c(t) = 5R(t)$로 주어졌을 때 전달 함수를 구하면?

① $\dfrac{5}{s^3 + 4s^2 + 5s + 1}$
② $\dfrac{s^3 + 4s^2 + 5s + 1}{5s}$
③ $\dfrac{5s}{s^3 + 4s^2 + 5s + 1}$
④ $s^3 + 4s^2 + 5s + 1$

[해설] 미분방정식을 라플라스 변환하면
$s^3c(s) + 4s^2c(s) + 5sc(s) + c(s) = 5R(s)$
$c(s)(s^3 + 4s^2 + 5s + 1) = 5R(s)$
$\dfrac{c(s)}{R(s)} = \dfrac{5}{s^3 + 4s^2 + 5s + 1}$

Answer 01 ④ 02 ④ 03 ①

04 다음 블록선도에서 입력이 $R(s)$ 출력이 $C(s)$일 때 $\dfrac{C(s)}{R(s)}$ 를 구하면?

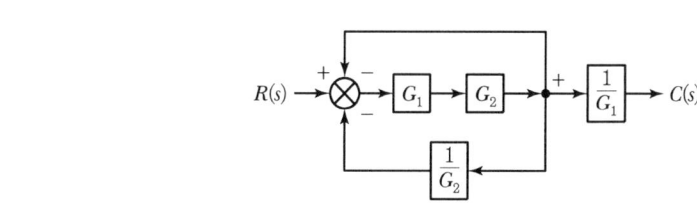

① $G(s) = \dfrac{G_1 G_2}{1 + G_2 + G_1 G_2}$
② $G(s) = \dfrac{G_1}{1 + G_1 + G_1 G_2}$
③ $G(s) = \dfrac{G_1}{1 + G_2 + G_1 G_2}$
④ $G(s) = \dfrac{G_2}{1 + G_1 + G_1 G_2}$

[해설] $\dfrac{C(s)}{R(s)} = \dfrac{\sum 전향경로이득}{1 - \sum 루프이득} = \dfrac{G_1 G_2}{1 + G_1 G_2 + \left(G_1 G_2 \times \dfrac{1}{G_2}\right)} \times \dfrac{1}{G_1}$

$= \dfrac{G_1 G_2}{1 + G_1 + G_1 G_2} \times \dfrac{1}{G_1} = \dfrac{G_2}{1 + G_1 + G_1 G_2}$

05 전달함수 $\dfrac{C(s)}{R(s)} = \dfrac{25}{s^2 + 6s + 25}$ 인 2차계의 과도 진동주파수는 w_o는?

① 3[rad/s]
② 4[rad/s]
③ 5[rad/s]
④ 6[rad/s]

[해설] 특성방정식 $s^2 + 6s + 25 = 0$
$2\delta\omega_n = 6$, $\omega_n^2 = 25$, $\omega_n = 5$

- 제동비 : $\delta = \dfrac{6}{2\omega_n} = \dfrac{6}{2 \times 5} = 0.6$
- 진동주파수 : $\omega_0 = \omega_n \sqrt{1 - \delta^2} = 5\sqrt{1 - 0.6^2} = 4$
  여기서, ω_n : 고유주파수

06 $G(s)H(s) = \dfrac{K}{s(s+4)(s+5)}$ 이고 $K \geq 0$일 때 분지점은?

① -1.47
② -4.53
③ 1.47
④ 4.53

Answer ▶ 04 ④ 05 ② 06 ①

해설 $1+G(s)H(s) = 1 + \dfrac{K}{s(s+4)(s+5)} = 0$

$K = -s(s+4)(s+5) = -s^3 - 9s^2 - 20s$

$\dfrac{dk}{ds} = -3s^2 - 18s - 20 = 0$

$\therefore s_1 = -1.47, \ s_2 = -4.53$

$k \geq 0$에 대한 실수상의 구간은 $(0 \sim -4), \ (-5 \sim -\infty)$이므로 $s_2 = -4.53$은 근이 될 수 없으므로 버린다.
따라서 분지점은 $s_1 = -1.47$이다.

07 다음 계통의 상태 천이 행렬 $\Phi(t)$를 구하면?

$$\begin{bmatrix} X_1 \\ X_2 \end{bmatrix} = \begin{bmatrix} 0 & 1 \\ -2 & -3 \end{bmatrix} \begin{bmatrix} X_1 \\ X_2 \end{bmatrix}$$

① $\begin{bmatrix} 2e^{-1} - e^{2t} & -e^{-t} - e^{2t} \\ -2e^{-t} + 2e^{2t} & -e^t + 2e^{2t} \end{bmatrix}$ ② $\begin{bmatrix} 2e^t + e^{2t} & -e^{-t} - e^{-2t} \\ 2e^t + 2e^{2t} & e^{-t} - 2e^{-2t} \end{bmatrix}$

③ $\begin{bmatrix} -2e^{-t} + e^{-2t} & -e^{-t} - e^{2t} \\ -2e^{-t} - 2e^{-2t} & -e^{-t} - 2e^{-2t} \end{bmatrix}$ ④ $\begin{bmatrix} 2e^{-t} - e^{-2t} & e^{-t} - e^{-2t} \\ -2e^{-t} + 2e^{-2t} & -e^{-t} + 2e^{-2t} \end{bmatrix}$

해설 $[sI - A] = \begin{bmatrix} s & 0 \\ 0 & s \end{bmatrix} - \begin{bmatrix} 0 & 1 \\ -2 & -3 \end{bmatrix} = \begin{bmatrix} s & -1 \\ 2 & s+3 \end{bmatrix}$

$\phi(s) = [sI-A]^{-1} = \dfrac{1}{\begin{bmatrix} s & -1 \\ 2 & s+3 \end{bmatrix}} \begin{bmatrix} s+3 & 1 \\ -2 & s \end{bmatrix} = \dfrac{1}{s^2 + 3s + 2} \begin{bmatrix} s+3 & 1 \\ -2 & s \end{bmatrix}$

$= \begin{bmatrix} \dfrac{s+3}{(s+1)(s+2)} & \dfrac{1}{(s+1)(s+2)} \\ \dfrac{-2}{(s+1)(s+2)} & \dfrac{s}{(s+1)(s+2)} \end{bmatrix}$

$\therefore \phi(t) = \mathcal{L}^{-1}\{[sI-A]^{-1}\} = \begin{bmatrix} 2e^{-t} - e^{-2t} & e^{-t} - e^{-2t} \\ -2e^{-t} + 2e^{-2t} & -e^{-t} + 2e^{-2t} \end{bmatrix}$

08 다음 블록선도에서 전달함수 $G(s)$를 구하면?

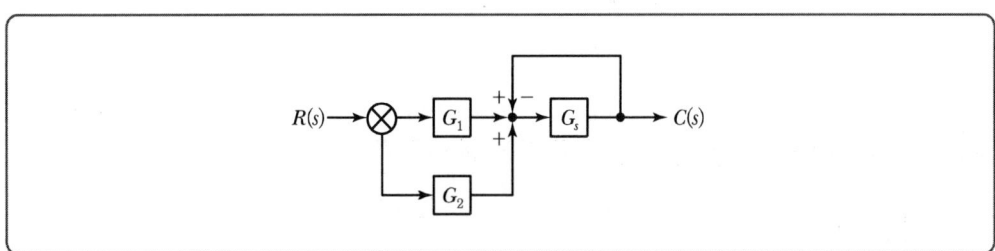

07 ④　08 ④　**Answer**

① $G(s) = \dfrac{G_2(G_1 + G_2)}{1 - G_3}$ ② $G(s) = \dfrac{G_1 + G_2}{1 - G_2}$

③ $G(s) = \dfrac{G_3(G_1 - G_2)}{1 - G_3}$ ④ $G(s) = \dfrac{G_3(G_1 + G_2)}{1 + G_3}$

해설

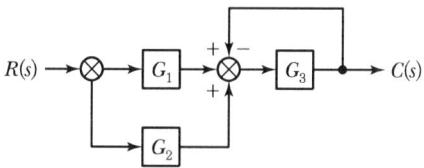

- 전향이득 : $G_3(G_1 + G_2)$
- 루프이득 : $-G_3$

$$G(s) = \dfrac{\sum 전향경로이득}{1 - \sum 루프이득} = \dfrac{G_3(G_1 + G_2)}{1 - (-G_3)} = \dfrac{G_3(G_1 + G_2)}{1 + G_3}$$

09 계통의 특성방정식 $1 + G(s)H(s) = 0$의 음의 실근은 Z 평면 어느 부분으로 사상(Mapping)되는가?

① Z 평면의 좌반 평면
② Z 평면의 우반 평면
③ Z 평면의 원점을 중심으로 한 단위원 외부
④ Z 평면의 원점을 중심으로 한 단위원 내부

해설 안정조건

전체 전달함수의 모든 극점이 Z 평면의 원점에 중심을 둔 단위원 내부에 위치하여야 한다.

10 다음 그림이 나타내는 회로의 명칭은 무엇인가?

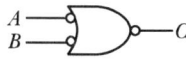

① OR 회로   ② AND 회로
③ EX-OR 회로   ④ NAND 회로

해설 $C = \overline{\overline{A} + \overline{B}} = \overline{\overline{A}} \cdot \overline{\overline{B}} = A \cdot B$

Answer ● 09 ④ 10 ②

과년도 기출문제

전기기사 2025년도 1회 시험

01 Nyquist 판정법의 설명으로 틀린 것은?

① 안정성을 판정하는 동시에 안정도를 제시해 준다.
② 계의 안정도를 개선하는 방법에 대한 정보를 제시해 준다.
③ Nyquist 선도는 제어계의 오차 응답에 관한 정보를 준다.
④ Routh-Hurwitz 판정법과 같이 계의 안정여부를 직접 판정해 준다.

[해설] Nyquist 안정도 판별법
- 절대안정도에 관하여 루스-후르비츠 판별법과 같은 정보 제공
- 안정도를 개선할 수 있는 방법 제시
- 시스템의 주파수영역 응답에 대한 정보 제공

02 그림의 신호흐름선도에서 $\dfrac{y_2}{y_1}$ 은?

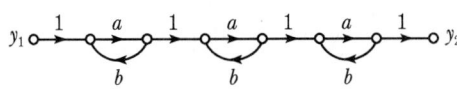

① $\dfrac{a^3}{1-3ab}$

② $\dfrac{a^3}{(1-ab)^3}$

③ $\dfrac{a^3}{(1-3ab+ab)}$

④ $\dfrac{a^3}{(1-3ab+2ab)}$

[해설] 신호흐름선도의 종속접속을 3개 부분으로 나눈다.

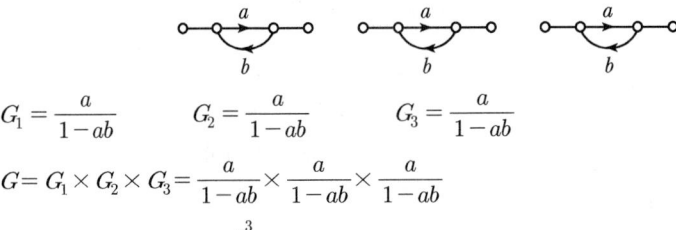

$$G_1 = \frac{a}{1-ab} \quad G_2 = \frac{a}{1-ab} \quad G_3 = \frac{a}{1-ab}$$

$$G = G_1 \times G_2 \times G_3 = \frac{a}{1-ab} \times \frac{a}{1-ab} \times \frac{a}{1-ab}$$

$$= \frac{a^3}{(1-ab)^3}$$

01 ③ 02 ② **Answer**

03 폐루프 시스템의 특징으로 틀린 것은?

① 정확성이 증가한다.
② 감쇠폭이 증가한다.
③ 발진을 일으키고 불안정한 상태로 되어갈 가능성이 있다.
④ 계의 특성변화에 대한 입력 대 출력비의 감도가 증가한다.

[해설] 피드백 제어계의 특징
- 정확성의 증가
- 계의 특성변화에 대한 입력 대 출력비의 강도 감소
- 비선형 왜곡 감소
- 대역폭 증가
- 구조가 복잡하고 설치비가 고가
- 발진을 일으키고 불안정한 상태로 되어 가는 경향성

04 다음과 같은 상태 방정식의 고유값 λ_1과 λ_2는?

$$\begin{bmatrix} \dot{x}_1 \\ \dot{x}_2 \end{bmatrix} = \begin{bmatrix} 1 & -2 \\ -3 & 2 \end{bmatrix} \begin{bmatrix} x_1 \\ x_2 \end{bmatrix} + \begin{bmatrix} 2 & -3 \\ -4 & 3 \end{bmatrix} \begin{bmatrix} r_1 \\ r_2 \end{bmatrix}$$

① 4, -1
② -4, 1
③ 6, -1
④ -6, 1

[해설] $|\lambda I - A|$의 행렬식

$$|\lambda I - A| = \begin{bmatrix} x & 0 \\ 0 & x \end{bmatrix} - \begin{bmatrix} 1 & -2 \\ -3 & 2 \end{bmatrix} = \begin{bmatrix} \lambda-1 & 2 \\ 3 & \lambda-2 \end{bmatrix}$$
$$= (\lambda-1)(\lambda-2) - 6 = 0$$
$$\lambda^2 - 3\lambda - 4 = 0$$
$$(\lambda-4)(\lambda+1) = 0$$
$$\therefore \lambda = 4, -1$$

05 2차 제어계 $G(s)H(s)$의 나이퀴스트 선도의 특징이 아닌 것은?

① 이득여유는 ∞이다.
② 교차량 $|GH| = 0$이다.
③ 모두 불안정한 제어계이다.
④ 부의 실축과 교차하지 않는다.

Answer ● 03 ④　04 ①　05 ③

해설 2차 제어계 $G(s)H(s)$의 나이퀴스트 선도

- 부의 실수축과 교차하지 않으므로 교차량 $|GH_c|$는 0이다.
- 이득여유 $GM = 20\log\frac{1}{|GH_c|} = 20\log\frac{1}{6} = \infty$
- 모든 이득 $K < \infty$에 대해서 2차 시스템은 안정하다.

06 단위계단 함수 $u(t)$를 z 변환하면?

① 1　　② $\frac{1}{z}$　　③ 0　　④ $\frac{z}{z-1}$

해설

$f(t)$	$F(s)$	$F(z)$
$\delta(t)$	1	1
$u(t)$	1	$\frac{z}{z-1}$
t	$\frac{1}{s^2}$	$\frac{Tz}{(z-1)^2}$
e^{-at}	$\frac{1}{st_a}$	$\frac{z}{z-e^{-at}}$

07 그림과 같은 블록선도로 표시되는 제어계는 무슨 형인가?

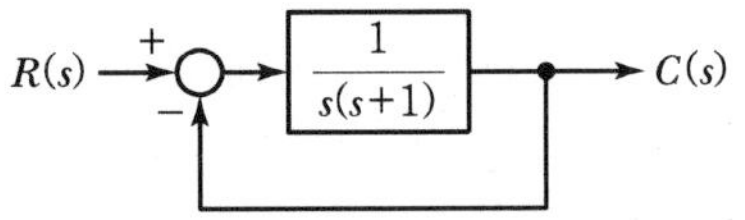

① 0　　② 1　　③ 2　　④ 3

해설 $G(s)H(s) = \frac{1}{s(s+1)}$에서

$\lim_{s\to 0} G(s)H(s) = \frac{K}{s^{\ell}}$

- $\ell = 0$　0형
- $\ell = 1$　1형
- $\ell = 2$　2형

06 ④　07 ② Answer

08 제어기에서 미분제어의 특성으로 가장 적합한 것은?

① 대역폭이 감소한다.
② 제동을 감소시킨다.
③ 작동오차의 변화율에 반응하여 동작한다.
④ 정상 상태의 오차를 줄이는 효과를 갖는다.

[해설] 제어계의 오차가 변화하는 속도에 비례하여 조작량을 가·감하도록 하는 동작이므로 오차가 커지는 것을 미연에 방지한다.

09 다음의 설명 중 틀린 것은?

① 최소 위상 함수는 양의 위상 여유이면 안정하다.
② 이득 교차 주파수는 진폭비가 1이 되는 주파수이다.
③ 최소 위상 함수는 위상 여유가 0이면 안정하다.
④ 최소 위상 함수의 상대안정도는 위상각의 증가와 함께 작아진다.

[해설] 최소 위상함수의 상대안정도는 위상각 증가와 함께 커진다.

10 다음 논리회로의 출력 X는?

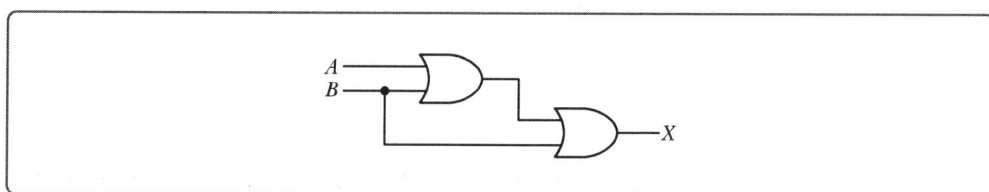

① A
② B
③ $A+B$
④ $A \cdot B$

[해설] 출력 $X = (A+B) \cdot B$
$= A \cdot B + B \cdot B = AB + B$
$= B(A+1) = B$

Answer ◎ 08 ④ 09 ④ 10 ②

2025년도 2회 시험 과년도 기출문제

01 조절부의 동작에 의한 분류 중 제어계의 오차가 검출될 때 오차가 변화하는 속도에 비례하여 조작량을 조절하는 동작으로 오차가 커지는 것을 미연에 방지하는 제어 동작은 무엇인가?

① 비례동작제어
② 미분동작제어
③ 적분동작제어
④ 온－오프(ON－OFF) 제어

해설

종류		특징
P	비례동작	• 정상오차를 수반 • 잔류편차 발생
I	적분동작	잔류편차 제거
D	미분동작	오차가 커지는 것을 미리 방지
PI	비례적분동작	• 잔류편차 제거 • 제어결과가 진동적으로 될 수 있음
PD	비례미분동작	응답 속응성의 개선
PID	비례적분 미분동작	• 잔류편차 제거 • 응답의 오버슈트 감소 • 응답 속응성의 개선

02 $A = \begin{bmatrix} 0 & 1 \\ -3 & -2 \end{bmatrix}$, $B = \begin{bmatrix} 4 \\ 5 \end{bmatrix}$인 상태방정식 $\dfrac{dx}{dt} = Ax + Br$에서 제어계의 특성방정식은?

① $s^2 + 4s + 3 = 0$
② $s^2 + 3s + 2 = 0$
③ $s^2 + 3s + 4 = 0$
④ $s^2 + 2s + 3 = 0$

해설 $\begin{bmatrix} x_1 \\ x_2 \end{bmatrix} = \begin{bmatrix} 0 & 1 \\ -3 & -2 \end{bmatrix} \begin{bmatrix} x_1 \\ x_2 \end{bmatrix} + \begin{bmatrix} 4 \\ 5 \end{bmatrix} r$

특성방정식

$|sI - A| \begin{bmatrix} s & 0 \\ 0 & s \end{bmatrix} - \begin{bmatrix} 0 & 1 \\ -3 & -2 \end{bmatrix} = \begin{bmatrix} s & -1 \\ 3 & s+2 \end{bmatrix}$

$= s(s+2) + 3 = s^2 + 2s + 3$

01 ② 02 ④ **Answer**

03 그림과 같은 신호 흐름 선도에서 $\dfrac{C}{R}$의 값은?

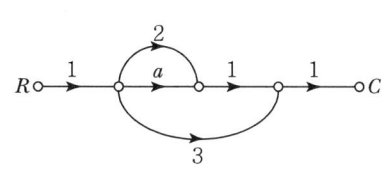

① $a+2$
② $a+3$
③ $a+5$
④ $a+6$

[해설] $C=(a+2+3)R$
$\dfrac{C}{R}=a+5$

04 보드 선도에서 이득 여유는 어떻게 구하는가?

① 크기 선도에서 0~20[dB] 사이에 있는 크기 선도의 길이이다.
② 위상 선도가 0°축과 교차되는 점에 대응되는 [dB]값의 크기이다.
③ 위상 선도가 −180°축과 교차되는 점에 대응되는 이득의 크기[dB]값이다.
④ 크기 선도에서 −20~20[dB] 사이에 있는 크기[dB]값이다.

[해설] 이득 여유란 위상 선도가 −180° 선을 끊는 점의 이득의 부호를 바꾼 g_m이다.

05 다음 연산 증폭기의 출력은?

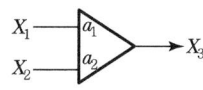

① $X_3 = -a_1X_1 - a_2X_2$
② $X_3 = a_1X_1 + a_2X_2$
③ $X_3 = (a_1+a_2)(X_1+X_2)$
④ $X_3 = -(a_1-a_2)(X_1+X_2)$

[해설] $X_3 = -a_1X_1 - a_2X_2$

Answer ○ 03 ③ 04 ③ 05 ①

06 제어공학

06 $G(s)H(s)$가 다음과 같이 주어지는 계에서 근궤적 점근선의 실수축과의 교차점은?

$$G(s)H(s) = \frac{K(s+1)}{s(s+3)(s-4)}$$

① 0   ② 1   ③ 3   ④ -4

해설 교차점 $\sigma = \dfrac{\sum 극점 - \sum 영점}{P-Z}$ 에서 $P=3$, $Z=1$이고
- 영점 : -1
- 극점 : 0, -3, 4

$\sigma = \dfrac{(-3+4)-(-1)}{3-1} = 1$

여기서, P : 극점의 개수, Z : 영점의 개수

07 다음 회로에서 입력을 $v(t)$, 출력을 $i(t)$로 했을 때의 입출력 전달함수는?(단, 스위치 S는 $t=0$ 순간에 회로 전압을 공급한다.)

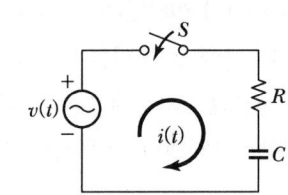

① $\dfrac{I(s)}{V(s)} = \dfrac{s}{R\left(s+\dfrac{1}{RC}\right)}$ ② $\dfrac{I(s)}{V(s)} = \dfrac{1}{RC\left(s+\dfrac{1}{RC}\right)}$

③ $\dfrac{I(s)}{V(s)} = \dfrac{s}{RCs+1}$ ④ $\dfrac{I(s)}{V(s)} = \dfrac{RCs}{RCs+1}$

해설 $V(s) = RI(s) + \dfrac{1}{Cs}I(s) = \left(R + \dfrac{1}{Cs}\right)I(s)$

$\therefore \dfrac{I(s)}{V(s)} = \dfrac{1}{R+\dfrac{1}{Cs}} = \dfrac{Cs}{RCs+1} = \dfrac{s}{R\left(s+\dfrac{1}{RC}\right)}$

08 특성방정식이 $s^5 + 3s^4 + 2s^3 + 2s^2 + 3s + 1 = 0$인 경우 불안정한 근의 수는?

① 0   ② 1   ③ 2   ④ 3

06 ②   07 ①   08 ③   **Answer**

해설)

s^5	1	2	3
s^4	3	2	1
s^3	$\frac{4}{3}$	$\frac{8}{3}$	
s^2	-4	1	
s^1	3		
s^0	1		

1열의 부호가 2번 바뀌었으므로 불안정근 수는 2개이다.

09 페루프 전달함수 $\dfrac{C(s)}{R(s)}$가 다음과 같은 2차 제어계일 때에 대한 설명 중 잘못된 것은?

$$\frac{C(s)}{R(s)} = \frac{\omega_n^2}{s^2 + 2\delta\omega_n s^2 + \omega_n^2}$$

① 이 페루프계의 특성방정식은 $s^2 + 2\omega_n s + \omega_n^2 = 0$이다.
② 이 계는 $\delta = 0.1$일 때 부족 제동된 상태에 있게 된다.
③ 최대 오버슈트는 $e^{\frac{-\pi\delta}{\sqrt{1-\delta^2}}}$이다.
④ δ값을 작게 할수록 제동은 많이 걸리게 되니 비교 안정도는 향상된다.

해설) 제동계수 δ값을 작게 할수록 제동은 적게 걸린다.

10 $z-$변환함수 $\dfrac{z}{(z-e^{-aT})}$에 대응되는 라플라스 변환함수는?

① $\dfrac{1}{(s+a)^2}$
② $\dfrac{1}{(1-e^{-Ts})}$
③ $\dfrac{a}{s(s+a)}$
④ $\dfrac{1}{(s+a)}$

해설)

$f(t)$	$F(s)$	$F(z)$
$\delta(t)$	1	1
$u(t)$	$\dfrac{1}{s}$	$\dfrac{z}{z-1}$
t	$\dfrac{1}{s^2}$	$\dfrac{Tz}{(z-1)^2}$
e^{-at}	$\dfrac{1}{s+a}$	$\dfrac{z}{z-e^{-at}}$

Answer ➡ 09 ④ 10 ④

전기기사
2025년도 3회 시험
과년도 기출문제

01 근궤적 $G(s)H(s) = \dfrac{k(s-2)(s-3)}{s^2(s+1)(s+2)(s+4)}$ 에서 점근선의 교차점은 얼마인가?

① -6
② -4
③ 6
④ 4

[해설] 교차점 $\sigma = \dfrac{\sum 극점 - \sum 영점}{p-z}$ 에서
- 극점의 수 $p=5$ (극점 : 0, 0, -1, -2, -4)
- 영점의 수 $z=2$ (영점 : 2, 3)

교차점 $\sigma = \dfrac{(-1-2-4)-(2+3)}{5-2} = \dfrac{-12}{3} = -4$

02 기준 입력과 주궤환량과의 차로서, 제어계의 동작을 일으키는 원인이 되는 신호는?

① 조작 신호
② 동작 신호
③ 주궤환 신호
④ 기준 입력 신호

[해설] 폐루프 제어계의 구성도

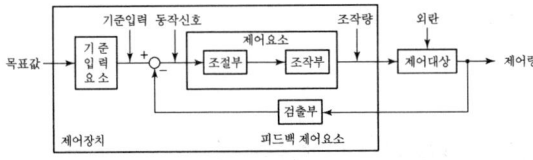

03 $R(z) = \dfrac{(1-e^{-aT})z}{(z-1)(z-e^{-aT})}$ 의 역변환은?

① $1-e^{-aT}$
② $1+e^{-aT}$
③ te^{-aT}
④ te^{aT}

[해설] $R(z) = \dfrac{(1-e^{-aT})z}{(z-1)(z-e^{-aT})}$

$= \dfrac{z(z-e^{-aT})-z(z-1)}{(z-1)(z-e^{-aT})}$

$= \dfrac{z}{z-1} - \dfrac{z}{z-e^{-aT}}$

따라서 $f(t)$는 $1-e^{-aT}$가 된다.

Answer 01 ② 02 ② 03 ①

04 논리식 $\overline{A} + \overline{BC}$와 같은 논리식은?

① $\overline{A + BC}$
② $\overline{A(B+C)}$
③ $\overline{A \cdot B + C}$
④ $\overline{A \cdot B} + C$

[해설] 드 모르간의 정리에 의해
$\overline{A} + \overline{B} \cdot \overline{C} = \overline{A} + \overline{(B+C)} = \overline{A(B+C)}$

일반화된 드 모르간의 정리
- $\overline{(X_1 + X_2)} = \overline{X_1} \cdot \overline{X_2}$
- $\overline{(X_1 \cdot X_2)} = \overline{X_1} + \overline{X_2}$

05 그림과 같은 보드 위상선도를 갖는 회로망은 어떤 보상기로 사용될 수 있는가?

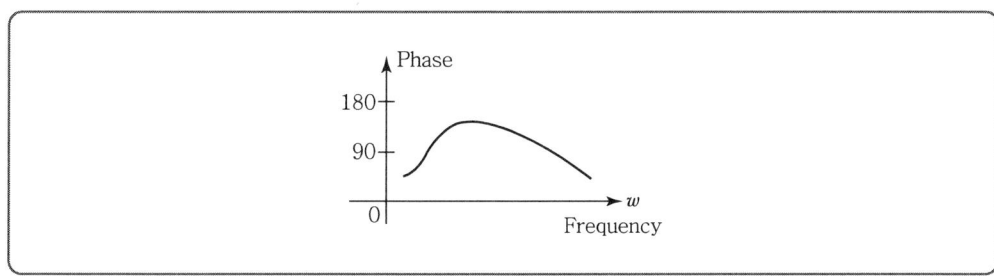

① 진상 보상기
② 지상 보상기
③ 지상 진상 보상기
④ 진상 지상 보상기

06 특성방정식 $s^2 + Ks + 2K - 1 = 0$인 계가 안정될 K의 범위는?

① $K > 0$
② $K > \dfrac{1}{2}$
③ $K < \dfrac{1}{2}$
④ $0 < K < \dfrac{1}{2}$

[해설] 루스의 수열은

s^2	1	$2K-1$
s^1	K	
s^0	$2K-1$	

제1열의 부호 변화가 없어야 계가 안정하므로 $2K-1 > 0$, $K > 0$
$\therefore K > \dfrac{1}{2}$

Answer ▶ 04 ② 05 ① 06 ②

07 그림과 같은 회로의 전달함수 $\dfrac{E_0(s)}{E_i(s)}$ 는?

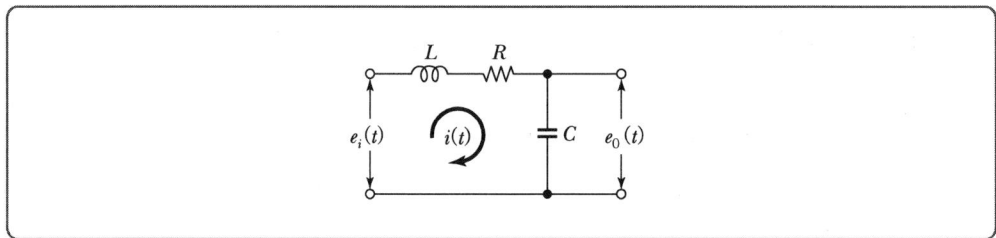

① $\dfrac{s}{LCs^2+RCs+1}$ ② $\dfrac{1}{LCs^2+RCs+1}$

③ $\dfrac{Ls}{LCs^2+RCs+1}$ ④ $\dfrac{Cs}{LCs^2+RCs+1}$

해설 $G(s)=\dfrac{E_0(s)}{E_i(s)}=\dfrac{I(s)\dfrac{1}{Cs}}{I(s)\left(R+LS+\dfrac{1}{Cs}\right)}$

$=\dfrac{1}{LCs^2+RCs+1}$

08 제어계 전달함수의 극값(Pole)이 그림과 같을 때 이 계의 고유 각주파수 ω_n 은?

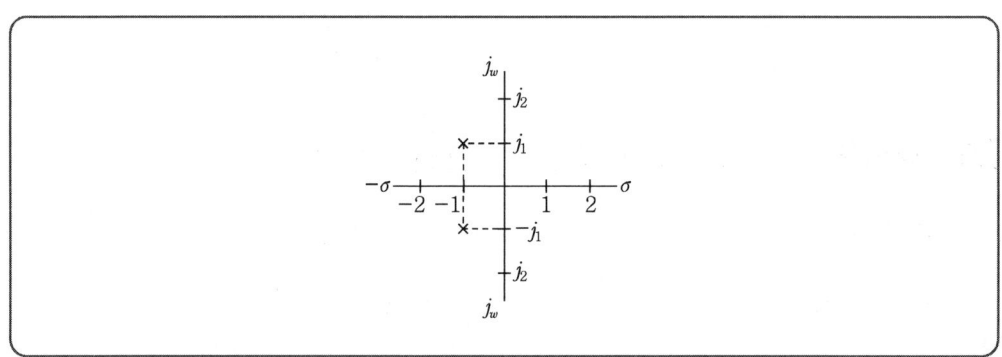

① $\dfrac{1}{\sqrt{2}}$ ② $\dfrac{1}{2}$ ③ $\sqrt{2}$ ④ $\sqrt{3}$

해설 특성근은 $s_1=-1+j$, $s_2=-1-j$ 이므로
특성방정식은 $(s+1-j)(s+1+j)=0$ 이다.
$s^2+2\delta\omega_n s+\omega_n^2=(s+1-j)(s+1+j)=(s+1)^2+1=s^2+2s+2=0$ 이므로
$\omega_n^2=2$
∴ $\omega_n=\sqrt{2}$

07 ② 08 ③ Answer

09 ω가 0에서 ∞까지 변화하였을 때 $G(j\omega)$의 크기와 위상각을 극좌표에 그린 것으로 이 궤적을 표시하는 선도는?

① 근궤적도
② 나이퀴스트 선도
③ 니콜스 선도
④ 보드 선도

해설 영점과 극점에 의한 s의 경로를 s평면상에 나타낸 것을 나이퀴스트 선도라고 한다.

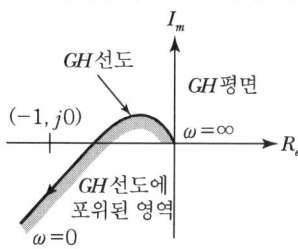

10 다음의 신호 흐름 선도에서 $\dfrac{C}{R}$는?

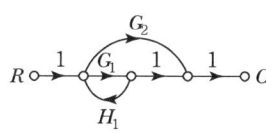

① $\dfrac{G_1 + G_2}{1 - G_1 H_1}$
② $\dfrac{G_1 G_2}{1 - G_1 H_1}$
③ $\dfrac{G_1 + G_2}{1 + G_1 H_1}$
④ $\dfrac{G_1 G_2}{1 + G_1 H_1}$

해설 $\dfrac{C(s)}{R(s)} = \dfrac{\text{전향경로의 합}}{1 - \text{피드백}} = \dfrac{G_1 + G_2}{1 - G_1 H_1}$

Answer ● 09 ② 10 ①

전기시리즈 6

제어공학

발행일	2014. 1. 15	초판 발행
	2015. 2. 10	개정 1판1쇄
	2016. 3. 20	개정 2판1쇄
	2017. 1. 20	개정 3판1쇄
	2018. 1. 20	개정 4판1쇄
	2019. 1. 10	개정 5판1쇄
	2020. 1. 10	개정 6판1쇄
	2020. 7. 20	개정 7판1쇄
	2021. 1. 10	개정 8판1쇄
	2022. 1. 10	개정 9판1쇄
	2023. 1. 10	개정 10판1쇄
	2024. 1. 10	개정 11판1쇄
	2024. 6. 10	개정 11판2쇄
	2025. 1. 10	개정 12판1쇄
	2026. 1. 20	개정 13판1쇄

저 자 | 인천대산전기직업학교
발행인 | 정용수
발행처 | 예문사

주 소 | 경기도 파주시 직지길 460(출판도시) 도서출판 예문사
T E L | 031) 955-0550
F A X | 031) 955-0660
등록번호 | 11-76호

- 이 책의 어느 부분도 저작권자나 발행인의 승인 없이 무단 복제하여 이용할 수 없습니다.
- 파본 및 낙장은 구입하신 서점에서 교환하여 드립니다.
- 예문사 홈페이지 http : //www.yeamoonsa.com

정가 : 16,000원

ISBN 978-89-274-6073-2 13560